L'Académie des sciences et les académiciens de 1666 à 1793

Joseph Bertrand

Alpha Editions

This edition published in 2022

ISBN : 9789357096348

Design and Setting By
Alpha Editions
www.alphaedis.com
Email - info@alphaedis.com

Contents

PRÉFACE.

L'histoire complète de l'Académie des sciences serait une œuvre considérable. Faire connaître la marche de toutes les sciences depuis plus de deux siècles, dire le temps et l'occasion de leurs progrès en France, assigner le génie particulier de plus de deux cents membres qui, avec des mérites divers, ont pris part à l'œuvre commune, montrer leur influence au dehors et l'impulsion qu'ils en reçoivent, rechercher le rôle croissant de l'illustre compagnie dans les grandes questions d'utilité publique, la confiance dont elle se montre digne et qui des particuliers s'étend au gouvernement, et même aux corps les plus jaloux de leurs droits, tel serait le cadre d'un ouvrage dont on trouvera ici quelques chapitres.

L'histoire des sciences n'occupe dans ce volume qu'une place très-restreinte; elle aurait pu, si j'avais adopté un autre cadre, en former la partie la plus considérable. Les mémoires de l'Académie sont en effet l'essentiel de son œuvre; en y joignant le recueil des savants étrangers et la collection des pièces couronnées, on pourrait aisément faire naître de leur analyse, sans développements forcés, l'histoire complète des diverses sciences. Une telle tâche exigerait une érudition à laquelle je ne prétends ni n'aspire; mon but est plus modeste et non moins utile peut-être.

Après avoir lu avec un vif intérêt les procès-verbaux inédits des séances et consulté les pièces officielles conservées par l'Institut, j'ai cru voir apparaître très-clairement l'organisation de l'ancienne Académie, la physionomie des séances, les préoccupations de ses membres, leurs relations entre eux et avec le gouvernement, les ressources régulières dont ils disposaient pour la science, et les appuis extraordinaires qui, lorsqu'il le fallut, ne leur firent jamais défaut. Ce petit tableau forme une page curieuse de l'histoire de la société polie en France. J'ai essayé, à l'occasion d'un savant ouvrage de M. Maury, de l'indiquer dans quelques articles du *Journal des Savants*. Ce sont ces articles, soigneusement revus, que je présente aujourd'hui au public avec des développements qui en doublent au moins l'étendue.

L'histoire de l'Académie ne se sépare guère de celle des académiciens, et j'ai cru intéressant d'esquisser, à côté des coutumes et des actes de la compagnie, les traits principaux de la vie et du caractère de ses membres. Devais-je me borner aux grandes figures qui dominent leur époque, ou m'étendre jusqu'aux soldats les plus obscurs de l'armée de la science? J'ai repoussé ces deux partis extrêmes, et laissant de côté, forcément parfois faute de documents précis, les académiciens dont la trace est aujourd'hui effacée, j'ai essayé de représenter, dans un cadre proportionné à leur importance, tous ceux qui, par leur talent ou par leur caractère, ont accru la force et le renom de l'Académie. Tel a été du moins mon programme; mais je m'en suis, il faut l'avouer, écarté plus d'une fois. Complétement étranger aux questions de médecine, j'ai dû passer sous silence les travaux, quoique considérables, de la section d'anatomie, et par une conséquence naturelle, j'ai négligé l'histoire de ses membres. Les courtes notices consacrées aux autres membres de l'Académie auraient dû s'étendre ou se resserrer en raison de l'importance du personnage. Dans le plus grand nombre des cas, on verra qu'il en est ainsi; mais il y a des exceptions; plus de sympathie pour quelques-uns, moins de compétence pour juger l'œuvre de quelques autres, et peut-être aussi le hasard de la composition, ont amené des disproportions que le lecteur voudra bien me pardonner.

Toutes les figures de ma petite galerie sont appréciées avec une franchise absolue et une entière liberté. *Biographie*, quand il s'agit d'académiciens, est, pour bien des lecteurs, synonyme d'*éloge*. J'ai trop souvent peut-être oublié cette tradition; mais un mot de Voltaire m'a plus d'une fois soutenu dans l'entreprise peu périlleuse de juger équitablement les hommes du siècle passé: «Qui loue tout n'est qu'un flatteur; celui-là seul sait louer qui loue avec restriction.»

Les grands hommes sont rares, il faut bien le savoir, et l'on doit, quand on les rencontre, s'incliner profondément devant eux. Mais lorsqu'un sourire ironique accueille tardivement le souvenir de ceux qui en ont indûment tenu l'emploi, il n'y a à cela ni injustice ni inconvénient.

J'aurais pu souvent, sans infidélité comme sans effort, montrer dans les passions et les ridicules, les partialités et les jalousies du passé, des analogies et des leçons applicables au temps présent. Non-seulement je me suis abstenu de chercher pour ce livre un tel genre d'intérêt, mais chaque fois que l'allusion, s'imposant en quelque sorte, se présentait à moi trop facile et trop claire, je me suis fait une loi invariable de quitter brusquement la plume.

J. BERTRAND.

I.
L'ACADÉMIE

L'ACADÉMIE DE 1666.

Lorsqu'en 1666 Colbert, heureusement inspiré par Perrault, proposa à Louis XIV la création de l'Académie des sciences, il prétendait former une compagnie compétente, aussi bien sur les questions d'érudition, d'histoire, de littérature et de goût, que sur les problèmes de science pure. Un académicien devait, suivant lui, ne fermer les yeux à aucune lumière et cultiver plus spécialement une des branches des connaissances humaines, sans donner pour cela l'exclusion à toutes les autres.

L'Académie des sciences réunit donc d'abord, pour bien peu de temps il est vrai, aux géomètres et aux physiciens, des érudits et des hommes de lettres. Pour ne pas cependant partager les esprits entre des pensées trop contraires, on assigna des jours différents à la réunion des différents groupes de la compagnie. Les géomètres et les physiciens s'assemblaient séparément le samedi, puis tous ensemble le mercredi; les historiens tenaient séance le lundi et le jeudi; et les littérateurs enfin étaient réunis le mardi et le vendredi. Toutes les sections cependant composaient un même corps qui, le premier jeudi de chaque mois dans une réunion de tous ses membres, entendait et discutait, s'il y avait lieu, le compte rendu des travaux particuliers. L'organisation, on le voit, était à peu près celle de notre Institut. L'Académie française et l'Académie des inscriptions, représentées dans la compagnie nouvelle par une partie seulement de leurs membres, s'émurent d'une séparation qui, en donnant aux uns une double part de priviléges et de largesses, ne pouvait manquer d'amoindrir les autres. Colbert obtint, à leur prière, que le roi réduisît les occupations de l'Académie des sciences aux études et aux recherches scientifiques. Devenue ainsi la sœur et non la rivale de ses deux aînées, l'Académie des sciences resta composée de seize membres, presque tous choisis par Colbert avec un rare discernement. Dans la section de mathématiques se trouvaient en effet:

Christian Huyghens, un des plus grands hommes de son temps, rare et admirable génie qui, pendant plus de quinze ans, brilla dans l'Académie et fut le plus illustre de ses membres.

Roberval, que Pascal estimait assez pour écrire: «Si le père jésuite connaît M. Roberval, il n'est pas nécessaire que j'accompagne son nom des éloges qui lui sont dus, et s'il ne le connaît pas, il doit s'abstenir de parler de ces matières, puisque c'est une preuve indubitable qu'il n'a aucune entrée aux hautes connaissances ni de la physique, ni de la géométrie.»

Picard et Auzout, célèbres tous deux à des degrés et à des titres inégaux, dans l'histoire de l'astronomie. Frenicle, dont Descartes et Fermat ont loué la pénétration et qui, presque exclusivement appliqué à la théorie des nombres, avait lutté sans désavantage contre ces deux grands hommes, lorsqu'ils n'avaient pas dédaigné de le suivre, quelquefois même de le provoquer sur son terrain.

Buot, qui, d'abord simple ouvrier armurier, s'était instruit seul et qu'on s'étonnait de voir si savant sans entendre un mot de latin.

Carcavy enfin, ami de Pascal, et qui sans avoir produit d'invention originale était alors un savant instruit et considérable.

Les physiciens qui complétaient l'Académie sont restés moins célèbres. Outre Pecquet, dont le nom est attaché à une découverte importante, l'Académie comptait:

Delachambre, médecin ordinaire du roi et auteur d'un ouvrage intitulé: *Nouvelles conjectures sur la cause de la lumière, sur les débordements du Nil et sur l'amour d'inclination.* Cet ouvrage a reçu de grandes louanges; les mérites, il faut le croire, en étaient aussi variés que le sujet, car il ouvrit à son auteur les portes de l'Académie française comme celles de l'Académie des sciences.

Claude Perrault, le futur architecte du Louvre, médecin en même temps, comme Boileau ne l'a laissé ignorer à personne, et de plus naturaliste habile.

Quoique Duclos, Bourdelin, Gayant et Marchand, qui complétaient la section, n'aient pas laissé de grands noms dans la science, leur mérite passait alors pour fort au-dessus du commun.

Duhamel, homme très-docte et d'un esprit ferme et droit, fut nommé secrétaire. Il joignait à une grande érudition philosophique la politesse et l'élégance de style, en même temps qu'une excellente latinité dont la réputation décida, dit-on, le choix de Colbert.

Cinq jeunes gens enfin, Couplet, Richer, Niquet, Pivert et Delannoy, furent adjoints aux académiciens pour les aider dans leurs travaux.

Le roi assurait par des pensions l'existence des membres de la compagnie nouvelle, en mettant de plus à leur disposition les fonds nécessaires pour exécuter les expériences et construire les machines jugées utiles.

L'Académie se réunissait deux fois par semaine, le mercredi et le samedi. Quoique tous les membres fussent convoqués, la séance du mercredi était spécialement consacrée aux travaux mathématiques, et celle du samedi aux expériences de physique, comprenant, d'après le langage du temps, les manipulations de chimie et les travaux d'histoire naturelle. Les réunions ressemblaient fort peu à celles d'aujourd'hui. L'Académie, inconnue au public et peu soucieuse de se répandre au dehors, ne recevait des savants étrangers que de rares et insignifiantes communications; une ou deux fois par an, tout au plus, un inventeur, patronné par quelque grand personnage, était admis à lui soumettre un moyen de dessaler l'eau de mer, une solution nouvelle du problème des longitudes ou quelque combinaison chimérique pour produire de la force sans en consommer... Mais les seize académiciens, accoutumés à ne compter que sur eux-mêmes, remplissaient le plus souvent les séances par leurs propres travaux. Les expériences, choisies et discutées à l'avance, devaient être exécutées en commun, dans le laboratoire annexé à la bibliothèque royale, où se tenaient alors les assemblées.

Duclos, dans le programme des travaux de chimie, étale tout d'abord la confiance d'un ignorant qui ne doute de rien. La chimie, il ne faut pas l'oublier, est de création toute récente, et les transformations des corps n'avaient jamais été rattachées, avant Stahl qui vint quarante ans plus tard, à une théorie réellement scientifique. Duclos cependant n'y aperçoit pas de secrets; il déclare le nombre des éléments, en assigne la nature et le rôle et, sans marquer aucun embarras, émet et propose comme indubitables les principes les plus absolus et les plus faux. Le soufre, le mercure et le sel ne sont pas, suivant lui, des corps simples, et par la résolution des mixtes naturels, il ne reste jamais que de l'eau. C'est elle qui, altérée par un efficient impalpable et spirituel, produit le mercure, le soufre et le sel. Les esprits parfaits et qui ont quelque participation de la vie contiennent un troisième principe, nommé *archée*, en sorte qu'il existe en tout trois principes: le corps matériel qui est l'eau, l'esprit altératif et l'âme vivifiante ou archée. Les chimistes, on le voit, avaient beaucoup à désapprendre.

Le plan d'études tracé par Perrault pour l'anatomie et la botanique fait paraître au contraire beaucoup de savoir et de sens. Les recherches anatomiques doivent comprendre, suivant lui, en même temps que la description des organes, la recherche de leur usage et le mécanisme de leur action. Quelques organes bien connus remplissent des fonctions encore très-cachées et des effets véritables et manifestes, tels par exemple que la génération du lait, dépendent de quelque organe qu'on n'a pas pu découvrir. Un anatomiste doit donc employer à la fois les yeux et la raison, en conservant toutefois quelque avantage aux yeux sur la raison même.

Perrault distingue également de l'histoire et de la description des plantes l'étude plus philosophique de leur naissance et de leur accroissement. Beaucoup d'auteurs anciens ont écrit sur ce sujet; leurs assertions sont douteuses, il serait utile de les vérifier. Est-il vrai, par exemple, qu'une plante puisse se reproduire par les sels tirés de sa cendre? La terre qui nourrit la plante peut-elle la produire par sa propre fécondité sans avoir reçu de semence? Existe-t-il dans la plante, comme dans les animaux, une partie principale qui donne l'âme et le mouvement à toutes les autres, et cette partie n'est-elle pas la racine? Que faut-il penser enfin de ce qu'on a nommé les sympathies et les antipathies des plantes? Si le sapin est considéré comme l'ami des autres arbres, cela ne tient-il pas seulement à ce que sa racine, droite et plongeante, ne gêne en rien les plantes placées dans son voisinage? Si l'olivier passe pour un arbre peu sociable, n'est-ce pas pour une raison contraire?

Chaque académien était invité à proposer son programme, et il en résulta une grande variété de projets. Un membre de la Compagnie, dont le procès-verbal ne donne pas le nom et qui, pour cette raison, est peut-être Duhamel qui l'a rédigé, propose de «choisir un étang pour faire tourner l'eau en son milieu, laquelle communiquera le mouvement au reste de l'eau par différents degrés de vitesse, pour y examiner le mouvement des divers corps flottants en divers endroits et inégalement éloignés du milieu, pour faire quelque comparaison des planètes dans le monde.»

Auzout, mieux inspiré, demandait que quelques-uns de la Compagnie eussent commission de voir les ouvriers, leurs outils et leurs instruments, la manière de les employer, savoir ce qui leur manque et apprendre leurs secrets et leurs sophisteries. Couplet fut chargé de suivre cette idée, qui devait produire la belle collection des Arts et métiers publiée un siècle plus tard par l'Académie.

Huyghens aussi remit son projet, et M. Boutron en possède l'autographe original avec des notes approbatives écrites sans doute de la main de Colbert.

*Bon.*Faire les expériences du vuide par la machine et autrement et déterminer la pesanteur de l'air.

*Bon.*Examiner la force de la poudre à canon en l'enfermant en petite quantité dans une boite de fer ou de cuivre fort espaisse.

*Bon.*Examiner de même façon la force de l'eau raréfiée par le feu.

*Bon.*Examiner la force et la vitesse du vent et l'usage qu'on en tire à la navigation et aux machines.

*Bon.*Examiner la force de la percussion ou la communication du mouvement dans la rencontre des corps, dont je crois avoir donné le premier les véritables règles.

Pour l'Assemblée de Physique.

La principale occupation de cette Assemblée et la plus utile doibt estre, à mon avis, de travailler à l'histoire naturelle à peu près suivant le dessein de Verulamius. Cette histoire consiste en expériences et en remarques et est l'unique moyen pour parvenir à la connoissance des causes de tout ce qu'on voit dans la nature. Comme pour sçavoir ce que c'est que la pesanteur, le chaud, le froid, l'attraction de l'aimant, la lumière, les couleurs, de quelles parties est composé l'air, l'eau, le feu et tous les autres corps, à quoy sert la respiration des animaux, de quelle façon croissent les metaux, les pierres et les herbes, de toutes lesquelles choses on ne sçait encore rien ou très peu, n'y ayant pourtant rien au monde dont la connoissance seroit tant à souhaiter et plus utile.

*Bon.*L'on devroit, suivant les diverses matières dont j'en viens de nommer quelques-unes, distinguer les chapitres de cette histoire et y amasser toutes les remarques et expériences qui regardent chacune en particulier, et de ne se pas tant mettre en peine d'y rapporter des expériences rares et difficiles à faire, que celles qui paroissent essentielles pour la découverte de ce que l'on cherche, quand bien même elles seroient fort communes.

L'utilité d'une telle histoire faite avec fidélité s'estend à tout le genre humain et dans tous les siècles à venir, parce qu'outre le profit qu'on peut tirer des expériences particulières pour divers usages, l'assemblage de toutes est toujours un fondement assuré pour bastir une philosophie naturelle, dans laquelle il faut nécessairement procéder de la connoissance des effets à celle des causes.

La chimie et la dissection des animaux sont assurément nécessaires à ce dessein, mais il faudroit que les opérations de l'une ou de l'autre tendissent toujours à augmenter cette histoire de quelque article important et qui regardast la découverte de quelque chose qu'on se propose, sans perdre de temps à plusieurs mesmes remarques de quelques circonstances dont la connoissance ne peut avoir de la suite; pour ne pas encourir le reproche que faisoit Seneque aux philosophes anciens: *Invenissent forsitan necessaria nisi et superflua quœsissent.*

Il faudroit commencer par les matières que l'on jugera les plus belles et utiles, dont on pourra distribuer plusieurs à la fois à autant de personnes de ceux qui composent l'assemblée qui toutes les semaines y feront le rapport et lecture de ce qu'ils auront recueilli, et ce sera ainsi une occupation réglée, dont le fruit sera indubitablement très grand.

HUYGHENS.

Cette note date de 1666, époque à laquelle Colbert proposa à Louis XIV la fondation de l'Académie des sciences. C'est cette même année que Huyghens, appelé par le grand ministre et doté d'une pension considérable, vint se fixer à Paris.

Picard commença immédiatement avec Auzout et Huyghens une série d'observations astronomiques, et, en proposant de construire pour les planètes des tables plus complètes que celles de Kepler, il disait ses motifs d'espérer ses succès.

«On a, dit-il, quantité de nouvelles observations qui ont été faites très-exactement en divers lieux, lesquelles, jointes et comparées à celles des années précédentes, donnent une connaissance de l'astronomie bien plus particulière que celle qu'on a eue par le passé. La géométrie n'avait pas encore été poussée au point où elle est présentement; on a pour observer des instruments beaucoup meilleurs que ceux dont se sont servis les anciens. A peine avait-on, du temps de Kepler, de grandes lunettes de six ou sept pieds. On en fait aujourd'hui de soixante pieds. La méthode dont lui et ceux qui l'ont précédé se sont servis pour mesurer le temps est fort incertaine, et très-éloignée de la précision que nous donnent les horloges à pendule, qui marquent les minutes et même les secondes avec beaucoup plus d'exactitude que les horloges communes ne marquaient les heures et les demi-heures, et elles sont d'une si grande utilité que l'on peut, par leur moyen, non-seulement rectifier les heures des étoiles fixes sans aucun instrument, mais encore faire plusieurs observations qui sans cela seraient impossibles. Que si, à tous ces avantages, on ajoute les secours qu'il plaît à Sa Majesté de promettre à cette science si nécessaire dans l'usage de la vie, et par laquelle on puisse espérer de bons et grands instruments avec un lieu propre et tel qu'on le souhaite pour observer, on aura tout lieu de se promettre de bons résultats.»

Le ciel sembla favoriser la compagnie naissante: deux éclipses, aussi rapprochées qu'elles puissent l'être, se succédèrent à quinze jours d'intervalle. La première surtout présenta un spectacle curieux et une instruction importante. Quand la lune s'éclipsa à l'horizon, le soleil lui-même n'était pas encore caché. Ce singulier phénomène avait été observé déjà par Pline et par Moestlin, le maître de Kepler. Les académiciens, qui ne l'ignoraient pas, y prirent cependant un grand intérêt; en voyant en effet la lune s'obscurcir lorsque rien en apparence n'intercepte pour elle les rayons du soleil, on demeure assuré, sans recourir à aucune autre preuve, que les astres relevés par la réfraction ne sont pas où ils semblent être. L'Académie, plaçant au nombre de ses travaux astronomiques l'étude immédiate de la réfraction, résolut d'approfondir une théorie aussi indispensable à l'exactitude de toutes les autres. Huyghens proposa plusieurs méthodes qui furent suivies et perfectionnées, et l'Académie contribua à faire disparaître une erreur grave presque universellement admise jusqu'alors. La réfraction, qui diminue avec l'élévation de l'astre observé, ne devient nulle qu'au zénith; les observateurs, qui l'avaient négligée pour les hauteurs plus grandes que 45°, s'étaient trompés par là de plus d'une minute sur la latitude de Paris, base nécessaire de tous les travaux de l'Observatoire.

Les mathématiciens eux-mêmes entreprirent une œuvre collective. Un traité de mécanique, composé par eux, devait être l'une des premières productions de l'Académie. Chaque géomètre, à tour de rôle, composait un chapitre et, comme on disait alors, *était député pour penser à une question.* Plusieurs séances étaient consacrées ensuite à lire son travail et à le discuter. Descartes, que le plus grand nombre des académiciens reconnaissaient pour leur maître, avait dit cependant: «On voit souvent qu'il n'y a pas autant de perfection dans les ouvrages composés de plusieurs pièces et faits de la main de plusieurs maîtres qu'en ceux auxquels un seul a travaillé.» Le nouveau traité ne démentit pas ce jugement, et si le temps qu'on y a consacré lui donne une place dans l'histoire de l'Académie, il n'en occupe aucune dans celle des progrès de la science.

L'Académie, qui devait composer en même temps et qui composa en effet un traité sur l'histoire des animaux, en amassait confusément les matériaux, en suivant, sans ordre régulier et sans dessein prémédité, le seul hasard des occasions: un renard, un blaireau, une fouine, une civette, un putois, une belette, plusieurs salamandres, un caméléon, une gazelle, un sapajou, un ours, un hérisson, une cigogne, une tigresse, un dromadaire, une chouette, un esturgeon et une oie vivante dont on examina les organes respiratoires, se succédèrent dans les séances du samedi sur la table de dissection. Mais la plus éclatante et la plus mémorable de toutes les dissections fut celle d'un éléphant de la ménagerie de Versailles. Le roi y assista; l'opération eut lieu à Versailles. Elle était commencée depuis quelque temps, lorsque le roi, sans s'être fait annoncer, entra tout à coup dans la salle et demanda où était l'anatomiste qu'il ne voyait point. Duverney, le scalpel à la main, s'éleva alors des flancs de l'animal où il était englouti et fit devant lui l'histoire des principaux organes, en y mêlant sans doute quelque ingénieuse flatterie. L'œil, apporté à Paris, fut étudié avec grand soin; la trompe occupa deux séances; la chair, le cerveau, l'ivoire et la liqueur du péricarde furent analysés par les chimistes, c'est-à-dire successivement soumis à une distillation qui détruit les principes sans en révéler la nature.

Le corps d'une femme suppliciée fut livré un jour à l'Académie; le procès-verbal des opérations est rédigé cette fois avec des développements inusités. On rapporte l'épreuve proposée par chacun et presque toujours exécutée. Les académiciens, attentifs à profiter d'une occasion très-rare alors, tiennent séance extraordinaire plusieurs jours de suite et quand on cessa les travaux, il était impossible de les continuer.

Colbert, dans son zèle pour la compagnie qu'il avait fondée, avait autorisé les académiciens à examiner, pour leur instruction, les malades désespérés de l'Hôtel-Dieu. Maître alors de l'administration, il disposait de tout dans l'État. Cette fois cependant, il ne fut pas obéi. Les religieuses, avec une invincible fermeté, refusèrent l'entrée de l'hôpital, et la Commission académique revint, comme dit son rapporteur Pecquet, *sans avoir rien fait.*

L'Académie, qui publia sur l'histoire des animaux deux volumes de grand intérêt et riches d'observations originales, ne produisit sur la botanique qu'un long et inutile travail. Guidée par une fausse imagination, elle demandait à la distillation des plantes tout le secret de leurs principes divers, et pendant plusieurs années, elle employa la plus grande partie de son temps à distiller avec une persévérance obstinée toutes les espèces connues, sans remarquer l'inconvénient grave d'une telle pratique et la stérilité de la méthode. Les principes immédiats réellement caractéristiques sont décomposés en effet dans l'opération, et les végétaux les plus dissemblables, tels que la ciguë, le pavot ou le blé, donnent exactement le même produit. Les différences restent donc cachées et tout aboutit à confondre les problèmes sans les éclaircir.

Les exemples d'analyse par distillation sont nombreux dans l'histoire de l'Académie. Un jour, la compagnie étant assemblée, on procède à la distillation d'un melon tout entier dont on avait seulement ôté les graines et dont le poids était de cinq livres. La liqueur distillée fut fractionnée en neuf parties qui se trouvèrent toutes, à l'exception de la première, médiocrement acides. La neuvième et dernière avait beaucoup de sel volatil, et il resta quatre grains de sel lixiviel.

Un autre exemple confirmera la trompeuse facilité de ce que l'on nommait analyse chimique à la fin du XVIIe siècle. «La compagnie étant assemblée le 14 juillet 1667, M. Bourdelin a fait voir l'analyse de quarante crapauds tout vivants. Il y en avait qui étaient gardés depuis dix-huit jours dans un panier, et ceux-là sentaient fort mal; ils pesaient deux livres, onze onces et plus. On en a tiré trente-cinq onces, trois gros de liqueur; les cinq premières onces ont été tirées au bain vaporeux: la première, claire et limpide, d'une saveur piquante, a blanchi l'eau de sublimé; la seconde a rendu laiteuse l'eau de sublimé; la troisième a légèrement précipité l'eau de sublimé et troublé l'eau de vitriol; la quatrième a plus précipité l'eau de sublimé; la cinquième a fait ces effets encore plus fortement. Il en reste dix onces fort sèches.» Tels sont les résultats visiblement informes et sans portée dont l'Académie, pendant près de trente ans, chargea patiemment ses registres.

Les macérations quelquefois venaient en aide à la distillation. «Je suis d'avis, disait Dodart à l'Académie, un jour où elle tenait conseil pour déterminer et arranger l'ordre de ses travaux, je suis d'avis que l'on continue cette année à macérer des plantes. Nous ne sommes pas assurés que cette préparation confonde ou altère les principes, il est probable qu'elle les démêle; et supposé qu'elle les altère, il est bon de savoir quelle altération elle cause, et comme il n'y a guère d'apparence que les analyses nous fassent voir dans les produits ce qu'ils sont et ce qu'ils peuvent faire, il faut au moins qu'elles nous fassent voir ce qu'on peut y faire par quelque voie que ce soit; or la macération est une de ces voies et des principales.»

Au lieu de promener son attention sur des communications trop nombreuses et trop rapides pour la captiver, l'Académie avait pour coutume de consacrer une séance tout entière à l'étude d'une question qui restait à l'ordre du jour pendant plusieurs semaines, quelquefois même pendant plusieurs mois de suite; elle s'arrêtait sur chaque difficulté, discutait tous les points de vue, jugeait les opinions opposées et dans les cas demeurés douteux faisait immédiatement appel à l'expérience. De telles conférences, souvent pleines d'intérêt et de vie, si elles n'accroissaient pas toujours la science, exerçaient au moins les plus habiles et servaient à l'instruction de tous.

Une des questions les plus longuement étudiées fut celle de la coagulation qui, pendant l'année 1669, occupa vingt semaines de suite toutes les séances du samedi. Des animaux vivants, un agneau et un cheval entre autres, furent amenés au laboratoire et livrés au scalpel. L'illustre Huyghens, dont l'esprit vif et étendu embrassait toutes les questions, proposa à cette occasion sur la nature des liquides une opinion longuement motivée et remarquable à beaucoup d'égards.

La liquidité suivant lui ne consiste pas seulement dans le détachement des parties du corps, mais encore dans un mouvement continuel de ces parties. «Plusieurs raisons, dit-il, le rendent vraisemblable, et premièrement cette propriété des liqueurs de se faire une surface plane et horizontale, c'est-à-dire de faire descendre toute sa masse, est une chose qu'on ne conçoit pas qui se puisse faire par la seule petitesse et non-cohérence des parties, parce qu'on voit qu'un tas de blé ou de grains de moutarde ou de sable ne s'aplatit pas, mais demeure en forme de pyramide; mais quand on secoue longtemps, quoique par petit coups, le vaisseau qui les contient, ce qui cause du mouvement dans tous les grains, on voit qu'ils se mettent de niveau ainsi qu'un liquide.»

Huyghens dans un autre passage, à propos de la coagulation du lait, parle de la chaleur qui n'est, *qu'une agitation plus violente des mêmes parties du lait.* Cette idée, aujourd'hui presque triomphante, qui fait de la chaleur un mouvement des molécules, a été proposée plusieurs fois devant l'Académie des sciences. On lit au procès-verbal du 23 juin 1677: «Il y a beaucoup d'apparence que la chaleur vient du mouvement, la forte d'un mouvement très-vif et la faible d'un mouvement assez lent... En un mot, je ne sais quel mouvement c'est que la chaleur, mais je suppose que c'est un mouvement.» Les physiciens aujourd'hui n'en peuvent pas dire davantage. Mariotte et Perraut invités à parler sur la coagulation y employèrent chacun une séance entière sans rien dire qu'on doive rapporter.

Pendant que les séances du samedi étaient consacrées à l'étude de la coagulation, la discussion d'une machine proposée et construite par Huyghens pour mesurer la force de l'air et des liquides en mouvement, occupait celles du mercredi. La question pour des cartésiens était liée très-intimement à la cause et au mécanisme de la pesanteur. Huyghens proposa les conjectures qui devaient peu de temps après lui inspirer le petit écrit: *De causu gravitatis*. Elles soulevèrent des contradictions, et la compagnie fut fort partagée. Roberval trouvait la question trop difficile et trop haute. On ne doit pas, disait-il sagement, prononcer sur de tels mystères; le fond en est entièrement impénétrable, et il faudrait, pour les éclaircir, quelque sens particulier et spécial dont nous manquons. Sans s'embarrasser dans la recherche des causes, il était d'avis qu'on s'en tînt au fait. L'Académie cependant voulut rassembler ses conseils et ses forces pour juger une question qui surpasse sans doute l'intelligence humaine et qu'aucune décision ne saurait trancher. Une première commission dont le rapporteur fut Mariotte proposa des objections auxquelles Huyghens répondit aussitôt; l'Académie alors chargea Picard de prononcer définitivement. Le prudent astronome, ennemi des discussions et des incertitudes, déclina une telle responsabilité, mais Duhamel et Perraut déclarèrent longuement leurs pensées. Huyghens maintint les siennes, et la discussion qui n'eut rien que de faible se prolongea pendant plusieurs semaines sans autre effet, comme on aurait pu le prévoir, que d'affermir chacun dans son opinion.

Les travaux astronomiques étaient en même temps activement poursuivis. La construction de l'Observatoire, décidée en 1664, fut commencée en 1667. Le 21 juin, une commission d'académiciens détermina l'orientation de la façade. Rien n'est plus mal entendu que cet édifice. Perraut, malgré tout son talent, s'y montra plus curieux de l'harmonie et de la régularité des formes que des besoins véritables de la science. Des dispositions réclamées par les astronomes et dont Colbert lui-même avait reconnu l'utilité furent obstinément repoussées par lui, comme incompatibles avec la beauté de l'ensemble. L'art d'observer éprouvait d'ailleurs à ce moment une véritable révolution, et les astronomes les plus habiles n'étaient d'accord eux-mêmes ni sur la nature ni sur le choix des instruments à y installer.

Picard et Auzout auraient voulu tout disposer pour l'astronomie de précision, prendre jour par jour des mesures régulières et exactes et au catalogue minutieux des étoiles joindre les tables des mouvements planétaires et des positions de la lune; mais leur influence devait céder au crédit de Dominique Cassini. C'était Picard lui-même qui, sur l'estime qu'il avait conçue de ses talents, avait récemment attiré les bienfaits de Colbert sur ce redoutable rival. Homme d'esprit et homme de qualité, facile et agréable d'humeur, habitué à la représentation et à l'éclat extérieur, Cassini obtint aisément la faveur du roi; habile à la ménager, il excellait à charmer son imagination, à exciter sa curiosité et à la satisfaire quel qu'en fût l'objet avec une merveilleuse assurance.

Un jour, une comète parut dans le ciel. Le roi désira savoir vers quelle région elle se dirigeait. Cassini qui ne l'avait observée qu'une fois, le lui dit immédiatement. La comète suivit une autre route, mais le roi ne s'en informa pas et se souvint seulement que pour un homme aussi habile que M. Cassini les astres n'avaient pas de secrets. En découvrant deux nouveaux satellites de Saturne, Cassini put se glorifier d'avoir porté le nombre total des astres errants au beau chiffre de 14, qui avait l'honneur d'être uni au nom illustre de Louis. La flatterie eut un plein succès, et une médaille, frappée par ordre du roi, en consacra le souvenir.

Picard et Auzout, aussi simples que modestes, empressés d'ailleurs à proclamer le mérite et la science de Cassini, devaient paraître près de lui de bien petits compagnons. Cassini fut donc presque seul consulté par l'architecte de l'Observatoire. Il n'approuva pas tout, et ses mémoires posthumes donnent un libre cours aux critiques; mais il accorda publiquement de grandes louanges à Perraut, et les réclamations ne purent être bien énergiques contre un monument dont «le dessein, la grandeur et la solidité lui paraissaient admirables.» La solidité, résultat de l'épaisseur des murs, était un grand inconvénient; elle empêcha l'installation des deux instruments les plus utiles aux observateurs modernes: la lunette méridienne inventée par Roemer et le cercle mural dû à Picard. Tous deux en effet exigent dans la maçonnerie une ouverture continue allant de l'horizon au zénith. Cet inconvénient est tel que cent ans plus tard un des descendants de Cassini proposait pour y remédier de raser l'édifice au niveau du premier étage. Cassini, qui fut le premier directeur de l'Observatoire, cherchait surtout dans la science des résultats isolés et brillants et semblait peu se soucier de préparer par d'obscurs travaux les découvertes de ses successeurs. L'imperfection des instruments de précision devait donc le gêner moins qu'un autre. Mais Picard en souffrit beaucoup, et quoiqu'en restant toujours avec Cassini dans les meilleures relations, il n'obtint que lentement les secours nécessaires pour réaliser ses projets, toujours cependant utilement et largement conçus.

Les astronomes de l'Académie en attendant l'achèvement de l'œuvre de Perraut ne demeuraient pas inactifs. Louis XIV les avait chargés de mesurer la grandeur de la terre. Picard et Auzout, en exécutant ce travail, introduisirent dans leurs observations un des perfectionnements les plus importants qu'ait reçus depuis deux siècles l'astronomie de précision. Ils appliquèrent pour la première fois les lunettes à la mesure des angles. Cette idée, proposée par Huyghens dans son écrit sur le système de Saturne et perfectionnée par Picard et par Auzout, devait assurer aux observations une exactitude presque illimitée.

Les lunettes avaient révélé dans le ciel à Galilée, à Kepler et à leurs successeurs d'importants détails invisibles à l'œil nu, mais cette représentation sans réalité, formée par les rayons lumineux après tant de déviations inégales et mal connues, ne semblait pas pouvoir indiquer même approximativement leur direction primitive. La lunette en effet montre à la fois une infinité de points différents; vers lesquels est-elle précisément dirigée?

Lorsqu'on observe avec une lunette un objet fort éloigné, une étoile par exemple, la lunette montre son image formée au foyer du verre antérieur, nommé *objectif*, et la position de cette image regardée à travers une loupe, nommée *oculaire*, varie avec celle de l'œil de l'observateur. Picard pour préciser la direction place dans la lunette, à la distance même où peut se former l'image, deux fils très-fins qui se croisent perpendiculairement; l'observateur, par le déplacement de l'instrument, doit amener le point de croisement à recevoir l'image de l'objet qu'il étudie. Mais il faut deux points pour déterminer une direction, et les deux fils, par leur croisement, n'en donnent qu'un seul. Telle fut l'objection qui, en obscurcissant l'invention de Picard, empêcha toujours le célèbre Hévélius de l'appliquer à ses instruments.

Picard, exact au fond mais confus dans ses explications, apportait cependant une preuve décisive, je veux dire l'épreuve même. L'ancienne méthode donnait des résultats d'autant plus rapprochés des siens qu'on l'appliquait avec plus d'habileté et de soin. L'ingénieux, académicien avait en effet complétement raison. Lorsque les fils convenablement disposés cachent l'image d'un point éloigné, la ligne dirigée vers l'objet est déterminée et toujours la même dans l'intérieur de la lunette dont elle est l'axe véritable; les points situés sur son prolongement ne sont pas seuls aperçus par l'observateur, mais ils sont seuls visés par l'instrument. Tous les observateurs aujourd'hui profitent de cette invention, et grâce à elle les plus médiocres surpassent Tycho en précision, autant et plus peut-être que Tycho surpassait ses prédécesseurs.

La position de plusieurs villes du royaume, déterminée astronomiquement par Picard, devait servir à la mesure du méridien. Quelques résultats très-inattendus suggérèrent à l'Académie le dessein plus vaste de les rattacher à un ensemble en construisant une nouvelle carte de France. Cette résolution approuvée par Colbert fut suivie d'un prompt effet. Picard et Lahire commencèrent les travaux sans retard, mais ralentis et interrompus souvent par la nécessité des affaires, ils n'étaient pas fort avancés à la mort de Picard. Cassini eut l'honneur de continuer ce grand ouvrage dont la célèbre carte qui porte son nom et qui fut terminée par son arrière-petit-fils devait être le dernier résultat.

Lorsqu'une étude entreprise se trouvait terminée ou abandonnée, l'Académie, toujours empressée à passer d'un travail à un autre, avisait aussitôt un but nouveau à atteindre et par des discussions parfois trèsprolongées s'efforçait de tracer sa route et d'y régler sa marche à l'avance. C'est ainsi que le 3 novembre 1669, quinze sujets d'expérience et d'étude furent successivement proposés. Presque tous sont insignifiants et je citerai seulement les suivants:

Faire l'analyse du café et du thé pour savoir pourquoi ils empêchent de dormir.

Faire l'analyse de l'urine pour savoir ce qui fait sa vertu pour les goutteux et contre les vapeurs.

Chercher des purgatifs agréables au goût.

Un autre jour, l'Académie n'ayant rien de mieux à faire, on proposa d'enlever la rate à des chiens, et l'on trouva pour tout résultat qu'ils étaient plus gais et urinaient davantage.

L'Académie, toujours exacte à faire une expérience au moins dans chaque réunion du samedi, prenait souvent des chiens pour victimes. Plus d'un, piqué par une vipère, servit d'épreuve à la vertu des antidotes réputés efficaces. Ils ne mouraient pas tous, mais l'inégale gravité des morsures et la force plus ou moins grande de l'animal expliquaient suffisamment la différence des résultats. L'Académie, qui revint plus d'une fois sur ces expériences, semblait se plaire à varier le choix des victimes. Un chat fut mordu au ventre; il vivait à la fin de la séance, mais il mourut deux jours après. Une grenouille mordue par une vipère mourut la nuit suivante. Deux vipères mordues par deux autres vipères vivaient encore à la fin de la séance, et le procès-verbal ajoute en post-scriptum: «Elles se portent aujourd'hui fort bien.» Un petit serpent fut également mordu; il mourut le lendemain. Trois pigeons enfin ayant été mordus par trois vipères, les deux premiers moururent, le troisième survécut et assista à la séance suivante où l'on put constater qu'il s'était formé une croûte sur la plaie.

La question, on le voit, ne faisait pas de grands progrès. Elle fut reprise en 1737 à l'occasion d'un remède proposé par un charlatan et qui fit grand bruit. L'Académie sacrifia encore neuf pigeons, vingt-deux poulets, deux coqs, une oie, deux chats et huit chiens, sans donner de conclusion certaine.

Dans l'une des séances où périodiquement en quelque sorte, l'Académie ayant épuisé son programme avait à se demander: Qu'allons-nous entreprendre? Picard, après avoir tracé le tableau judicieux des désiderata de l'astronomie, proposa qu'en attendant l'achèvement de l'Observatoire, une commission fût envoyée à Uranibourg pour en déterminer exactement la position et rendre possible la comparaison des tables rudolphines de Tycho Brahé avec les résultats qu'on obtiendrait à Paris. La résolution fut approuvée immédiatement par Colbert, et Picard lui-même partit pour le Danemark. Il devait avant tout déterminer la hauteur du pôle à Uranibourg. En rendant compte des minutieuses précautions dont il s'est entouré, Picard fit connaître, pour la première fois, les singuliers déplacements que quinze ans d'observations lui avaient révélé dans la position de l'étoile polaire et qui l'ont fait toucher de bien près à l'une des grandes découvertes de l'astronomie moderne. Ces inégalités qui lui semblaient inexplicables n'ont plus aujourd'hui rien de mystérieux. Bradley en révélant leur cause a expliqué leur loi. Elles dépendent, en partie au moins, comme il l'a montré avec évidence, de la vitesse de la terre qui, comparable à celle de la lumière, altère inégalement aux diverses époques de l'année la direction apparente suivant laquelle nous parviennent les rayons issus d'une même étoile. Si Picard, qui ne l'a pas même soupçonné, n'a aucun droit à cette grande découverte, on en doit peut-être admirer davantage la perfection jusque-là inouïe des observations qui, en dehors de toute idée préconçue, lui ont révélé d'aussi minutieux détails.

La méridienne d'Uranibourg fut l'occasion d'un grand étonnement. La direction assignée par Tycho présentait dix-huit minutes d'erreur. Devait-on accuser l'habileté ou le soin du grand astronome ou voir dans le déplacement de la méridienne une preuve de la variation du pôle? Un trop grand nombre d'observations s'accordent à prouver le contraire, et il fallut bien admettre chez l'exact et consciencieux Tycho une erreur rendue inexplicable par son évidence même.

«Nous osons promettre à la postérité, ajoute Picard avec une légitime confiance, que si, dans la suite des temps, on trouve qu'il faille changer de plus d'une minute ce que nous avons établi sur ce sujet, ce sera pour lors que l'on pourra s'assurer de l'instabilité de la ligne méridienne.»

Le voyage d'Uranibourg donna à l'Académie une force et une gloire nouvelles. Le jeune Roemer, ramené en France par Picard et introduit dans l'Académie, fut d'abord un de ses membres les plus actifs et bientôt un des plus illustres. Roemer en effet a mesuré le premier la vitesse de la lumière, à laquelle Picard par une voie toute différente avait touché de si près. Les satellites de Jupiter, en circulant autour de la planète, traversent périodiquement le cône d'ombre projeté par elle à l'opposé du soleil. Si leur mouvement était uniforme aussi bien que celui de Jupiter, les entrées ou *immersions* dans le cône d'ombre se succéderaient à intervalles égaux, et il en serait de même des sorties ou *émersions*; si la lumière se propage instantanément, la régularité des observations reproduira fidèlement celle des phénomènes, mais si au contraire les rayons lumineux emploient un certain temps à parcourir la distance variable qui nous sépare de Jupiter, l'observation inégalement retardée accusera dans les intervalles des différences qui n'ont rien de réel et dont la loi est évidente. Lorsque la terre s'éloigne de Jupiter, nous fuyons pour ainsi dire devant les rayons qu'il nous envoie, le retard va en augmentant, et les intervalles apparents sont plus grands que les intervalles réels. L'effet est contraire lorsqu'en nous rapprochant de la planète, nous allons au-devant de ses rayons. Or un examen facile de la position des astres montre que, dans le premier cas, Jupiter cachant ses satellites au moment de l'immersion, l'émersion est seule visible de la terre; les immersions au contraire le sont seules dans le second cas. Si donc la propagation de la lumière n'est pas instantanée, l'intervalle entre deux immersions consécutives observées doit sembler plus court que celui de deux émersions, et la différence sera d'autant plus grande que la lumière marche moins vite. C'est par ces considérations ingénieuses que Roemer osa fixer à vingt-deux minutes le temps employé par la lumière à traverser le diamètre de l'orbite terrestre. Un paradoxe aussi hardi heurtait non-seulement l'opinion commune mais l'une des assertions les plus résolues et les plus tranchantes de Descartes; les savants devaient y résister.

Encore que la loi de Roemer paraisse nettement dans les moyennes, lorsqu'en approfondissant la matière on veut chercher dans le détail des observations une preuve plus précise et plus certaine, l'ordre fait place à la confusion, et de continuelles anomalies en altérant les résultats prévus semblent les convaincre d'erreur. Cassini, qui entrant dans la pensée de Roemer en avait vanté d'abord la nouveauté et la force, alléguait contre elles des objections considérables. Pendant que la terre en effet s'éloigne de Jupiter, le premier satellite s'éclipse plus de cent fois; et si, comme l'affirmait Roemer, la vue de la dernière éclipse est retardée de vingt-deux minutes par rapport à celle de la première, l'accroissement moyen de l'intervalle qui sépare deux éclipses est de treize secondes environ. De si petites différences ne sont pas écrites dans les phénomènes en caractères assez visibles, et sans parler des erreurs d'observation d'autres inégalités peuvent, on le comprend, les effacer complétement et en renverser le sens.

Roemer cependant se défendait avec vigueur et succès. On lit dans l'extrait des registres remis à Colbert en 1678: «M. Roemer a confirmé par de nouvelles observations ses sentiments touchant la vitesse de la lumière, prétendant que son mouvement ne se fait pas en un instant. Comme ce problème est un des plus beaux que l'on ait encore proposés sur ce sujet et que M. Cassini y a trouvé quelques difficultés, on l'a examiné souvent dans l'assemblée. La compagnie a trouvé que cette méthode pour trouver le temps que la lumière des astres emploie à son mouvement est la meilleure et la plus ingénieuse dont on se soit avisé jusqu'à présent.»

Mais dans l'histoire rédigée par lui des travaux astronomiques de l'Académie, Cassini tient un tout autre langage et se prononce hardiment dans un sens opposé. On a comparé, dit-il, le temps de deux émersions prochaines du premier satellite dans une des quadratures avec le temps de deux immersions prochaines dans la quadrature opposée de cette planète, et bien que la lumière d'un satellite à la fin de sa révolution dans la première quadrature fasse moins de chemin pour venir à la terre dont Jupiter s'approche qu'à la fin de sa révolution dans la seconde, quand Jupiter s'éloigne de la terre et que cette différence monte tout au moins à trois cent mille lieues de chemin dans un temps de plus que dans l'autre, on n'a pas trouvé de différence sensible entre les deux espaces de temps. «Ce n'est pas, ajoute Cassini, que l'Académie ne se soit aperçue, dans la suite de ses observations, que le temps d'un nombre considérable d'immersions d'un même satellite est sensiblement plus court que celui d'un pareil nombre d'émersions, ce qui peut en effet s'expliquer par le mouvement successif de la lumière, mais elle ne lui a pas paru suffisante pour convaincre que le mouvement est en effet successif.» La découverte de Roemer, aujourd'hui solide et inattaquable, a été confirmée par tous les progrès de la science; les objections pouvaient cependant et devaient être faites, et Cassini, en suspendant son jugement, ne fait paraître aucun esprit de dénigrement ou de jalousie.

La question vingt ans plus tard semblait encore douteuse, et Fontenelle en analysant un travail de Maraldi concluait avec lui ou bien peu s'en faut en faveur de la propagation instantanée. «Il paraît, dit-il, qu'il faut renoncer, quoique peut-être avec regret, à l'ingénieuse et séduisante hypothèse de la propagation successive de la lumière, ou du moins à l'unique preuve certaine que l'on crût en avoir; car une preuve manquée ne rend pas une chose impossible.»

Une autre expédition plus célèbre encore que celle de Picard fut celle de Richer envoyé à Cayenne pour y faire, sous un ciel et dans un climat nouveaux, d'importantes observations astronomiques. Plusieurs questions lui étaient particulièrement signalées, parmi lesquelles l'observation de la planète Mars excitait au plus haut point l'impatiente curiosité des savants. L'Académie, dit Fontenelle, attendait le retour de ses missionnaires comme l'arrêt d'un juge appelé à prononcer sur les difficultés qui divisent les astronomes. Il s'agissait en effet de déterminer la distance de Mars à la terre pour en conclure le rayon encore inconnu de l'orbite terrestre.

Les astronomes ne connaissaient que des rapports. Ils savaient très-exactement que la distance de Mars au soleil est une fois et demie celle de la terre au soleil, mais on n'avait sur la grandeur absolue de l'une d'elles que d'insignifiantes conjectures. Anaxagore, en supposant le soleil aussi grand que le Péloponèse, évaluait sa distance à la terre à mille ou douze cents lieues tout au plus. Aristarque, par des mesures ingénieuses mais fort grossières, l'avait portée à douze cents rayons terrestres; Descartes n'en supposait que sept à huit cents; Kepler au contraire avait triplé le nombre d'Aristarque. Les observations de Richer devaient sextupler celui de Kepler.

Mars alors approchait autant que possible de la terre, et l'on espérait pouvoir mesurer l'angle formé par deux rayons visuels dirigés vers lui au même instant, l'un de Paris, l'autre de Cayenne. Rien de plus facile en théorie que la détermination d'un tel angle. Les difficultés sont toutes d'exécution, mais elles sont considérables.

Devant la distance des étoiles, le diamètre de la terre disparaît en quelque sorte et s'évanouit; les rayons dirigés vers l'une d'elles par deux observateurs éloignés sont rigoureusement parallèles, et l'on peut par suite rapporter à une même direction et comparer par là l'un à l'autre deux rayons dirigés vers Mars de deux points éloignés du globe. Malheureusement la terre tourne et se déplace. Mars lui-même n'est pas immobile, et une seconde de retard dans une observation peut dévier de plus de quinze secondes le rayon dirigé vers lui; si l'on songe qu'un angle de vingt-cinq secondes fait tout le dénoûment du problème, on perd l'espoir d'obtenir, à deux mille lieues de distance, deux observations réellement simultanées. Il faut s'affranchir de cette condition, et la marche régulière de la planète, soumise à des lois bien connues, permet de calculer d'après la position observée celles qui la précèdent ou qui la suivent; on doit enfin dans une recherche aussi délicate prévoir toutes les causes d'erreur et en corriger les effets.

L'événement trompa d'abord toutes les espérances. Les erreurs d'observation, en compensant fortuitement les différences de direction, assignèrent une valeur nulle à l'angle qu'on voulait mesurer; mais Cassini, en recherchant jusqu'à la source la cause possible d'un résultat aussi inacceptable, fut conduit à soupçonner un quart de minute d'erreur, en assignant à l'angle une valeur de vingt-cinq secondes que donnaient ses propres observations et qui est exacte. Cassini en effet avait résolu le problème sans employer les observations de Cayenne. Le principe de sa méthode est ingénieux; puisque la comparaison des observations n'exige pas qu'elles soient simultanées, on peut choisir pour les comparer deux observations faites à six heures de distance dans un seul et même observatoire. La terre, dans son mouvement bien connu, emporte l'observateur plus loin de sa position primitive que Paris ne l'est de Cayenne, et la différence de temps peut remplacer la distance des lieux.

C'est l'observation du pendule qui devait immortaliser surtout le nom de Richer et le souvenir de son expédition. Le pendule qui bat les secondes est plus court à l'équateur qu'à Paris, et ce fait bien observé nous montre par une conséquence très assurée que la pesanteur y est moindre. Huyghens, en évaluant la force centrifuge produite par la rotation de la terre, fit connaître une cause considérable mais non pas unique de cette diminution qui se rattache avec certitude à la forme aplatie de la terre. Mais la suite de ces déductions est accessible aux seuls géomètres, et les autres savants n'y virent pendant bien des années qu'une ingénieuse conjecture qu'ils discutaient sans s'entendre. Il restait donc beaucoup à faire pour fixer les esprits et rendre la démonstration convaincante. Cinquante ans plus tard les deux partis jugeaient nécessaire une nouvelle expédition académique qui, pour les mettre d'accord, dut chercher des preuves évidentes et irréfragables dans des mesures directes et précises.

Le roi Jacques II, dans une visite à l'Observatoire de Paris le 27 avril 1690, avait rapporté l'opinion de Newton sur l'aplatissement de la terre. Les académiciens dans leur réponse invoquent assez singulièrement les observations de Richer pour repousser une théorie dont elle fournit la preuve la plus assurée. «On répondit, dit le procès-verbal, que cette idée était venue à quelques-uns à l'occasion de quelques observations de Jupiter qui a paru quelquefois n'être pas parfaitement sphérique, mais que la partie de l'ombre de la terre qui tombe sur la lune paraissait assez circulaire pour persuader que la figure de la terre ne s'éloigne pas sensiblement de la sphérique, que cette conjecture avait été assez fortifiée par les observations de la longueur des pendules faites par les personnes envoyées par l'Académie des sciences à Cayenne, au cap Vert et aux Antilles, où le pendule à secondes s'est trouvé constamment sensiblement plus court que dans notre climat, mais que cette différence pouvait être attribuée aux températures de l'air, puisque dans un même lieu nous trouvons une petite différence entre l'été et l'hiver.» Cette explication est inacceptable, et une température de 200 degrés au moins serait nécessaire pour produire les effets observés.

Les expériences sur la transfusion du sang faisaient grand bruit en Angleterre. L'Académie prit soin de les reproduire et de les varier. Les Anglais remplaçaient hardiment le sang d'un homme par celui d'un sujet plus robuste ou mieux portant, en espérant par là changer non-seulement le tempérament mais le caractère du patient. Le sang d'un lion par exemple devait enflammer l'homme le plus timide et lui donner avec une noble fierté un courage invincible. Les savants de Londres pour guérir un fou avaient remplacé la plus grande partie de son sang par celui d'un homme sain d'esprit; mais le malade, continuant à déraisonner sur tous les points sauf sur un seul peut-être, courait les rues de Londres en se disant le martyr de la Société royale. Les académiciens français opérèrent seulement sur des chiens. Ils ne furent pas heureux. L'animal qui donnait son sang se rétablissait assez bien, l'autre languissait et mourait presque toujours. Le parlement informé de ces résultats défendit par arrêt la transfusion comme inutile et dangereuse.

La machine pneumatique, inventée à Magdebourg par Otto de Guéricke et apportée par Huyghens devant l'Académie, fut aussi pour elle un sujet d'études et l'instrument d'expériences très nombreuses. Parmi les singularités observées on peut signaler l'effet produit sur un poisson qui, placé sous le récipient dans un vaisseau plein d'eau, tomba au fond sans pouvoir remonter, même après la rentrée de l'air. Sa vessie natatoire s'était vidée d'air et ne fonctionnait plus.

C'est Huyghens également qui annonça le premier à l'Académie la force expansive de la glace, en profitant pour la rendre sensible du rude hiver de 1668.

Le phosphore de l'urine, découvert par Brandt, fut également mis sous les yeux de l'Académie et préparé par Homberg dans le laboratoire. L'Académie ces jours-là devenait une école, et l'un de ses membres transformé en professeur donnait l'enseignement à tous les autres.

Colbert pendant toute sa vie se montra favorable à la compagnie qu'il avait fondée. Plein de ménagements et de prévenances pour elle, soigneux de ses intérêts comme de sa dignité, facile à ses projets et à ses entreprises, il se plaisait à lui rendre de bons offices. Informé des travaux commencés, attentif en même temps aux recherches particulières et animant chacun dans ses propres desseins, il savait soutenir sans diriger; habile à juger les hommes et les éprouvant au besoin, il se faisait le protecteur et l'appui, non le guide de ceux qu'il avait appréciés et choisis. Sa mort fut un grand malheur pour les savants. L'impérieux Louvois, second protecteur de l'Académie, s'occupa fort peu d'elle et fort mal. L'esprit qui l'animait n'était pas celui de la science. Les intérêts du roi étaient pour lui la loi suprême, et le soin de sa grandeur la seule affaire de conséquence. Les bienfaits et la faveur dont il daignait les honorer imposaient aux académiciens l'obligation de se tenir toujours sous sa main prêts à servir ses projets en s'y appliquant tout entiers.

Le 16 février 1686 un M. de La Chapelle, délégué par Louvois et interprète de ses volontés, vint proposer à l'Académie une distinction fausse et grossière entre les recherches utiles et la science de pure curiosité, comme s'il existait deux lumières, l'une pour guider les hommes, l'autre pour charmer leurs yeux. «J'ai déjà eu l'honneur de dire à l'Académie, dit M. de la Chapelle, que Mgr de Louvois demande ce que l'on peut faire au laboratoire; il m'a ordonné d'en parler encore. Ne peut-on pas considérer ce travail ou comme une recherche curieuse ou comme une recherche utile? J'appelle recherche curieuse ce qui n'est qu'une pure curiosité ou qui est pour ainsi dire un amusement des chimistes; cette compagnie est trop illustre et a des applications trop sérieuses pour ne s'attacher ici qu'à une simple curiosité. J'entends une recherche utile celle qui peut avoir rapport au service du roi et de l'État.» Le nouveau protecteur prétendait, on le voit, retrancher les curiosités inutiles et les amusements de l'esprit; où la curiosité n'est pas admise pour elle-même, il ne faut pas espérer cependant que la science se développe et reste en honneur. Mais l'Académie, accoutumée à s'incliner au moindre signe venu de si haut, n'avait pas à discuter avec un ministre tout-puissant.

M. de La Chapelle avait fait connaître quelques-uns des problèmes utiles dont on désirait la solution. Ne serait-il pas permis, disait-il, d'examiner les effets du mercure, de l'antimoine, du quinquina, du laudanum et du pavot selon les différentes préparations, et de faire des analyses exactes du thé, du café et du cacao dont l'usage se rend si commun, soit comme remède, soit comme aliment?

M. Bourdelin, qui naguère distillait des crapauds, se distingua par son empressement. Quelques semaines après la visite de M. de La Chapelle, il apportait à l'Académie l'analyse de trois livres d'excellent café. «Ces 3 livres ont donné, dit-il, 20 onces 7 gros de liqueur qu'on a tirée par la cornue. La première, de 4 onces un peu austère a rougi le tournesol. La seconde, avec un peu d'acidité, a fait couleur de vin de Châblis avec le vitriol. La troisième a fait couleur de minium en mettant une portion de vitriol sur sept de cette liqueur. La quatrième, d'odeur de cumin austère et amère, a rendu laiteuse la solution du sublimé. Une partie de vitriol sur deux a fait couleur de minium. La cinquième partie fort acide et mêlée de sulfuré, a précipité le sublimé. Une partie de cette liqueur avec deux de vitriol a fait couleur de minium fort foncée. La sixième de 3 onces a fait effervescence avec l'esprit de sel, et il reste 8 onces 2 gros figés. La tête morte avait plus de volume que le café.»

Une telle analyse échappe à la classification de Louvois; elle n'est ni curieuse ni utile. «Bourdelin, dit Fontenelle, aimait tant le café que sur la fin de sa vie quand les médecins le lui interdirent, il se flatta longtemps d'être désespéré pour pouvoir sans scrupule en prendre tant qu'il voudrait.» Son analyse, s'il en est ainsi, ne peut suggérer qu'une réflexion: puisque le café était excellent, il aurait mieux fait de le boire.

L'Académie reprit plus d'une fois sans succès l'étude du café. Dans un mémoire lu en 1715, on y signale des principes salins et sulfureux, en terminant par quelques indications plus pratiques. «L'expérience, dit l'auteur qui n'est autre que le premier académicien de la célèbre famille de Jussieu, a introduit quelques précautions que je ne saurais blâmer touchant la manière de prendre cette infusion. Telles sont celles de boire un verre d'eau auparavant de prendre le café, de corriger par le sucre l'amertume qui pourrait le rendre désagréable, et de le mêler de lait ou de crème pour en étendre le soufre, embarrasser les principes salins et le rendre nourrissant.» M. Purgon n'aurait pas mieux dit.

Perraut affecta plus de déférence encore aux vues de Louvois en apportant à l'Académie une invention fort bizarre pour doubler la vitesse d'un boulet de canon. Le projectile ordinaire, dans le projet de Perraut, serait remplacé par un second canon qui doit lancer le boulet pendant son trajet dans l'intérieur de la grande pièce, en lui imprimant outre sa vitesse propre celle que lui communique l'action de la poudre. Pour ne rien perdre enfin, on doit disposer à petite distance un anneau assez fort pour retenir le petit canon au passage, sans être endommagé par le choc. Malgré la juste considération qui entourait Perraut dans l'Académie, on n'ordonna pas la réalisation d'un projet dont la naïve hardiesse, en faisant sourire plus d'un homme de guerre, dut montrer à Louvois que les académiciens ne sont pas des artilleurs et que le mieux est de laisser chacun à ses travaux naturels.

Le départ d'Huyghens après la révocation de l'édit de Nantes, la mort de Picard et la retraite de Rœmer en Danemark furent pour l'Académie des pertes irréparables. Elle se trouva privée tout à coup de ses lumières les plus précieuses. Quoique pour la chimie la stérile abondance de Duclos eût été heureusement remplacée par l'activité plus fructueuse de Homberg, le zèle des autres membres s'affaiblissait; le travail en commun devenu une gêne pour tous était abandonné peu à peu, et l'on avait peine bien souvent à occuper les deux heures de la séance. Les procès-verbaux qui naguère remplissaient chaque année deux volumes, l'un pour les samedis, l'autre pour les mercredis, se réduisirent au point que les comptes rendus des années 1688 à 1691, toujours écrits par Duhamel avec la même exactitude, n'occupent plus ensemble qu'un seul volume qui les réunit sans distinction. L'activité renaît ensuite, il est vrai, mais elle se déplace; chacun veut user de son initiative et déserte les routes tracées à l'avance.

La lutte entre les deux systèmes, commencée dès les premières années de l'Académie, s'était renouvelée à plusieurs reprises et se déclarait de plus en plus. L'Académie, dans l'intention des fondateurs, devait absorber complétement en elle l'individualité de ses membres, produire l'unité des esprits dans la science et dans la doctrine et paraître seule au dehors, non-seulement pour prendre part aux découvertes de chacun et s'en glorifier, mais en se les appropriant sans citer aucun nom.

Avant de publier pour la première fois ses travaux, la Compagnie se demanda si elle devait nommer dans la préface les particuliers qui avaient fait quelques découvertes; on fut d'avis de ne les point nommer, et il fut décidé qu'on se contenterait de dire que les découvertes ont été faites dans l'Académie. Cette étrange égalité, décrétée mais non obtenue, n'était pas sans précédent, et les expériences des académiciens del Cimento à Florence sont restées leur propriété commune. L'Académie de Paris, en s'appropriant ainsi les travaux de ses membres, déniait à chacun d'eux le droit de les inscrire dans ses propres ouvrages.

On lit au procès-verbal du 18 août 1688: «La Compagnie, pour éviter que dorénavant les personnes qui la composent n'insèrent dans leurs ouvrages particuliers les observations et les nouvelles découvertes qui sont faites dans les assemblées, a statué d'un commun consentement qu'à l'avenir chacun de ceux qui voudront faire imprimer de leurs ouvrages sera obligé d'en donner avis à la Compagnie et d'y apporter son manuscrit pour y être examiné, ou par l'Académie en corps, ou par les commissions qu'elle nomme pour cet effet. A l'égard des ouvrages qui ont été imprimés par ceux qui la composent, la Compagnie a résolu de revendiquer ce qui lui appartient toutefois et quand l'occasion s'en présentera. La compagnie a prié M. de La Chapelle de savoir la volonté de Mgr de Louvois, protecteur de l'Académie, avant que d'insérer le présent règlement dans les registres.»

Ce passage est très-remarquable. On y voit clairement l'état intérieur de l'Académie et les causes d'un affaiblissement qui frappait tous les yeux. Les mathématiciens empiétaient peu à peu sur tout le reste. Cassini, l'Hôpital, Varignon, La Hire et Homberg, sans s'astreindre plus longtemps à chercher la vérité en commun, produisent isolément et sans grand éclat, d'instructifs et nombreux travaux; mais ils ont peine à remplir les séances. Les sciences d'observation n'y occupent plus qu'une très-petite place; tout semble aller à l'abandon. Le laboratoire est délaissé, l'Académie n'a plus de règle, et l'assiduité de ses membres diminue sensiblement. Un grand changement était nécessaire; l'abbé Bignon, neveu du troisième protecteur Pontchartrain, eut le mérite de le comprendre. Après s'être fait donner par son oncle la direction de l'Académie, il obtint de la renouveler par un règlement qui, en accroissant le nombre de ses membres et lui donnant le droit de se recruter elle-même, la rendit à la fois plus forte et plus libre, plus florissante et plus féconde.

L'ORGANISATION DE 1699.

L'Académie des sciences, en 1699, reçut un grand accroissement; l'organisation nouvelle élevait de seize à cinquante le nombre de ses membres et les partageait en trois classes: celles des honoraires, des pensionnaires et des associés; la première composée de dix membres et les deux autres chacune de vingt. A chaque pensionnaire enfin était attaché un élève qui, formé par lui et instruit près de l'Académie à laquelle il appartenait par avance, devait en s'y dévouant tout entier mériter successivement le titre d'associé et les avantages des pensionnaires. Les membres honoraires étaient en quelque sorte les médiateurs de l'Académie auprès du roi et de ses ministres; ils devaient aider leurs confrères de leur crédit, les honorer par leur présence et les encourager par leur attention. Les plus grands seigneurs recherchèrent ce rôle et tinrent souvent à honneur d'ajouter à leurs titres celui d'académicien. Le règlement affirmait leur intelligence et leur savoir dans les mathématiques et dans la physique, mais une grande bienveillance pour les savants et le désir exprimé d'entrer en commerce familier avec eux étaient souvent la plus grande preuve qu'on leur en demandât et la seule marque qu'ils en pussent fournir. La prééminence leur appartenait de droit dans l'Académie, et le roi chaque année choisissait pour président et pour vice-président deux des membres honoraires.

Les anciens académiciens furent presque tous admis dans la classe des pensionnaires. On les partagea en six sections de trois membres chacune: celles de géométrie, d'astronomie, de mécanique, de chimie, d'anatomie et de botanique. Le secrétaire et le trésorier complétaient le nombre de vingt.

Douze des associés étaient Français et habitaient Paris. Répartis comme les pensionnaires entre les six sections, ils portaient à cinq le nombre de leurs membres. L'Académie, pour attirer à elle toutes les gloires, pouvait choisir les huit autres associés parmi les savants étrangers. On décida par un très-sage conseil que, désignés par l'éclat non par la nature de leurs travaux, ils n'appartiendraient à aucune section. En cas de vacance parmi les honoraires, l'Académie devait proposer un candidat à l'agrément du roi. Pour les places de pensionnaires, elle en présentait trois parmi lesquels deux au moins déjà associés ou élèves. La nomination des associés se faisait comme celle des pensionnaires, et sur les trois candidats présentés, deux au moins devaient être choisis parmi les élèves; mais la règle fut renversée, et en 1716, un règlement nouveau imposa au contraire l'obligation d'inscrire sur la liste présentée au roi un candidat au moins étranger à l'Académie, afin que Sa Majesté pût à chaque élection si elle le jugeait utile rajeunir et fortifier l'Académie par l'adjonction d'un membre nouveau.

Les associés prenaient part à tous les travaux de l'Académie, mais ils n'opinaient que sur les questions de science. En cas de doute sur un de leurs droits, les honoraires et les pensionnaires en décidaient en dernier ressort à la majorité des suffrages.

Chaque pensionnaire choisissait son élève et le faisait agréer par la Compagnie, qui le proposait à la nomination du roi. Plusieurs choix se portèrent, comme on devait s'y attendre, sur des fils, des neveux ou des frères qui furent admis sans opposition. Les élèves ne votaient jamais; ils ne devaient parler que sur l'invitation du président et ne partageaient dans les premières années aucun des droits des académiciens; mais l'apprentissage peu à peu devint un surnumérariat accepté et brigué par des candidats d'une science déjà éprouvée. Galois proposa Ozanam plus que sexagénaire qui conserva, jusqu'à l'âge de soixante-quinze ans, avec le titre d'élève, la situation presque humiliante qu'il lui attribuait dans la compagnie; plusieurs autres, en se distinguant par leurs découvertes, prirent dans l'Académie une légitime influence. Le titre d'élève mettait une trop grande différence entre des savants égaux souvent par le talent comme par la renommée; on le supprima en 1716 en créant douze adjoints auxquels une plus grande part fut accordée dans les délibérations et dans les travaux. L'institution des associés libres est de même date; sans appartenir à aucune section et sans cultiver spécialement une des branches de la science, ils devaient par leurs lumières générales prêter à l'Académie un précieux concours. C'est à cette classe qu'ont appartenu le chirurgien Lapeyronie, l'ingénieur Belidor, le magistrat astronome Dionis du Séjour et l'illustre Turgot, qui cependant aurait si bien tenu sa place parmi les honoraires.

L'Académie renouvelée et agrandie fut solennellement installée au Louvre, et un logement spacieux et magnifique remplaça la petite salle de la bibliothèque du roi. Les séances, comme par le passé, furent fixées au mercredi et au samedi, mais aux recherches en commun condamnées par trente années d'épreuves médiocrement fructueuses devaient succéder les efforts individuels, et la libre inspiration de chacun remplacer les programmes qui, trop exactement suivis, avaient rompu souvent les idées originales. Plusieurs fois déjà, il est vrai, l'ancienne Académie avait réuni en un seul volume les recherches personnelles et isolées de quelques académiciens, en s'excusant alors en quelque sorte d'une dérogation aux vrais principes.

«Quelque application que l'on ait aux desseins principaux que l'on a entrepris, il est difficile, disait Fontenelle, de ne s'en pas laisser détourner de temps en temps pour travailler à d'autres petits ouvrages, selon que l'occasion en fournit de nouveaux sujets et que l'on y est porté par son inclination particulière. Ces interruptions de peu de durée sont toujours permises lorsqu'on s'est occupé de desseins de longue haleine, et il est même important de ne pas laisser échapper les conjonctures favorables pour trouver certaines choses qu'il serait impossible de découvrir en d'autres temps. Il arrive souvent à ceux qui composent l'Académie des sciences de faire de ces petites pièces, pour profiter des occasions qui se présentent et pour se délasser des longs ouvrages à qui ils sont assidûment appliqués.»

Ces petites pièces, rassemblées dans le désordre de leur production, forment la collection des mémoires, monument durable et œuvre par excellence de l'Académie. Chaque académicien, marchant librement dans sa voie sous la seule inspiration de son propre génie, signait son écrit, comme il était juste, et en demeurait responsable. Tout était permis excepté le repos; l'Académie, dépôt non-seulement mais foyer de la science, avait pour maxime que vivant pour elle seule, un savant doit, sans jamais s'en distraire, inventer et perfectionner incessamment et sans fin ni relâche faire paraître au moins de nouveaux efforts. Tout pensionnaire, associé ou élève qui s'éloignait pour un temps de l'étude et du travail, cessait par cela même d'être académicien. Chacun devait communiquer à jours fixes et à tour de rôle le résultat de ses recherches et de ses essais; le président avertissait et pressait les retardataires en les privant en cas de récidive d'une partie de leurs droits académiques. Sans prévoir ni admettre aucune excuse, le règlement, plus d'une fois appliqué dans sa rigoureuse dureté, excluait même à jamais comme infidèles à la science les membres assidus ou non aux séances, qui restaient trop longtemps sans y prendre la parole. Cette loi sévère et aveugle, gardienne du nombre et non de la qualité des productions, semblait dénier aux académiciens le droit de se dévouer à une œuvre de longue haleine et de suivre de grands desseins. On devait heureusement s'en relâcher bien vite, mais plus d'une exclusion fut prononcée et maintenue.

On lit par exemple au procès-verbal du 17 février 1714: «Le roi ayant été informé que quelques-uns d'entre les associés et les élèves de l'Académie ne faisaient aucune fonction d'académicien, que même ils n'assistaient presque point aux assemblées et que, malgré les divers avis qui leur avaient été donnés, ils ne se corrigeaient pas de leur négligence, elle pouvait devenir d'un dangereux exemple. Sa Majesté a cru devoir ne pas différer davantage à prononcer leur exclusion. Vous aurez donc soin au plus tôt de déclarer vacante la place d'associé anatomiste du sieur Duverney le jeune, celle d'élève anatomiste du sieur Auber, celle d'élève géomètre du sieur du Tenor.» Et le 15 décembre 1723: «M. de Camus, adjoint mécanicien, n'ayant satisfait à aucun tour de rôle ordonné par les règlements, ni assisté à aucune assemblée depuis deux ans, le roi a ordonné que sa place soit déclarée vacante et qu'on procédât à la remplir d'un autre sujet.»

Un autre académicien rayé de la liste par décision du régent fut le financier Law. L'Académie, qui aurait pu faire un meilleur choix, l'avait proposé comme candidat unique à une place d'honoraire. Il fut agréé et siégea plusieurs fois, mais son impopularité rapidement croissante faisant regretter sans doute cette détermination, on s'avisa que, n'étant pas Français, il ne pouvait être membre honoraire et que son élection était nulle. L'Académie eut la dignité et le bon goût de réclamer et de maintenir son choix. On lui envoya la note suivante, qui ne porte aucune signature: «Des jurisconsultes, plus esclairez que MM. de l'Académie des sciences en fait de lois et de formalitez, ont donné avis qu'en nommant M. Law pour académicien honoraire, l'élection estoit nulle. Ces jurisconsultes se fondent sur ce que l'art. 3 du règlement de cette Académie porte en termes formels que les académiciens honoraires seront *tous régnicoles*; or c'est une qualité qu'on ne scaurait donner audit sieur Law qui, à la vérité, avait obtenu des lettres de naturalité, mais qui, ne les ayant pas fait enregistrer à la Chambre des comptes est toujours réputé étranger, suivant le sentiment des autheurs et la jurisprudence des arrêts.»

A la loi d'exactitude imposée aux académiciens s'ajoutait, dans l'obligation d'examiner les mémoires présentés par les étrangers, une fatigue à laquelle les forces des pensionnaires âgés ne suffisaient pas toujours. Par une faveur rarement refusée, ils obtenaient alors le titre de vétérans. Saurin, Jacques Cassini, Maraldi, Fontenelle, Leymery, Mairan, La Condamine et Grandjean-Fouchy l'obtinrent successivement. Le pensionnaire nommé vétéran devenait libre de tout travail; il perdait, il est vrai, ses droits à la pension, mais l'Académie, par une faveur chaque fois renouvelée, lui assignait sur les fonds destinés à ses travaux une indemnité équivalente.

L'Académie avait interdit à ses membres de prendre sur le titre d'un ouvrage la qualité d'académicien sans s'y être fait autoriser par le jugement d'une commission. Les approbations de ce genre sont extrêmement nombreuses dans l'histoire de l'Académie. La franchise des commissaires, sans aller dans aucun cas jusqu'à déclarer l'œuvre d'un confrère indigne de l'impression, varie et gradue les louanges avec une liberté dont la hardiesse surprend quelquefois. D'Alembert, par exemple, chargé d'examiner le quatrième volume du traité de physique de l'abbé de Molière, se borne spirituellement et sans commentaires, à le déclarer *digne de faire suite aux trois premiers*.

Lorsqu'il s'agissait d'un écrit de polémique, la loi était surtout étroitement observée, et nul ne pouvait s'y soustraire sans encourir le blâme sévère de ses confrères. On lit par exemple au procès-verbal du 13 décembre 1780: «J'ai dénoncé, c'est Condorcet qui parle, un écrit de M. Sage, imprimé sans l'aveu de l'Académie, dans lequel il se trouve plusieurs passages qui peuvent être désagréables à M. Tillet. M. Sage écrit à la séance suivante pour donner des explications, mais l'Académie décide, après avoir entendu lecture de sa lettre, qu'il n'y sera pas fait de réponse.»

Quelle que fût la contrariété des opinions, les discussions entre confrères devaient être courtoises. L'Académie le rappela plus d'une fois sévèrement à ceux qui semblaient l'oublier. L'astronome Lefèvre, possesseur d'un privilége pour la *Connaissance des temps*, ayant été repris d'erreur par Lahire, l'avait violemment attaqué et invectivé dans la préface de l'un de ses volumes.

«Je ne puis me dispenser, disait-il, de répondre aux invectives d'un petit novice, auteur supposé d'une année d'*Éphémérides* imprimées depuis peu de temps. Ce nouvel auteur, rempli d'un esprit de vanité de présomption et de mensonge, dit dans la préface de ses *Éphémérides* que le grand nombre d'opérations et de calculs dans lesquels il n'est pas possible qu'il ne se glisse quelque erreur lui fait craindre de ne pouvoir pas répondre à l'attente du public, mais qu'il espère au moins que l'on n'y trouvera pas les éloignements du ciel aussi grands qu'on le voit dans des éphémérides qui sont fort estimées, et dans lesquelles l'auteur se trompe d'une demi-heure sur l'époque de l'éclipse du 15 mars 1699. On répond à ce jeune novice que l'éclipse a été bien calculée, mais qu'on s'est trompé en prenant un logarithme.» La punition fut prompte et sévère. «M. le président, dit le procès-verbal du 17 septembre 1700, a dit que dans la préface de la *Connaissance des temps* pour 1701, composée par M. Lefèvre, il y avait des choses dures et offensantes pour MM. de Lahire père et fils qui étaient suffisamment désignés, quoiqu'ils ne fussent pas nommés. M. le comte de Pontchartrain, qui avait trouvé cette conduite entièrement contraire au règlement, avait voulu d'abord que M. Lefèvre fût exclu de l'Académie, et cependant à la prière de M. le président, il s'était relâché à permettre qu'il continuât d'y prendre séance à l'avenir, à condition qu'il retirerait aussitôt tous les exemplaires de son livre qui étaient chez l'imprimeur pour en échanger la préface, qu'il en ferait une autre où il rétracterait tout ce qu'il avait dit de MM. de Lahire et que de plus il leur demanderait pardon en pleine assemblée. M. le président a ajouté que M. le chancelier retirerait le privilége qui avait été accordé à M. Lefèvre pour la *Connaissance des temps*, parce qu'il en avait abusé. L'heure de la séparation de l'assemblée ayant sonné avant que M. le président eût entièrement achevé de parler, M. Lefèvre n'a rien répondu et on s'est séparé.»

Quinze jours après on lit au procès-verbal: «M. le président m'a donné à lire une lettre qui lui a été écrite par M. Lefèvre. Il lui mande que sa santé ne lui a pas permis de se trouver à l'assemblée précédente ni à la suivante, mais qu'il se soumettra plutôt que de renoncer à l'Académie et qu'il viendra au premier jour faire telle réparation qu'on lui ordonnera.

«Comme l'assemblée se séparait, MM. de Lahire et tous les autres académiciens ont été de leur propre mouvement prier M. le président de vouloir bien dispenser M. Lefèvre de demander pardon en pleine assemblée. M. le président s'est laissé fléchir.» Lefèvre cependant ne reparut plus à l'Académie, et dès l'année suivante on lui appliquait rigoureusement le règlement qui prononce l'exclusion de tout membre absent plus d'un an sans congé.

Les médecins et les chirurgiens portèrent aussi plus d'une fois dans l'Académie l'esprit de haine, de dissension et d'envie dont leurs corporations ont été si longtemps affaiblies et troublées. Le triomphe des médecins depuis le milieu du XVIIe siècle paraissait définitif et complet. Dédaigneux autrefois de ce qu'ils appelaient la petite chirurgie, les maîtres chirurgiens, qui dans leurs examens de l'école de Saint-Côme avaient acquis le droit de se dire chirurgiens de robe longue, abandonnaient aux barbiers le soin de saigner, d'appliquer les vésicatoires et les ventouses, de panser les plaies légères, et de soigner enfin les bosses, apostumes et contusions. Il n'était besoin pour cela ni d'une science profonde, ni de culture littéraire, mais les limites étaient vagues et les fraters, plus respectueux et plus soumis aux médecins, étaient souvent aidés par eux à les franchir. On put bientôt malgré les réglements et les maîtrises confondre, sans trop d'affectation, les maîtres en chirurgie praticiens de robe longue avec les étuvistes et les barbiers. Ce fut la ruine de la chirurgie qui, tenue pour une profession manuelle, tomba dans une dure et humiliante sujétion. L'Université, toujours favorable aux médecins, voyait en eux les maîtres et les arbitres de la chirurgie et le prouvait par un argument sans réplique: La chirurgie ne fait partie d'aucune faculté; elle ne peut donc jouir des droits réservés dans l'Université aux facultés qui en dépendent.

La Faculté de médecine s'arrogeait le droit d'être représentée aux examens des chirurgiens à l'école de Saint-Côme et, ce qui envenimait fort la querelle, interdisait aux candidats la robe et le bonnet. Ses prétentions allaient plus loin encore; lorsque Lapeyronie, premier chirurgien de Louis XV, obtint pour l'école de chirurgie la création de cinq démonstrateurs rétribués par le roi, il importe, disait-il, de fortifier l'intelligence des élèves et de ne rien omettre pour éclairer leur esprit. La Faculté de médecine, loin d'en demeurer d'accord, s'y opposait ouvertement et avec énergie; elle alléguait dans l'intérêt même des chirurgiens, que: «le mérite ne consiste pas à savoir plusieurs choses, mais à exceller dans une;» elle les rappelait aux sages règlements, aux arrêts même du parlement qui défendaient de rien enseigner aux chirurgiens en dehors de leur profession: «*qui chirurgos docent, hirurgica tantum doceant.*» Est-il nécessaire en effet pour bien saigner de connaître la nature du sang? Avec une instruction trop étendue et trop élevée les chirurgiens seraient exposés à mépriser leur art et à le délaisser pour des études spéculatives. La chirurgie d'ailleurs est une profession manuelle, et la raison en est évidente: chirurgie tire son origine d'un mot de la langue grecque qui signifie la main, et celui qui ne travaille que de la main ne doit aussi exercer que la main.

Sans s'arrêter à de tels arguments et malgré les contradictions les plus opiniâtres, le roi autorisa l'Académie de chirurgie à publier ses mémoires, et, ce que la faculté de médecine trouva plus insupportable encore, l'école de Saint-Côme à exiger de ses élèves la maîtrise ès arts, que nous nommons aujourd'hui baccalauréat ès lettres. Depuis longtemps déjà la chirurgie pouvait citer des hommes de grand mérite. Plusieurs chirurgiens avaient siégé à l'Académie des sciences, et leurs confrères en tiraient avantage. On demande, disaient-ils dans leur judicieuse et forte défense, on demande à la Faculté de Paris et à tous les médecins, si les mémoires de MM. Méry, Rohault, Lapeyronie, J.-L. Petit et Morand, imprimés parmi ceux de l'Académie des sciences, ne sont pas en aussi grand nombre que ceux que les médecins ont fournis?

Les chirurgiens et les médecins, divisés par leur humeur discordante et incompatibles ailleurs par leurs incessantes hostilités, siégeaient en effet ensemble à l'Académie des sciences qui, sans se faire l'arbitre de leurs dissensions ni les amener à une paix sincère, sut toujours les apaiser sinon les unir, en modérant l'aigreur de leurs querelles et leur imposant au dehors, avec le titre de confrère, les bons procédés qui doivent en être la suite.

Le médecin Hunault était l'auteur connu et avoué d'un pamphlet anonyme où, non content de traiter avec le dernier mépris la corporation entière des chirurgiens, il s'efforçait de décrier et de ridiculiser le caractère et les travaux du célèbre J.-L. Petit, son confrère à l'Académie. «Quelques personnes, dit-il dans sa préface, trouvent mauvais que j'aie critiqué des mémoires qui sont parmi ceux de l'Académie des sciences. Je sais que dans les temples des dieux les criminels étaient à couvert des poursuites de la justice, mais je n'ai pas cru que l'erreur eût de tels priviléges.»

A l'inconvenance d'une telle publication, Hunault avait ajouté le tort beaucoup plus grave d'en offrir à Petit la suppression à prix d'argent. L'Académie, non moins émue par la violence des attaques que par le récit de ce procédé malhonnête, voulut infliger à Hunault un blâme public et sévère en lui enjoignant «de n'avoir plus à l'avenir aucun procédé semblable contre M. Petit ni aucun académicien, et elle a cru en cela, dit le président, vous traiter favorablement.»

L'Académie, dans une autre rencontre, prend au contraire parti pour Hunault et réprouve la conduite d'un confrère qui, gardien trop zélé des priviléges de sa corporation, avait assisté à la saisie de divers objets d'étude et d'enseignement dont la rigueur des règlements lui interdisait la possession et l'usage. «On a parlé, dit le procès-verbal du " mars 1733, de l'affaire de M. Hunault, chez qui les prévôts des chirurgiens, du nombre desquels était M. Rouhault, membre de cette Académie, ont saisi le 9 de ce mois plusieurs cadavres, des squelettes et des instruments d'anatomie. On a prié M. Bignon, président, d'envoyer chercher M. Rouhault pour lui dire le mécontentement que l'Académie avait de sa conduite en cette occasion à l'égard d'un confrère.»

LES ÉLECTIONS.

Le droit de se recruter elle-même, malgré toutes les divisions dont il devait agiter et troubler l'Académie, fut une des suites les plus heureuses de l'organisation de 1699. Indécise d'abord dans ses choix et comme étonnée qu'on voulût bien la consulter, l'Académie dès le commencement se montra cependant assez bien inspirée; l'honneur d'obtenir ses premiers suffrages échut au médecin Fagon. «On ne pense pas, dit le procès-verbal, qu'il puisse venir aux assemblées, mais on a voulu donner cette distinction à son mérite et à sa personne.» Le début était bon et la distinction justifiée. Fagon, sans être un inventeur, connaissait à fond la botanique et la chimie de l'époque. Directeur du Jardin des plantes où sans discussion et sans contrôle il nommait à tous les emplois, il s'y montra toujours exact, désintéressé et honorable à tous égards, et en remplissant sa charge à la satisfaction de tous, il sut mériter, obtenir et attacher à son nom la sympathie et la reconnaissance durable des naturalistes. L'abbé de Louvois et Vauban, élus tous deux après Fagon, complétèrent la liste des honoraires. Si le temps a affaibli l'éclat emprunté de l'un des deux noms, l'autre, déjà grand par-dessus ses dignités et ses titres, devait être à la lois pour la Compagnie naissante, une force, un appui et un ornement.

Sur les huit associés étrangers institués par le règlement, trois seulement, Leibnitz, Tchirnauss et Gulhiemini, appartenant à l'ancienne Académie, étaient restés membres de la nouvelle. On leur adjoignit par élection Hartsœcker, les deux frères Bernoulli, Rœmer et Isaac Newton. Viviani compléta la liste sur laquelle ne figura jamais le nom de Denis Papin, ballotté dans la dernière élection avec celui du disciple de Galilée. Deux ans plus tard, l'Académie préférait à Papin l'obscur charlatan Martino Poli. Fontenelle, dans un éloge très-laconique, excuse un tel choix en l'expliquant. Pour récompenser une invention restée secrète et par conséquent stérile, Louis XIV, avec une forte pension, avait accordé à Poli le titre d'associé honoraire de l'Académie. La volonté du roi était alors la règle suprême sous laquelle tout devait plier, et l'Académie, incapable d'opposition ou de résistance, se prêta avec empressement à la formalité d'une élection devenue inutile.

Martino Poli, pendant deux ans assidu aux séances, n'y apporta que les creuses imaginations des alchimistes. Attaquant la théorie des couleurs de Newton comme inexacte et mal fondée, il allègue qu'à quatre éléments qui composent tous les corps doivent correspondre quatre couleurs seulement: le rouge, couleur du feu; le bleu, couleur de l'air; le vert et le blanc enfin, couleur de l'eau et de la terre.

L'une des places d'associé devint presque immédiatement vacante. Sauveur, résidant à Versailles, dut aux termes du règlement renoncer à l'Académie, en conservant toutefois, avec le titre de vétéran, le droit d'assister aux séances et d'y prendre la parole. «La place qu'avait M. Sauveur d'associé mécanicien étant vacante, dit le procès-verbal, M. le président a représenté qu'elle conviendrait à M. de Lagny, qui est actuellement à un port de mer où il s'attache fort à tout ce qui regarde la mécanique de la marine. La Compagnie a donc résolu de proposer au roi M. de Lagny pour la place de M. Sauveur.»

Telle était, aux premiers temps de l'Académie, l'influence considérable du président. Élevé au-dessus de ses confrères par son rang, par sa naissance et par le choix direct du roi, il ne pouvait manquer d'être fort écouté; mais il s'absentait souvent, et le vice-président, homme de cour comme lui, se montrait encore moins exact. L'Académie, dès la première année, pria en conséquence l'abbé Bignon de vouloir bien déléguer à l'un de ses membres le droit de présider en son absence. Sur son refus gracieusement motivé, elle nomma elle-même Gallois et Duhamel, qui prirent le titre de directeur et de sous-directeur; mais cette hardiesse ne dura que deux ans, et dès l'année 1702, le roi nomma le directeur et le sous-directeur qui «étaient électifs et ne le seront plus,» dit laconiquement le procès-verbal.

L'Académie a varié plusieurs fois dans son mode d'élection. Les procès-verbaux des séances, sans rapporter aucun détail, ne donnent pas même le dénombrement des suffrages. Les académiciens eux-mêmes devaient l'ignorer; le président et le vice-président se retiraient en effet avec le secrétaire pour dépouiller le scrutin en présence d'un seul membre pensionnaire désigné par le sort et qui, chargé d'annoncer le résultat, prenait le nom d'évangéliste. Deux fois seulement, des difficultés imprévues soumises à la décision de l'Académie forcent, pour faire connaître le point débattu, à montrer distinctement par des chiffres précis tout le mécanisme de l'élection.

Le 28 mars 1733, l'Académie ayant été invitée à nommer un associé dans la section de mécanique, on lit au procès-verbal: «La pluralité a été pour MM. Camus et Fontaine.» Mais sur des réclamations, au moins plausibles sans doute, élevées par un troisième candidat, on ajoute huit jours après: «On a fait réflexion qu'il pouvait y avoir eu erreur dans le calcul par lequel M. Camus a eu la pluralité des voix le jour précédent et qu'en ce cas M. Clairaut aurait eu l'égalité; la Compagnie, pour faire cesser toute difficulté, a résolu de demander très-humblement au roi s'il voudrait les nommer tous deux ensemble.» Le titre d'associé n'étant pas rétribué, l'expédient fut aisément accepté, et sans avouer ou nier l'erreur de calcul on sauva tous les droits et tous les intérêts.

Mais l'interprétation du passage cité reste embarrassée de deux difficultés: Que signifie une erreur de calcul dans le dépouillement d'un vote?

Comment cette erreur, en faisant perdre à Clairaut le premier rang, ne lui laisse-t-elle pas même le second? Le règlement de 1716 explique tout d'abord ce dernier point: chaque liste de présentation devait contenir le nom au moins d'un candidat étranger jusque-là à l'Académie; Clairaut et Camus déjà adjoints l'un et l'autre ne pouvaient donc pas composer la liste.

Quant à l'incertitude sur le dénombrement des suffrages comptés à chaque candidat, le récit détaillé d'une autre élection en fait paraître une cause vraisemblable: «Le 19 janvier 1763, MM. les pensionnaires et associés astronomes ayant proposé à l'Académie pour la place d'adjoint dans la même classe vacante par la promotion de M. Legentil à celle d'associé, MM. Messier, Bailly, Jeaurat et Thuillier, on a procédé suivant la forme ordinaire à l'élection, où il s'est trouvé, en comptant les billets, que M. Bailly avait eu quatorze voix et MM. Messier et Jeaurat chacun treize, mais qu'il y avait un billet qui se trouvait nul parce qu'il ne portait que le seul nom de M. Jeaurat au lieu de deux qu'il devait contenir suivant le règlement. Sur quoi MM. les officiers et l'évangéliste, ayant fait réflexion que si ce billet avait porté les deux noms de MM. Jeaurat et Messier, eux et M. Bailly auraient eu parfaite égalité de voix, et que si le billet avait été bon, quand même on aurait nommé M. Thuillier avec M. Jeaurat, ce dernier aurait toujours eu l'égalité des suffrages avec M. Bailly, M. le président est entré dans l'assemblée pour y proposer le cas, sans désigner aucun de ceux qui y avaient été nommés et pour faire décider si l'on recommencerait totalement l'élection ou si l'on se contenterait de décider entre les deux seconds, sur quoi il a été décidé que celui qui avait eu la pluralité des suffrages devait être regardé comme nommé et être présenté le premier, quel que pût être le nombre des voix qu'aurait celui des deux seconds entre lesquels on allait choisir; en conséquence de quoi on a prononcé par scrutin entre MM. Jeaurat et Messier, et la pluralité des voix a été pour M. Jeaurat.»

La franchise confiante du patronage exercé parfois sur des candidatures par les grands seigneurs et les ministres étonnerait peut-être aujourd'hui. Indépendamment des sollicitations individuelles et des discrètes recommandations qui sont de tous les temps, on procédait parfois ouvertement et publiquement par lettres collectives officiellement adressées à l'Académie et qu'elle recevait fort bien en ne se défendant nullement d'y avoir égard. On lit par exemple au procès-verbal du 27 juin 1770: «Je vous donne avis que le roi approuve que l'Académie procède à la nomination d'un pensionnaire surnuméraire dans la classe de géométrie et que Sa Majesté verrait avec plaisir les voix de l'Académie se réunir en faveur de M. Darcy.» M. Darcy, cela va sans dire, obtint l'unanimité des suffrages.

M. de Saint-Florentin avait écrit le 4 avril 1760: «Le prince Jablonowski demande d'être admis à l'Académie en qualité d'associé étranger; l'honneur qu'il a d'appartenir à la reine et le soin qu'il a toujours pris de protéger et de cultiver *lui-même* les lettres et les arts paraissent mériter qu'on anticipe en sa faveur le moment d'une place vacante dans la classe des associés étrangers pour l'y admettre. Sa Majesté désire qu'il soit délibéré sur sa demande; l'Académie est unanimement d'avis qu'il n'y a pas d'inconvénient à accorder cette place à condition que la première qui vaquera dans cette classe sera censée remplie par la nomination de M. le prince Jablonowski.» Huit jours après, Sa Majesté fait savoir qu'elle agrée la nomination du prince qui se trouve ainsi préféré d'avance à Linné dont l'élection fut par là retardée de plusieurs années.

Le 30 avril 1758, on lit enfin: «M. de Chabert, lieutenant des vaisseaux du roi, désire être admis à l'Académie en qualité d'associé libre; l'intérêt de la marine et celui de l'Académie concourent à anticiper le moment d'une place vacante dans la classe des associés libres, pour y admettre un officier de marine, n'y en ayant point à présent. Outre qu'il y a plusieurs exemples de pareilles expectations, les approbations que l'Académie donne depuis si longtemps aux travaux de M. de Chabert pour le progrès de la géographie et de la navigation le rendent encore plus favorable. Sa Majesté désire qu'il soit délibéré sur sa demande le plus tôt possible. L'Académie est unanimement d'avis qu'il n'y a aucun inconvénient.» Il y en avait au contraire de très-sérieux, et l'Académie ne les ignorait pas. On lit en effet au procès-verbal du 18 mars 1778, et à l'occasion d'une anticipation de ce genre: «MM. les officiers de l'Académie ont rendu compte des représentations qu'ils ont faites à M. Amelot en vertu de la délibération prise à la séance précédente et de la réponse de ce ministre portant qu'à l'avenir il ne serait plus nommé de surnuméraires et qu'il en donnait sa parole.» On n'en lit pas moins au procès-verbal du 5 juin 1779: «Le roi étant informé que dans le nombre actuel des honoraires de l'Académie des sciences, il y en a plusieurs que leurs affaires personnelles et celles qui exigent d'eux des soins plus particuliers empêchent d'assister aux assemblées de l'Académie, Sa Majesté a pensé qu'il y aurait un avantage réel dans la nomination d'un honoraire surnuméraire. Sa Majesté, instruite d'ailleurs du désir qu'avait l'Académie de pouvoir compter parmi ses membres M. le président de Sarron, dont elle a été souvent dans le cas de juger les lumières et les connaissances, a cru faire un choix qui lui serait agréable en le nommant à cette place.»

Une lettre écrite par M. de Breteuil, le 24 avril 1784, énonce des principes assez singuliers sur les cas dans lesquels on peut faire ce que la règle ne permet pas: «A ce sujet, dit M. de Breteuil, je vais vous écrire une lettre particulière au sujet de la nomination de M. Darcet à une place d'associé surnuméraire dans la classe de chimie; je sais que le vœu général de l'Académie était de se l'associer, et je ne vous répéterai pas les motifs qui ont déterminé Sa Majesté à lui accorder la qualité de surnuméraire plutôt que celle de vétéran; mais je dois à cette occasion vous prévenir que par la suite, lorsqu'il se présentera des circonstances où l'on croira devoir s'écarter des règles et des usages de l'Académie, en faveur d'un sujet distingué et vraiment utile, tel que M. Darcet, et qu'il sera question de le nommer soit adjoint, soit associé ou pensionnaire surnuméraire, je compte ne le proposer au roi qu'autant que le vœu de l'Académie à cet égard sera exprimé par une délibération qui réunira les deux tiers des suffrages; je vous prie d'en informer l'Académie et de vouloir bien lui rappeler qu'il faut en général se rendre très-circonspect sur ces sortes de grâces, qui ne sont pas moins contraires aux principes du roi qu'aux statuts de la Compagnie et qui entre autres inconvénients ont celui de détruire l'émulation et de décourager les personnes qui s'occupent de telle ou telle partie des sciences, avec le projet et l'espoir de se rendre dignes d'être académiciens. Je dois vous ajouter qu'il me paraît très-convenable que la condition des deux tiers des suffrages soit à l'avenir regardée comme nécessaire, non-seulement pour les places des surnuméraires, mais encore pour toutes les délibérations qui ne sont pas prises en vertu des règlements de l'Académie.» L'Académie, on doit le remarquer, avait très-régulièrement demandé pour Darcet une place d'associé vétéran, et la transgression contre la règle dont se plaint M. de Breteuil n'était commise que par lui.

Quoique les lettres et les sollicitations adressées à l'Académie par les plus grands personnages marquent en attestant son indépendance une grande déférence pour ses suffrages, le roi, consultant parfois le témoignage de la voix publique, ne se fit jamais scrupule de choisir librement sur la liste de présentation; mais loin de donner à sa décision l'apparence d'une faveur gracieusement accordée au candidat préféré, il invoque, alors non sans raison quelquefois, sa volonté d'être juste et de protéger le mérite. Le 30 janvier 1709 par exemple, l'Académie propose pour successeur de Tournefort, Reneaume, Chomel et Magnol. Le roi choisit Magnol à cause de «sa grande réputation dans la botanique.» De telles décisions toujours acceptées sans murmure ont été plus d'une fois l'équitable tempérament des partialités et des injustices qu'aucun mode d'élection ne saurait prévenir.

Parmi les candidats assez nombreux préférés par le roi, non par l'Académie, il ne s'est trouvé que le seul géomètre Lagny, qui n'ayant pas, dit-il, assez de temps libre, osa refuser une faveur acceptée avant et après lui par des savants plus considérables, tels que Magnol, Vaillant, Clairaut, La Condamine et l'abbé Nollet.

Si l'influence des grands seigneurs ou la volonté du roi lui-même tenait lieu quelquefois de titres scientifiques, il arrivait aussi que par un sentiment contraire, une situation trop humble ou trop dépendante devint pour quelques-uns une cause d'exclusion. La lettre suivante, écrite par l'horloger Leroy (neveu et cousin des célèbres Julien et Pierre Leroy) le jour même de son élection dans la classe de mathématiques, est évidemment destinée à faire disparaître des objections de ce genre: «Monsieur, désirant faire connaître à l'Académie mes intentions sur l'horlogerie à l'occasion de la place d'adjoint pour la géométrie que je sollicite, je me flatte que vous ne trouverez pas mauvais que j'aie recours à vous pour vous prier de me rendre ce service; à vous, Monsieur, qui êtes le doyen de cette classe et un des plus respectables membres de cette Compagnie. Permettez donc que je vous expose sincèrement mes sentiments sur ce sujet. Dès l'instant que j'eus songé à solliciter une place dans l'Académie, je songeai à renoncer au commerce et à la pratique de l'horlogerie, résolution, que j'ai prié MM. Clairaut et Darcy de déclarer quand ils en trouveraient l'occasion et dont j'ai prévenu moi-même la plupart des académiciens que j'ai eu l'honneur de voir; mais comme je serais très-fâché d'entrer dans une Compagnie en professant un art qui, quoique très-beau en lui-même, pourrait déplaire à quelques-uns de ses membres et que je le serais encore davantage si, lorsque j'aurai l'honneur d'y être admis, on pourrait s'imaginer ou soupçonner que je fusse tenté de le professer de nouveau, j'ai cru que je ne pourrais m'expliquer d'une manière trop précise sur ce sujet; c'est pourquoi, Monsieur, je vous déclare par la présente que je renonce pleinement, entièrement et de la manière la plus solennelle au commerce et à la pratique de l'horlogerie. Si j'étais maître horloger ou que j'eusse quelque autre qualité, je vous enverrais par la même occasion un acte de renonciation, mais je ne le puis n'en ayant aucune. Tels sont mes sentiments et tels ils seront toujours.»

Dans la séance même où Mairan donna lecture de cette lettre, Leroy fut nommé adjoint de la section de géométrie. Fidèle à sa promesse, il renonça à l'horlogerie mais ne s'occupa guère de mathématiques, et l'Académie n'eut en lui ni un horloger qui lui aurait été souvent utile ni un géomètre.

Désireuse d'assurer l'équité des élections, l'Académie s'y appliqua plus d'une fois. Mécontente de ses propres faiblesses, on la voit à plusieurs reprises pour en rechercher les causes et pour les réprimer, retracer en vain dans des rapports soigneusement travaillés les maximes et les principes d'impartialité et d'exacte droiture qui n'apprenaient rien à personne, et s'élever contre des abus qui renaissaient aussitôt. Le 1er avril 1778, Darcy, Montigny et d'Alembert font le rapport suivant:

«Nous avons observé deux sortes d'abus dans les élections: l'intrigue et l'autorité. Toutes deux peuvent remplir l'Académie de sujets médiocres, si elle n'y met ordre. Le plus sûr moyen de bannir l'intrigue est de ne pas laisser le temps d'intriguer et de diminuer le nombre des intrigants, c'est-à-dire ceux qui doivent être proposés. Le seul moyen de prévenir les abus d'autorité est de ne présenter jamais au Ministre que les sujets dont les talents soient bien connus et qui puissent faire honneur à l'Académie. Il est très-rare que quatre sujets aient en même temps le même droit aux places vacantes dans l'Académie. En conséquence de ces principes, nous proposons le règlement qui suit pour le choix des associés libres et pour le choix des associés étrangers qui peuvent appartenir indistinctement aux différentes classes: Le jour même qui aura été indiqué pour l'élection, l'Académie fera tirer au sort les noms de six académiciens pensionnaires ou associés, un de chaque classe: trois mathématiciens et trois physiciens, lesquels s'assembleront aussitôt pour proposer à l'Académie quatre sujets bien connus pour la supériorité de leurs talents s'ils sont régnicoles et par une grande célébrité s'ils sont étrangers. De ces quatre sujets, l'Académie en élira deux au scrutin pour les présenter au roi en la manière accoutumée. Rarement on présenterait à l'Académie un plus grand nombre de concurrents sans mettre des sujets médiocres à côté des bons. Au moyen de ce règlement, s'il est régnicole, personne n'aura le temps de faire écrire les ministres, les gens puissants, de faire agir ses amis, les amis de ses amis, les femmes mêmes auprès des académiciens qui se croient souvent obligés de donner leur voix contre leur avis pour ne pas manquer soit à leurs protecteurs, soit à leurs amis.»

Entre la plupart des candidats, le temps, il faut le dire, efface pour nous toute différence, et des hommes considérables alors et de grande réputation tombés depuis longtemps dans la foule et dans l'obscurité sont devenus les égaux les plus humbles devant l'oubli commun de la postérité.

Presque toujours d'ailleurs, on voit l'Académie favorable et sympathique aux véritablement grands hommes, applaudir à leurs premiers essais, leur ouvrir ses rangs au plus vite et les élever sans trop tarder au plus haut degré de sa hiérarchie. De regrettables exceptions existent cependant et pour n'en citer qu'une seule, je rapporterai simplement et sans commentaires l'histoire des candidatures académiques de Laplace.

Laplace, qui brilla plus tard dans la première classe de l'Institut comme le représentant le plus illustre et le plus respecté de l'ancienne Académie des sciences, n'avait pas rencontré d'abord autant d'empressement et de bienveillante justice que ses prédécesseurs d'Alembert et Clairaut, et les louanges sont mesurées à ses premiers et excellents travaux avec une circonspection presque défiante.

Laplace, âgé de vingt ans, inspiré par la lecture de Lagrange et d'Euler, avait voulu dans une première communication à l'Académie expliquer, confirmer et perfectionner, pour les fondre dans un ensemble nouveau, plusieurs beaux mémoires de ceux qu'il devait bientôt égaler. Les rapporteurs de l'Académie signalent le mérite d'un tel travail sans en dissimuler les défauts. «Il nous paraît, disent-ils, que le mémoire de M. Laplace annonce plus de connaissances mathématiques et plus d'intelligence dans l'usage du calcul qu'on n'en rencontre ordinairement à cet âge dans ceux qui n'ont pas un vrai talent. Nous jugeons que les remarques nouvelles dont nous avons parlé méritent l'approbation de l'Académie et qu'ainsi le mémoire doit être imprimé dans le recueil des savants étrangers, en priant seulement M. Laplace d'abréger ce qui n'est pas à lui et de se servir des notations plus communes et plus commodes de M. Euler et de M. Lagrange.»

Dans un rapport sur un second mémoire, Condorcet et Bossut, sans produire aucune objection ni lui imputer aucune erreur précise, affaiblissent leurs louanges par un doute formel sur l'exactitude de sa méthode. «Ce mémoire, disent-ils, prouve que M. de Laplace réunit des talents à beaucoup de connaissances, qu'il a approfondi les matières les plus épineuses de l'astronomie physique, et l'on doit l'exhorter à continuer le travail qu'il a annoncé et où il donnera les résultats de celui-ci. Nous craignons cependant que sa méthode ne soit pas suffisante pour résoudre complétement et sûrement par la théorie de la gravitation le problème de la variation de l'obliquité de l'écliptique et pour décider irrévocablement cette grande question. Mais malgré ce qui peut rester d'incertitude, son mémoire nous paraît mériter l'approbation de l'Académie.»

Et à l'occasion des mémoires suivants où se révèle clairement déjà la grandeur et l'excellence de la fin qu'il se propose: «L'impression du mémoire de M. de Laplace sera très-agréable aux géomètres, mais le temps et la réunion de leurs suffrages pourront seuls apprendre à quel point de précision M. de Laplace a porté la solution de ces problèmes.»

Ces trois rapports sont signés de Condorcet et de Bossut. D'Alembert, à son tour, à l'occasion d'un beau et grand travail, mêle froidement à de justes louanges des témoignages de doute et de défiance. Commençant par applaudir aux efforts du jeune géomètre, il le loue d'avoir montré une constance peu commune dans le travail et un grand savoir dans l'analyse infinitésimale et dans l'astronomie physique, mais il ajoute un peu sèchement: «Quant aux points sur lesquels il n'est pas d'accord avec les géomètres qui l'ont précédé, nous ne pouvons pas prononcer s'il a raison ou tort; il faudrait, pour juger le procès, vérifier une longue suite de calculs, discuter les méthodes d'approximation qu'on a employées jusqu'ici dans cette théorie, peser le degré de préférence qu'elles peuvent mériter les unes sur les autres, ce qui demanderait un travail que nous ne croyons pas que l'Académie veuille exiger de nous. Le moyen le plus simple que M. de Laplace puisse employer pour justifier l'exactitude de sa méthode est de nous donner, d'après elle, de bonnes tables astronomiques. Il le promet et l'Académie le verra avec intérêt.»

Lors même que, sans descendre des hauteurs de la science, Laplace, comme pour se délasser des calculs approximatifs, mêle à ses fermes ébauches de mécanique céleste la solution rigoureuse et parfaite de problèmes d'analyse pure, ou se joue avec l'aisance la plus subtile dans les ingénieuses théories du calcul des chances, l'Académie, par ses louanges embarrassées et ambiguës, persiste à le traiter comme un apprenti qui n'a pas encore donné le coup de maître. «Nous nous bornons à observer et conclure, disent les commissaires de l'Académie en rendant compte de l'une de ses découvertes, que ce mémoire est savant, que l'auteur résout par une méthode uniforme plusieurs équations difficiles et que ces recherches ne peuvent que *tendre* à perfectionner la théorie des suites et cette branche de l'analyse.»

Malgré toutes ces réserves et ces atténuations, ce n'est pas sans étonnement qu'on lit au procès-verbal du 16 janvier 1775: «L'Académie ayant procédé à l'élection de deux sujets pour remplir la place d'adjoint vacante par la promotion de M. de Condorcet à celle d'associé, la classe a proposé MM. Desmarest, Rochon, de Laplace, Vandermonde et Girard de la Chapelle. L'Académie ayant été aux voix, les premières ont été pour M. Desmarest, les secondes pour M. de La Chapelle.»

Six mois après, l'Académie procède de nouveau à l'élection d'un membre adjoint dans la classe des géomètres et vote unanimement pour Vandermonde. Douze votants seulement sur dix-sept, en préférant Laplace à un inconnu nommé Mauduit, lui accordent le second rang. Le 14 mars 1776, l'Académie, sur un rapport de la section compétente, lui préfère dans une élection nouvelle le très-honorable mais très-médiocre Cousin.

L'ennui de ces échecs et les démarches nécessaires à de continuelles candidatures ne ralentissent pas l'ardeur de Laplace. Toujours animé à la poursuite de son œuvre, sans dépit apparent, sans amertume et sans se soucier des contradictions, il fait paraître incessamment dans de nouveaux mémoires cette abondance d'expédients et cette force presque irrésistible qui, lorsqu'elle est impuissante à surmonter ou à tourner un obstacle, le heurte de front et le brise en l'arrachant par morceaux. Émule de d'Alembert et de Clairaut, il se montre déjà seul capable en France de succéder à leur réputation, lorsque l'Académie, déclarant dans un nouveau rapport qu'il «a acquis dès à présent un rang distingué parmi les géomètres,» le nomme enfin adjoint dans la section de géométrie, en accordant la seconde place sur la liste de présentation au nommé Margueret, qu'elle préfère à Monge et à Legendre. Membre de la Compagnie et assidu à ses séances, Laplace y prendra-t-il le rang dû à son génie? Franchira-t-il rapidement les deux degrés inférieurs de la hiérarchie académique? Non, il lui faut encore avec de longs retards essuyer d'injurieux échecs.

En 1780 il est encore adjoint, et l'Académie présente pour une place d'associé dans la section de géométrie Vandermonde en première ligne et Monge en seconde ligne, plaçant ainsi les candidats, en supposant qu'elle accordât le troisième rang à Laplace, dans l'ordre précisément inverse de celui que leur assigne la postérité. C'est en 1783 seulement que Laplace, âgé de trente-quatre ans, est nommé associé dans la section de mécanique, où l'Académie avait appelé déjà de préférence à lui, Rochon et Jeaurat; Jeaurat qui n'est connu par aucune découverte et dont on ne cite qu'un seul trait: Quand il rencontrait un confrère géomètre, il lui disait du plus loin en faisant allusion à la théorie des équations: «Eh bien! c'est-il égal à zéro?» Des préférences aussi aveugles si elles étaient moins rares condamneraient à jamais le recrutement par élection, en enlevant toute autorité aux jugements académiques. Leur explication la plus apparente est, si je ne me trompe, dans les dispositions de d'Alembert, dont l'influence considérable alors au plus haut point ne s'exerça jamais en faveur de Laplace. Bon, généreux, loyal et ami de toutes les gloires, d'Alembert ignora toujours les sentiments d'une mesquine jalousie; sa droiture cependant, il est permis de le rappeler, n'allait pas jusqu'à l'impartialité.

La belle intelligence et l'honorable caractère du futur marquis de Laplace imposaient plus le respect qu'ils n'attiraient l'amitié, et l'esprit hautain, qui dans la suite de sa vie acceptait si bien et exigeait presque la flatterie, devait plaire difficilement à l'observateur sardonique et à l'imitateur plein de verve des grands airs de M. de Buffon; d'Alembert enfin, qui s'y connaissait, pouvait entrevoir chez ce jeune homme gravement respectueux envers lui quelques-uns des traits de l'illustre orgueilleux, qu'il aimait à nommer le comte de Tufières.

LES FINANCES DE L'ACADÉMIE.

La somme totale allouée aux vingt pensionnaires de l'Académie avait été fixée à 30,000 livres, mais la répartition en était irrégulière et semblait souvent injuste. La lettre suivante, écrite en 1716 et signée par quatorze pensionnaires sur dix-huit, donne à ce sujet de curieux renseignements:

«Convaincus, comme nous sommes, que vous n'avez rien plus à cœur que le bien de l'Académie, nous vous suplions avec une vraye confiance de vouloir bien représenter à S. A. R., notre auguste protecteur, que, dans le renouvellement de l'Académie, il y eut un fond de 30,000 livres destiné pour les pensions; que ce fond ne put être alors distribué également, parce que la pension considérable qu'avait feu M. Cassini en faisait partie, mais qu'on fit espérer et qu'on a toujours fait espérer depuis, qu'après la mort de M. Cassini chaque académicien aurait 1,500 livres; cependant cette mort étant arrivée, il plut à M. de Pontchartrain de prendre un autre arrengement. Des 30,000 livres, il n'en employa que 20,000 en pensions fixes et distribua les 10,000 livres restantes sous le nom de gratifications pour le travail de l'année. Nous ne vous ferons point remarquer, monsieur, que ces gratifications ne furent rien moins que données proportionnellement au travail; vous scavez le découragement où cela jetta la plus grande partie de la Compagnie. Mais nous vous supplions instamment de vouloir bien représenter à S. A. R.: 1° que le fonds de 30,000 livres a toujours été regardé comme affecté aux pensions de l'Académie pour être distribué également; 2° que 1,500 livres de rente ne suffisent pas, à Paris, pour mettre un homme en état de se livrer entièrement aux sciences; que leurs progrès demanderaient que les pensions fussent plus considérables et plus sûres, et que les réduire à 1,000 livres, c'est mettre les académiciens hors d'état de travailler; 3° que l'Académie des inscriptions a été traitée bien plus favorablement. Les pensions y sont sur le pied de 2,000 livres, puisqu'elle a 20,000 livres pour dix pensionnaires; 4° que la libéralité de S. A. R. peut bien s'étendre jusqu'à donner des gratifications à ceux qui les auront méritées par leur travail, mais il ne semble pas qu'elles doivent être prises sur ce qui est destiné pour la subsistance des académiciens et qui y peut à peine suffire. Comme vous vous intéressez autant à nos besoins que nous-mêmes, nous osons nous promettre que vous voudrez bien donner encore plus de force à nos raisons en les représentant.»

Cette lettre, écrite vers la fin de 1716, est destinée évidemment à être mise sous les yeux du régent. On a écrit en marge: «S. A. R. loue le zèle des académiciens et entre assez dans leur pensée. Mais, comme elle ne veut rien diminuer à ce que chaqu'un a touché jusqu'ici, on ne saurait songer au changement proposé qu'en donnant des gratifications séparées, tant pour indemniser les quatre pensionnaires (Ces quatre pensionnaires étaient: J.

Cassini, Maraldi, deLahire et Duverney, qui seuls n'ont pas signé la requête.) qui perdraient suivant ce nouveau projet, que pour récompenser ceux qui se distingueront par leur travail. Pour cela il faudrait, outre le fonds ordinaire de 30,000 livres, en destiner un nouveau de 6,000 livres au moins: c'est ce que S. A. R. ne croit pas devoir faire dans le temps qu'il diminue toutes les pensions, tant de la cour que des officiers, et le prince remet donc cette libéralité à l'estat qui sera expédié pour l'année prochaine.»

Le régent en effet augmenta de 6,000 livres l'allocation destinée aux pensionnaires et crut avoir dégagé sa parole; mais les abus continuèrent ou se reproduisirent, car cinquante ans plus tard une décision de Malesherbes, approuvée par le roi, fut jugée nécessaire pour diminuer l'inégalité en la réglementant. «Sur le compte que j'ai, dit-il, rendu au roy du mémoire qu'on m'a remis, par lequel l'Académie demande unanimement qu'il soit établi une nouvelle forme de distribution des pensions qui lui sont accordées, et où elle expose, à ce sujet, le plan qu'elle désirerait qu'on suivît, Sa Majesté a bien voulu approuver le projet de distribution et agréer les vues qui ont engagé l'Académie à le proposer. Le roy a décidé en conséquence que chacune des six classes de l'Académie jouirait, à l'avenir, de la somme fixe de 6,000 livres, qui sera partagée entre les trois pensionnaires attachés à chacune d'elles, et que, par une suite de l'exécution complète de ce projet, il sera accordé 3,000 livres au premier pensionnaire, 1,800 livres au second et 1,200 livres au troisième.»

Indépendamment des pensionnaires, fort peu rétribués comme on voit, l'Académie comptait vingt associés et adjoints, qui n'avaient aucune part à ses revenus et que les travaux les plus excellents n'élevaient que bien lentement dans la hiérarchie académique. D'Alembert, nommé adjoint en 1742, ne devint pensionnaire que vingt-trois ans après, et Lacaille, qui fut pendant dix ans une des gloires de l'Académie, mourut avec le titre d'associé.

L'auteur d'un mémoire conservé dans les archives semble élever la voix au nom de l'Académie tout entière pour signaler en termes formels la situation difficile et la misère même d'un grand nombre d'académiciens. Des corrections faites de la main de Réaumur permettent de lui attribuer la rédaction de cet écrit, qui est sans signature. Après avoir vanté l'utilité des sciences et dit quel avantage elles procurent à l'État, l'auteur attire l'attention sur la situation précaire de l'Académie des sciences.

«L'Académie, dit-il, dans l'état où elle est aujourd'huy, fait beaucoup d'honneur au royaume. Les étrangers en ont une grande idée, aussy a-t-elle découvert nombre de choses curieuses et utiles. Mais nous osons avouer qu'il s'en faut bien que le royaume n'ayt retiré de cette compagnie tous les avantages qu'il aurait pu en tirer. Nous osons dire plus, c'est que cette Académie, en si grande réputation parmy les étrangers, semble près de sa chute, si elle n'est soutenue par quelque grand changement fait en sa faveur, pareil à ceux qui ont été faits pour d'autres parties de l'État. On a cherché à ranimer sa langueur par de nouveaux règlements dont elle avoit besoin, mais la vraye source du mal n'étoit pas seullement dans le deffaut des règlements. Il ne la faut chercher, la vraye source du mal, que dans la propre constitution de l'Académie; une grande moitié de ceux qui la composent ne peuvent prendre les occupations académiques que comme des amusements; ils ont des professions qui les obligent de donner leurs soins à toutte autre chose que ce qui fait l'objet de l'Académie. Les uns sont obligés d'être médecins, les autres chirurgiens, les autres apoticaires. Quels ouvrages peut-on attendre de sçavants contraints à passer sur le pavé de Paris des jours qu'ils devraient employer dans leurs cabinets? Un homme qui arrive chez soy las et distrait est-il en état de travailler à ce qui le demande tout entier? Employera-t-il les nuits à des expériences? Malgré pourtant cette diversion, plusieurs académiciens de ces classes ont donné des choses excellentes, mais qui doivent nous faire regretter celles que nous eussions eues, s'il leur eust été permis de se livrer aux recherches où leur inclination les portoit. De l'autre moitié des académiciens, une partie est obligée à enseigner les mathématiques pour subsister. Enfin, il en reste très-peu qui soient en état de faire des expériences et de vivre avec cette aysance qui met l'esprit en repos et en état de se livrer à des recherches utilles. Entre quarante-huit académiciens destinés au travail, l'Académie ne sauroit compter qu'un petit nombre de travailleurs. Le seul remède à apporter seroit d'obliger tous les académiciens, ou au moins le plus grand nombre, à n'être qu'académiciens, de les mettre en état de n'avoir d'autres occupations que celles qui ont un rapport direct aux objets de l'Académie. Une autre cause de la décadence de l'Académie, qui tient à celle dont nous venons de parler, c'est qu'il ne se forme plus de sujets; on en fait l'expérience toutes les fois qu'on a des places vaccantes à remplir. Il faut être né avec des talents rares pour réussir dans les sciences, et, parmy ceux qui naissent avec ces talents, combien y en a-t-il qui en puissent profiter? Un jeune homme qui veut suivre ses heureuses dispositions se trouve arresté par les clameurs de toutte sa famille et de tous ses amis; on ne veut point consentir qu'il s'abandonne à des recherches qui peut-estre luy donneroient quelque gloire en le conduisant à mourir de faim. L'Académie fournit des exemples de cette nature: un de ses membres, habile anatomiste, mourut il y a quelques années à l'Hostel-Dieu. Si l'Académie a pu, pendant quelque temps, se fournir de sujets, elle le devoit à la protection que l'illustre M. Colbert avoit donnée aux sciences; quand elle est venue à manquer, on ne s'est plus tourné de leur costé; la pépinière s'est épuisée et il ne s'en forme point de nouvelle. A la vérité, M. l'abbé Bignon a fait, pour l'Académie et pour les sciences en général, tout ce qu'on peut attendre du zelle le plus ecclairé, mais les trésors n'étoient pas entre ses mains. Il y a peu d'apparence aussy que le royaume puisse se repeupler de vrays sçavants, tant que la condition, de touttes la plus laborieuse, ne mènera à rien. Y a-t-il de la justice que celui qui s'applique à des recherches importantes au bien de l'État, ne puisse espérer de parvenir à quelque fortune? L'homme de guerre, le magistrat, le marchand, peuvent se promettre des récompenses de leurs travaux; le sçavant seul n'a rien à en espérer; peut-estre que le cas que les Chinois font des lettrés n'est pas à la gloire de la France.»

L'auteur, qui bien vraisemblablement est Réaumur, cherche ensuite les moyens de relever l'Académie suivant lui prête à périr; il propose d'appliquer le savoir et l'esprit inventif des académiciens au perfectionnement des arts et métiers et de l'agriculture, et, descendant même au détail des questions que l'on pourrait proposer à chacun: «Qu'on se fasse, par exemple, dit-il, une loy de donner toujours à des académiciens la direction des monnoyes, comme le célèbre M. Newton l'a en Angleterre, et qu'on leur donne les inspections des différentes manufactures, les inspections généralles des chemins, ponts et chaussées. Croiroit-on trop faire, si on accordoit des entrées dans le conseil du commerce ou dans ceux des compagnies qui l'ont pour objet, aux sçavants qui ont fait des études particulières des matières que les arts et la médecine nous engagent à tirer des pays étrangers; à ceux qui se sont appliqués à s'instruire à fond des manufactures du royaume, de ses productions qui se sont négligées et qu'on pourroit mettre à proffit? Un gouvernement qui a les eaux pour objet, tel qu'est celuy de la Samaritaine, ne devroit-il pas entrer dans le partage des académiciens? Ce seroit une récompense pour un de ceux qui se seroit le plus appliqué aux hydrauliques; un pareil gouvernement l'engageroit à faire une étude particulière de tout ce qui a rapport à la conduitte des eaux; ce même gouvernement seroit un appas qui excitteroit un grand nombre d'autres sujets à travailler sur la même matière; au moins semble-t-il qu'il seroit mieux dans les mains d'un sçavant que dans celles d'un vallet de chambre d'un grand seigneur; à la Pépinière, il y a une place de quelque revenu qui conviendroit à un botaniste. On pourroit même donner à l'Académie une espèce d'inspection sur tous les arts mécaniques qui, sans leur être à charge, contribueroit extrêmement à leur progrez; un expédient assez simple rendroit nos ouvriers incomparablement plus habiles qu'ils ne sont, leur donneroit de l'émulation pour la perfection de leurs arts et augmenteroit par conséquent le débit de tous nos ouvrages d'industrie, car on se fournit des ouvrages de chacque espèce dans les pays où les ouvriers sont en réputation de mieux travailler; de là est venu le grand débit des montres d'Angleterre. L'expédient seroit que l'Académie proposast chaque année des prix pour ceux des ouvriers de chaque profession qui auroient inventé ou mieux fini quelque ouvrage; que ces prix fussent distribués aux arts mesmes qui semblent les plus grossiers, comme coutelliers, taillandiers, serruriers; on proposeroit par exemple aux taillandiers de chercher la manière la plus simple de faire une excellente faulx et à bon marché. Le succez de ce prix nous empêcheroit peut-estre d'avoir besoin à l'avenir des faulx d'Allemagne. Le royaume se trouveroit bien indemnisé de ce qu'il luy en coûteroit pour le prix.

. . . .

«Mais, à vray dire, ajoute-t-il, on ne sçauroit attendre l'exécution de si grands projets d'une compagnie qui n'a que 30,000 livres à distribuer entre plus de vingt particuliers, et qui en a une trentaine d'autres à soutenir seullement par l'espérance d'entrer un jour en partage de cette petite somme. Les pensions n'étoient guères plus fortes du temps de M. Colbert; communément, elles étoient de 1,500 livres; mais 1,500 livres alors valloient plus que quatre ou cinq mille aujourd'huy. Celle de feu M. Cassini était de 9,000 livres, et a seulle produit bien des sçavants; des gratifications vinrent souvent au secours de la modicité des pensions; si ce grand ministre eust été plus longtemps conservé à la France, il eust apparemment mis sur un autre pied l'Académie dont il étoit le père; depuis qu'elle l'a perdu, elle a eu le temps d'apprendre combien on doit peu compter sur de petittes pensions, dont les payements peuvent estre suspendus par une infinité d'événements.

«Pour faire fleurir l'Académie, il faudroit donc luy donner des fondements inébranslables, luy assigner des fonds à l'épreuve de toutte révolution, comme sont les fonds en terre possédés par l'université d'Oxfort et de Cambridge; que ces fonds fussent suffisans pour faire vivre les académiciens d'une manière commode, leurs montrer des places distinguées où ils pussent se promettre d'arriver.

«Quelques considérables que fussent les fonds assignés, l'Académie ne seroit peut-estre pas un an ou deux à en dédommager le royaume. Une seulle découverte pourroit les remplacer.»

Ce plaidoyer habile et sincère resta sans résultat. L'Académie n'en vécut pas moins en se recrutant souvent fort heureusement, en dépit des sinistres prédictions de son défenseur; elle fut même un instant menacée de la concurrence d'une compagnie rivale, dont les membres paraissaient assez considérables pour lui porter sérieusement ombrage.

Vers l'année 1726, Julien et Pierre Leroy et Henri Sulli, célèbres tous trois dans l'histoire de l'horlogerie, instituèrent des conférences réglées sur les moyens de perfectionner leur art. Ils s'associèrent Clairaut père et fils et un fabricant d'instruments mathématiques, nommé Jacques Lemaire, et convinrent de se réunir tous les dimanches dans le jardin du Luxembourg; tout marcha bien pendant l'été; mais, à la mauvaise saison, il fallut chercher un autre asile; on le trouva dans la cour du Dragon, chez un M. Puisieux, qui devint membre de la société, à laquelle Degua, Nollet, La Condamine, Grand Jean Fouchy, Renard du Tosta directeur de la Monnaie, le célèbre orfévre Germain et le compositeur Rameau, se joignirent bientôt en l'engageant à étendre ses études et ses travaux à la totalité des arts et à augmenter encore le nombre des associés. La compagnie, selon les habitudes du temps, devait avoir un protecteur; on s'adressa au comte de Clermont, qui, flatté de ce rôle, offrit pour les séances une salle de son palais et obtint la permission royale, qui fut donnée en 1730. La société, devenue de plus en plus importante et honorée des fréquentes visites du prince de Clermont, se partagea, comme l'Académie, en honoraires et en associés, forma comme elle des sections, et nomma même des correspondants. L'un d'eux fut l'astronome danois Horrebow qui, dans son livre intitulé *Basis astronomiæ*, imprimé en 1735, à Copenhague, prend le titre de membre de la Société des arts de Paris. Réaumur et Dufay, inquiets des succès et de l'influence d'une compagnie nouvelle, proposèrent au prince de Clermont, dont ils étaient connus, que l'Académie s'engageât à choisir, autant qu'il se pourrait, ses sujets parmi les théoriciens de la société, à la condition de les posséder tout entiers en les autorisant seulement à garder dans l'autre compagnie le titre de vétéran. Un tel arrangement n'était pas acceptable et fut rejeté; les deux académiciens déclarèrent alors nettement qu'ils feraient tomber la société. Leur moyen fut très-simple: L'Académie s'adjoignit successivement La Condamine, Clairaut, Fouchy, Nollet et Degua en leur imposant l'obligation d'opter. L'effet ne se fit pas attendre, et la Société des arts, privée de ses membres les plus actifs, ne tarda pas à s'affaiblir et à tomber complétement, sans avoir produit aucune œuvre qui en perpétuât le souvenir.

L'Académie, outre les 36,000 livres destinées aux pensions, recevait, chaque année, sur le trésor royal une allocation de 12,000 livres attribuée aux dépenses générales et aux expériences jugées utiles mais employée, en grande partie, à aider ou à secourir les pensionnaires ou les associés les plus pauvres ou les plus en faveur.

Ces fonds bien insuffisants paraissent d'ailleurs avoir été, pendant longtemps au moins, administrés avec beaucoup de désordre. Une fois, par exception, en 1725, le maréchal de Tallard, président de l'Académie, avant d'approuver les dépenses, voulut en connaître le détail; peu satisfait d'un premier examen, il nomma une commission dans laquelle siégeaient l'abbé Bignon, Réaumur et Cassini; leur rapport est réellement curieux:

«Les registres du sieur Couplet, trésorier de l'Académie, disent les commissaires, n'ont aucune forme de livre de comptable. Il rapporte uniquement les articles de dépense, sans faire aucune mention de la recette, et c'est ou une ignorance inexcusable de sa part, ou une affectation très-suspecte pour éviter l'examen de ses comptes; mais, outre ce défaut essentiel dans la forme, il y a si peu de règle dans la dépense, qu'il paroist que ledit sieur Couplet a disposé entièrement à sa fantaisie de la pluspart des fonds qu'il a reçus, comme si ç'eût été son propre bien; il a augmenté de sa propre authorité les gages de son domestique, qu'il a portés de 364 à 500 livres.

L'entretien de la salle des machines, qui, du temps du feu sieur Couplet père et prédécesseur, n'alloit qu'à 5 livres, il le porte à 50 livres par quartier; pour l'entretien d'un miroir ardent, il fait monter la dépense, dans une année, à environ 500 livres, et l'on ne peut s'empêcher de remarquer, à cette occasion, une chose honteuse pour l'Académie et pourtant de notoriété publique: c'est l'argent qu'il souffre que son mestique exige de tous ceux qui vont voir cette salle des machines.

«Presque tous les articles de dépense en général sont si excessivement enflés, qu'il y en a qu'il porte au delà de trente et quarante fois leur juste valeur, comme pour le papier, plumes et ancre, etc.

«On peut assurer qu'il n'y a jamais eu de registre aussi mal tenu pour la forme et si deffectueux dans le fond. On peut réduire à quatre principaux chefs les observations des commissaires.

«Le premier regarde l'employ des deniers du roy, fait pour le propre usage du sieur Couplet, sans qu'il puisse produire aucun ordre qui l'authorise. Cet article seul monte à la somme de douze mil quatre cent dix sept livres dix sols; laquelle somme il a employée en batimens, remises, grenier, mur de jardin, remuage de terre faits à l'observatoire pour son usage particulier. Le tout sans qu'il produise aucun ordre pour cette dépense entièrement inutile, d'autant plus qu'il a encore tout le logement qu'avoit feu son père, lequel s'en est contenté pendant trente années quoy qu'il eut une nombreuse famille, au lieu que le sieur Couplet est seul. D'ailleurs, cette dépense regarde le surintendant des bâtimens du roy et nullement l'Académie. Il est à remarquer que ces dépenses en bâtimens ont été faites dans un tems où les académiciens qui occupent l'observatoire ne pouvoient obtenir qu'on leur fit les réparations les plus pressantes, comme des vitres, couvertures, etc.

«Le second chef regarde les dépenses faites sous le titre de dépenses extraordinaires, sans qu'il en fasse aucun détail, ny qu'il rapporte aucune preuve justificative; elles montent à la somme de sept mil dix-sept livres quinze sols; on ne sçauroit imaginer en quoy consistent ces dépenses extraordinaires, d'autant plus que, dans des mémoires que l'on a trouvé excessifs et enflés, il a employé en dépense et bien en détail, le papier, les plumes, l'ancre, les ports de lettres, le remuage des poesles, les petites gratifications faites aux suisses dans les assemblées publiques de l'Académie; en un mot, il entre dans une infinité de petits détails et ensuitte il y ajoute cette somme exhorbitante de 7,017 livres 15 sols.

«Le troisième chef renferme les faux ou doubles employs dont on rapportera icy deux articles: l'un de 1,310 livres pour l'envoy du caffé aux Indes et l'autre de 100 livres pour le congé d'un soldat; ces deux sommes luy ont été fournies en 1718, et, lorsque les commissaires luy ont demandé les preuves de l'envoy de ces sommes, il leur a avoué qu'il n'en avoit point fait d'employ. On pourroit encore mettre au rang des faux employs une somme de 160 livres qu'il dit dans son compte avoir été employée pour faire gobter le mur du côté de l'orient de son nouveau logement, laquelle somme il a avoué depuis n'avoir point employée.

«Le quatrième chef regarde les diminutions d'espèces dont il demande le remboursement et qu'il fait monter à la somme de six mil cinq cent trente-quatre livres, dont il ne rapporte ny ne peut rapporter aucun procès-verbal, ne tenant aucun registre par recette et dépense; ce qui a empêché les commissaires de pouvoir statuer sur ce qui pouvoit luy être véritablement deu; l'on peut aussi remarquer qu'il passe dans son compte les diminutions, mais qu'il ne parle point des augmentations qui sont arrivées depuis 1718 jusqu'en 1722, lesquelles méritaient bien qu'on y fit quelque attention, puisqu'il y en a eu qui ont porté les espèces au triple de leur ancienne valeur, c'est-à-dire depuis 40 livres le marc d'argent monnoyé jusqu'à 120 livres et l'or à proportion. Il résulte de tous les articles précédens que le sieur Couplet est redevable de vingt-deux mil six cent soixante-trois livres cinq sols pour sommes non payées et qu'il a reçues ou payées non vallablement.»

La défense de Couplet, sans être concluante, atténue beaucoup, il faut le dire, la portée du rapport en présentant les irrégularités signalées comme une conséquence toute naturelle de l'absence de contrôle et de règle. Couplet, touchant fort irrégulièrement les fonds de l'Académie et faisant pour elle de fortes avances, cherchait à diminuer le retard des rentrées en portant en compte les dépenses prévues; il arrivait parfois que les circonstances venant à changer, la somme touchée se trouvait sans emploi; mais Couplet, il le prétend au moins, l'appliquait alors à d'autres besoins de l'Académie.

Il ne faut donc pas trop s'étonner de voir le sieur Couplet siéger vingt ans encore près de ceux qui ont signé le rapport et gérer les affaires de l'Académie sans que les discussions relatives à sa comptabilité se soient renouvelées.

La somme de 12,000 livres annuellement accordée à l'Académie aurait dû être doublée en 1757. Le régent, en 1721, avait en effet accordé à Réaumur une pension de 12,000 livres qui, par lettres patentes et par arrêt du conseil, avait été déclarée reversible sur l'Académie. Réaumur mourut en 1757; de nouvelles lettres patentes confirmèrent les premières, et la rente fut transférée à l'Académie mais pour lui échapper aussitôt, car par une subtilité à laquelle on ne devait pas s'attendre, on la regarda comme tenant lieu de la somme égale assurée jusque-là chaque année sur le trésor royal et qui dès lors devenait inutile. Dans une lettre datée du 31 janvier 1759, le duc de la Vrillière déclare, il est vrai, que, si les besoins de l'Académie exigeaient que le fonds fût excédé, il y avait lieu d'espérer que Sa Majesté voudrait bien y avoir égard sur les propositions qu'en feraient MM. les officiers de l'Académie et dont il aurait l'honneur de rendre compte à Sa Majesté. L'Académie se plaignit, il n'en faut pas douter, et ses efforts furent persévérants, car, dix-sept ans après, en 1775, on voit ses représentations favorablement accueillies par Turgot et Malesherbes. Les négociations durèrent cependant trois années encore, et c'est en 1778 seulement, vingt ans après la mort de Réaumur, que l'Académie obtint enfin justice. La correspondance relative à cette affaire nous apprend que 8,000 livres sur les 12,000 qui formaient la première allocation étaient alors affectées à des augmentations de pensions: 4,000 livres restaient donc disponibles seulement pour les frais généraux, les expériences et les allocations demandées souvent par le libraire lorsque les volumes publiés contenaient un trop grand nombre de planches. C'est donc avec grande raison que le roi, en accordant enfin une subvention dont le refus avait été un déni de justice, en réservait expressément l'emploi aux expériences scientifiques et autres travaux de l'Académie.

«1er juillet 1778.

«C'est avec bien du plaisir, écrit M. Amelot à l'Académie, que j'ai l'honneur de vous annoncer que Sa Majesté a bien voulu rétablir cette somme à compter du 1er du mois prochain. Mais son intention est que la totalité des 12,000 livres soit employée à faire des expériences, sans qu'il puisse jamais en être rien distrait pour quelque autre objet que ce soit.»

L'Académie délibéra immédiatement sur le meilleur choix des expériences à faire. Lavoisier, dont les conclusions furent adoptées, fait paraître, en posant d'excellents principes, des vues aussi sages qu'élevées:

«Les travaux académiques me paraissent, dit-il, dans la circonstance actuelle, devoir être distingués en deux classes: les uns, relatifs à des découvertes particulières que l'auteur a intérêt à garder secrètes, demandent à être suivis dans le silence du laboratoire et du cabinet. Les travaux de cette sorte appartiennent plutôt aux particuliers qu'au corps, et l'Académie ne pourrait s'engager à en faire les frais sur la simple parole des auteurs sans s'exposer à partager l'enthousiasme naturel à chacun pour les découvertes qu'il a faites ou qu'il croit avoir faites, à favoriser la suite d'une infinité de chimères qu'on aurait prises pour des réalités, enfin à autoriser un emploi secret de fonds qui aurait les plus grands inconvénients. On pense, d'après cela, que tout académicien qui voudra tenir ses expériences secrètes ne doit prétendre à aucune récompense qu'à la gloire même attachée à une découverte importante. Non pas que l'Académie doive s'ôter le droit de rembourser les frais de ces sortes d'expériences, si elle le juge à propos, mais elle ne doit statuer que lorsqu'elle en aura pris connaissance et dans la supposition où il se trouvera des fonds libres et qui n'auront pas été destinés à des objets plus importants. Il est d'autres genres de travaux qui, loin de demander du mystère, exigent, au contraire, une sorte de publicité et le concours de plusieurs agents. Ces travaux, qui sont vraiment académiques et que le gouvernement a eus principalement en vue lors de l'institution de cette compagnie, consistent à répéter tous les faits principaux qui servent de base à chaque science, à constater toutes les découvertes importantes qui se font journellement par les savants de toutes les nations, à entreprendre de ces grandes suites d'expériences qui sont au-dessus des forces des particuliers, mais qui font époque dans les sciences et qui en établissent les masses. L'Académie, en reprenant ce plan, qui était celui des premiers académiciens, parviendrait à former un dépôt de faits d'autant plus précieux, que tous auraient un but relativement à l'avancement des sciences, qu'elle pourrait espérer de remplir des lacunes immenses que laissent dans ce moment la plupart des sciences physiques, enfin qu'elle parviendrait à mettre en œuvre une infinité de matériaux qui se multiplient de jour en jour, mais dont la place et l'arrangement sont absolument inconnus.

«Ce plan, qui ne peut être adopté que pour un corps et par un corps aidé et appuyé par le gouvernement, ne conduira pas toujours à des découvertes brillantes; mais il servira à assurer en peu de temps la marche des sciences, à dissiper le prestige des systèmes nouveaux qui ne sont point appuyés sur des preuves, à réduire toutes les choses à leur juste valeur, enfin à faire marcher les sciences en quelque façon tout d'une pièce, semblables à ces phalanges redoutables dont la marche lente mais sûre ne connaissait pas d'obstacles invincibles. Telles sont les vues d'après lesquelles on a rédigé le projet de règlement.»

Cinq ans après, en 1783, lorsque le bruit se répandit qu'aux applaudissements des états du Vivarais assemblés Joseph Montgolfier avait enlevé, sur la place publique d'Annonay, un ballon de cent pieds de diamètre, l'opinion publique en demandant à l'Académie la confirmation d'une découverte aussi prodigieuse semblait attendre d'elle des applications sans limite et la réalisation des plus chimériques espérances.

L'Académie fut invitée de la part du roi à s'occuper des expériences nouvelles en associant à ses recherches l'inventeur Montgolfier et Charles, professeur habile de physique qui, substituant l'air inflammable à l'air chaud, s'était audacieusement élevé à la vue des Parisiens effrayés et charmés jusqu'à 7,000 pieds au-dessus du sol. «La dépense, ajoutait la lettre de M. d'Ormesson, pourrait être prise sur les 12,000 livres allouées pour les expériences de l'Académie.»

L'Académie fut doublement choquée. Montgolfier et Charles malgré leur mérite éminent lui étaient jusque-là restés étrangers, et ses habitudes n'étaient pas d'associer à ses travaux des savants pris hors de son sein. La dernière phrase de la lettre de d'Ormesson semblait en outre une atteinte portée à la libre disposition de ses revenus. Des observations furent adressées au ministre, qui répondit fort gracieusement: «Je n'ai pas eu l'intention de proposer rien qui pût gêner l'Académie ou contrarier ses usages ou ses statuts. Le roi, qui connaît le zèle de l'Académie et ses dispositions à rendre utile une découverte aussi importante, s'en rapporte parfaitement à elle sur ce qu'elle croit devoir à des hommes estimables, dont l'un est inventeur de la machine et dont les autres ont fait avec succès les premières tentatives propres à en indiquer et à en perfectionner les propriétés.»

LES EXPÉDITIONS SCIENTIFIQUES.

La somme régulièrement allouée à l'Académie était trop faible pour subvenir aux frais de voyages ou d'expéditions jugées utiles au progrès de la science. La générosité du ministre et celle du souverain lui-même étaient donc invoquées dans toutes les occasions importantes et elles faisaient rarement défaut. Les voyages scientifiques entrepris à la demande de l'Académie étaient défrayés par une allocation spéciale accordée chaque fois pour un but déterminé et au membre même désigné par elle. Presque tous eurent pour but le progrès de l'astronomie et de la géographie; quelques-uns cependant furent consacrés aux études d'histoire naturelle.

C'est ainsi que l'on trouve dans les cartons de l'Académie une lettre non signée et datée du 13 juillet 1717, qui commence ainsi: «J'ai l'honneur de vous envoyer la notte pour une ordonnance de 4,000 livres par rapport à un voyage de M. de Jussieu. Je vous avoueray que j'aurais souhaité le delay d'un voyage de cette nature jusqu'à l'année prochaine, les affaires seront en meilleur estat. S. A. R. a trouvé l'objet trop médiocre pour attendre; pour moy je prendray seulement la liberté de vous faire remarquer que, dès que c'est là son intention, cette ordonnance est pressée, parce qu'il faut que M. de Jussieu parte à la fin de ce mois ou les premiers jours de l'autre tout au plus tard.»

M. de Jussieu était Antoine, le premier des académiciens de sa glorieuse famille. Son frère Bernard, âgé alors de dix-sept ans, devait l'accompagner dans ce voyage, le seul qu'il ait entrepris pendant sa belle et modeste carrière. Sa famille ne songeait nullement alors à en faire un savant et le destinait au commerce; lui-même au retour, attristé de ne pouvoir s'arrêter à aucun parti, fit une retraite au couvent de Saint-Lazare pour y méditer tout à son aise et sortit décidé pour la pharmacie à laquelle succéda bientôt la médecine, mais il revint heureusement à la botanique en s'associant à son frère qu'il ne quitta plus. Si le souvenir du voyage d'Espagne décida sa détermination, on peut assurer qu'en accordant les 4,000 livres malgré le mauvais état des affaires, le régent, dont la main s'ouvrit si souvent pour favoriser la science, lui rendit ce jour-là l'un des plus grands services dont elle doive remercier sa mémoire.

La mission de Tournefort, antérieure à celle de Jussieu, eut aussi pour but l'histoire naturelle. Tournefort savait voyager. La narration de ses aventures est pleine de détails intéressants racontés naïvement et non sans esprit quelquefois. Observateur curieux et sagace des mœurs et des coutumes, très-versé dans la lecture des auteurs anciens, Tournefort a composé deux volumes qui, sous forme de lettres à M. de Pontchartrain, rapportent les incidents de son voyage, les singularités observées, les opinions recueillies et les souvenirs éveillés par les lieux qu'il parcourt. L'histoire naturelle n'occupe pas tellement son esprit que d'autres études n'y puissent trouver place, et sa narration peut satisfaire, en même temps que la curiosité du savant, celle de l'homme politique, de l'historien et du géographe.

Les appréciations toujours sincères de Tournefort sont parfois singulières. Il recueille les renseignements et les traditions et les rapporte sans les contrôler; jamais dans l'interprétation des monuments anciens il ne semble apercevoir de difficultés, ou ce qui revient presque au même, il ne soupçonne pas qu'on puisse les éclaircir. L'île de Crète et le mont Ida lui rappellent la naissance et le règne de Jupiter; quelques ruines d'origine douteuse pourraient être suivant lui le temple où Ménélas sacrifia lorsqu'il eut appris l'enlèvement de sa femme Hélène; l'excellent vin de Candie, qui lorsqu'on en a goûté fait mépriser tous les autres, devait être le nectar que buvait autrefois Jupiter. Ces traits d'érudition naïve ne diminuent ni l'intérêt ni l'authenticité du récit des faits observés.

Les mœurs et les superstitions des Grecs et des Turcs, l'animosité qui sépare les deux races, sont mis en relief par une grande abondance de détails recueillis à toute occasion. Les sympathies de Tournefort pour les chrétiens vont jusqu'à l'horreur des infidèles auxquels il rend parfois justice cependant, et lorsque sa bonne foi triomphe de ses préventions et de ses préjugés, ses récits sont loin de confirmer ses appréciations générales. «Les Turcs, dit-il en parlant de l'île de Milo, font toujours quelque nouvelle avanie pour rançonner les pauvres Grecs, et d'ailleurs il faut leur faire des présents si l'on veut éviter la chaîne ou les coups de bâtons. Les Turcs sont plus insolents que jamais dans les îles depuis la retraite des corsaires français; ainsi les Grecs ne savent qui souhaiter. Les corsaires tenaient les Turcs en raison et mangeaient le profit de leurs prises dans le pays; mais aussi les corsaires étaient parfois des hôtes incommodes, avec lesquels il n'était pas trop aisé de vivre. Les plus habiles d'entre les Grecs, après la perte de la capitale de leur empire, se retirèrent en divers endroits de la chrétienté; ils emportèrent avec eux toutes les sciences de leur pays et par conséquent toutes les vertus.» Voilà donc, suivant Tournefort, Constantinople privée de toutes les vertus et pour longtemps sans doute, car les sciences, cela est notoire, n'y ont pas encore fait retour. Comment concilier cependant cette appréciation avec les lignes suivantes: «Comme la charité et l'amour du prochain sont les points les plus essentiels de la religion mahométane, les grands chemins sont ordinairement bien entretenus et l'on y trouve assez fréquemment des sources, parce qu'ils en ont besoin pour les ablutions; les pauvres gens prennent soin de la conduite des eaux, et ceux qui sont dans une fortune médiocre établissent des chaussées. Ils s'associent avec leurs voisins pour bâtir des ponts sur les grandes routes et contribuent au bien public suivant leurs facultés. Les ouvriers payent de leur personne: ils servent gratuitement de maçons et de manœuvres pour ces sortes d'ouvrages. On voit dans les villages, aux portes des maisons, des cruches d'eau pour l'usage des passants. Quelques bons musulmans se logent sous des espèces de barrières qu'ils font construire sur les grands chemins, et là ils ne sont occupés pendant les grandes chaleurs qu'à faire reposer et rafraîchir ceux qui sont fatigués. L'esprit de charité est si généralement répandu parmi les Turcs, que les mendiants mêmes, quoiqu'on en voie très-peu chez eux, se croient obligés de donner leur superflu à d'autres pauvres.»

Les pages que Tournefort consacre à la science sont souvent des plus curieuses pour l'histoire de ses progrès et révèlent plus d'une erreur singulière acceptée alors sans difficulté par les hommes les plus éclairés. Rencontrant à Candie une source thermale, il y plonge des œufs qui ne cuisent pas; mais au lieu d'en conclure simplement que la température n'est pas suffisante, il y voit un caractère spécifique de cette eau et se rappelle qu'en France il a vu des soldats faire cuire une poule dans les eaux thermales du fort des Bains dans le Roussillon. «Toutes les sources d'eaux bouillantes que j'ai observées dans les divers pays m'ont paru, dit-il, également chaudes, parce que je n'avais d'autre thermomètre que ma main, et certainement je n'en ai rencontré aucune de celles qu'on appelle bouillantes, où j'aie pu tremper les doigts sans me brûler. Toutes ces sources fument également, cependant on trouve entre elles cette différence par rapport aux œufs que, dans les unes, ils ne s'y cuisent pas dans l'espace de deux heures, et dans quelques autres, ils se cuisent en quatre ou cinq minutes.»

L'évaporation continuelle des eaux de la mer semble d'après une autre lettre complétement inconnue à Tournefort, et il s'étonne de voir la mer Noire recevoir, par les diverses rivières qui s'y déchargent, plus d'eau que le Bosphore n'en peut rendre à la Méditerranée. «Que pouvaient, dit-il, devenir les eaux qui se ramassaient ensemble jour et nuit dans le même bassin sans qu'elles eussent leur décharge. La décharge de la Méditerranée dans l'Océan est au détroit de Gibraltar, où heureusement les eaux trouvent plus de facilité à creuser un canal que de se répandre sur la terre d'Afrique. Le Seigneur avait laissé cette ouverture entre les monts Atlas et celui de Gadès; il ne fallait que déboucher les digues.»

Les travaux relatifs à la forme de la terre et à la construction de la carte de France, incessamment discutés et repris depuis près d'un siècle, trouvèrent dans Louis XV et dans son successeur des protecteurs aussi zélés et aussi généreux que l'avaient été Louis XIV et le régent.

Le problème dont l'Académie avait confié la solution à Picard semblait d'abord des plus simples. La terre était pour elle une sphère dont il s'agissait de déterminer le rayon en évaluant l'arc d'un degré sur l'un de ses grands cercles. Les astronomes de l'antiquité et ceux du moyen âge avaient sans plus de preuves adopté l'opinion d'une sphéricité parfaite, et le même problème s'était présenté à eux, mais leurs déterminations inégales et par conséquent incertaines se ressentaient trop évidemment de la grossièreté des instruments employés. Le degré terrestre, si l'on en croit Aristote qui l'accepte des astronomes de son temps, aurait 1,111 stades de longueur. Ératosthène, qui vint après, n'en comptait plus que 700, Posidonius 666, et enfin Ptolémée 500 seulement. Les Arabes diminuèrent encore l'évaluation de Ptolémée.

Les astronomes assemblés par ordre d'Almamoun ayant pris la hauteur du pôle se séparèrent en deux troupes, les uns s'avançant vers le septentrion et les autres vers le midi, allant le plus droit qu'il leur fût possible, jusqu'à ce que l'une des troupes eût trouvé le pôle plus élevé d'un degré, et que l'autre au contraire l'eût trouvé abaissé d'un degré. Ils revinrent à leur première station pour comparer leurs observations, et l'on trouva que l'une des troupes avait compté sur son chemin 56 milles ⅔ et l'autre 56 milles juste; mais ils demeurèrent d'accord de compter le degré de 56 milles ⅔, ce qui revient à diminuer de 10 milles environ ou de plus d'un dixième l'évaluation reçue par Ptolémée.

La comparaison de ces diverses mesures avec les nôtres semble d'ailleurs fort difficile à cause de l'incertitude sur la valeur du stade ancien ou du mille des Arabes. Fernel et Snellius, sans se contenter d'une tradition incertaine, ont voulu à leur tour et chacun de son côté déduire de leurs observations la longueur du degré terrestre. Fernel, suivant précisément la méthode des Arabes, partit de Paris et marcha vers le nord jusqu'à ce que la hauteur du pôle eût augmenté d'un degré. Pour savoir alors quelle distance il avait parcourue, il monta dans un coche et compta les tours de roues jusqu'à Paris, en estimant pour les corriger de son mieux les erreurs causées par les inégalités et les détours de la route. Il trouva ainsi, pour la longueur du degré, 56,746 toises de Paris, auxquelles il eut la hardiesse presque risible d'ajouter 4 pieds. Snellius à peu près à la même époque ne trouvait que 55,011 toises, et Norwood par une méthode toute différente en obtenait 57,442.

Picard, chargé par l'Académie d'obtenir une évaluation définitive, employa la méthode suivie encore aujourd'hui dans les opérations de même nature. Son premier soin fut de mesurer avec une extrême précision, sur une route pavée et parfaitement droite, la distance de 5,662 toises qui sépare Villejuif de Juvisy. Ce fut la première base d'une série de triangles enchaînés dans la direction du nord au sud, et que le premier côté connu permettait de résoudre en ne mesurant plus sur le terrain que des angles seulement, pour lesquels l'emploi des lunettes, adoptées pour la première fois, assurait une exactitude inconnue jusque-là aux observateurs les plus habiles. L'orientation connue du réseau permettait d'ailleurs de calculer la portion de méridienne comprise dans l'intérieur de chaque triangle et enfin, par la mesure directe des latitudes extrêmes, la longueur d'un arc d'un nombre connu de degrés, minutes et secondes. Un arc de 1° 22' 55" ayant été trouvé ainsi de 77,850 toises, il en résulta par une proportion facile la longueur de degré 57,060 toises, et l'on fixa en conséquence la longueur de la lieue à 2,283 toises, afin qu'il y en eût 9,000 juste dans la circonférence de la terre.

Les opérations de Picard n'étaient que le préparatif et le fondement d'un travail plus considérable. La construction astronomique d'une carte du royaume fut proposée à Colbert et accueillie avec grande faveur; mais la vie d'un astronome, si habile et si actif qu'il fût, ne pouvait suffire à l'accomplissement d'une telle tâche. L'entreprise, plusieurs fois interrompue par des difficultés financières, fut après la mort de Picard confiée à Cassini, qui devait la léguer aux héritiers de son nom, de ses fonctions et de son ardeur pour la science. Sept degrés furent successivement mesurés sur un même méridien entre Paris et Perpignan et puis entre Paris et Dunkerque. Les opérations, commencées en 1701, reprises en 1713 et terminées en 1718 seulement, s'accordaient à montrer les degrés inégaux, en assignant constamment la plus grande longueur aux plus rapprochés de l'équateur et par conséquent à la terre une forme allongée dans le sens des pôles.

Ce résultat fort imprévu était confirmé par d'autres opérations. Cassini de Thury, le petit-fils de Dominique, ayant mesuré en 1733 l'arc de parallèle qui sépare Saint-Malo de Strasbourg et cherché en même temps l'écartement de ce parallèle avec le grand cercle perpendiculaire au méridien, fut par cette voie très-différente conduit à une conclusion que le célèbre d'Anville vint appuyer et fortifier à son tour par des considérations purement géographiques. Il ne s'agissait de rien moins, suivant lui, que d'ôter 300 lieues à la circonférence de l'équateur en faisant son diamètre plus petit d'un trentième environ que celui qui réunit les pôles.

La conviction de d'Anville résultait d'une comparaison attentive des cartes les plus exactes avec les documents anciens et modernes. Les cartes construites géométriquement et en supposant la terre sphérique assignent toujours, suivant lui, aux lieux éloignés une trop grande différence de longitude, et l'écart réel de deux méridiens est par conséquent plus petit que si la terre était sphérique. Les travaux de la carte de France, l'étude des cartes de Palestine et les opérations des missionnaires en Chine s'accordaient à confirmer cette opinion, en faveur de laquelle tant d'épreuves concordantes semblaient prévaloir sur tous les raisonnements.

Les géomètres cependant ne cessèrent jamais de douter et de réclamer de nouvelles mesures. La théorie de Newton, qui ne s'était pas encore imposée à l'Académie tout entière, assignait à l'Océan la forme nécessaire d'un sphéroïde aplati, et si, conformément à l'hypothèse au moins vraisemblable qu'il adoptait en même temps qu'Huyghens, notre globe primitivement fluide a conservé sa forme en se refroidissant, la partie solide elle-même ne peut manquer d'être aplatie aux pôles.

Huyghens et Newton, en signalant cet effet nécessaire de la force centrifuge, avaient tenté d'en calculer la grandeur. La méthode d'Huyghens repose sur une supposition qui ne peut plus aujourd'hui compter de partisans, et celle de Newton mêle à ses principes solides et inébranlables une hypothèse trop douteuse pour qu'on puisse taxer d'inexactitude nécessaire les opérations qui viendraient la démentir et la désavouer. La question de droit était donc incertaine aussi bien que celle de fait, et l'Académie partagée agitait l'opinion publique sans la diriger.

Les degrés du méridien augmentent-ils ou diminuent-ils de l'équateur au pôle? La seule méthode infaillible pour le décider était de prendre des mesures précises et rapprochées des points extrêmes. Avant de proposer dans ce but des expéditions lointaines et coûteuses, l'Académie écouta sur la question un grand nombre de mémoires qui, sans avancer beaucoup la solution, réussirent au moins à stimuler la curiosité des ministres et du roi et à les faire consentir avec empressement aux dépenses considérables qui leur furent demandées ensuite. Deux commissions furent envoyées, l'une en Laponie, l'autre au Pérou, pour mesurer les degrés dont la comparaison devait tout décider. Maupertuis, Clairaut, Lemonnier et l'abbé Outhier partirent pour le nord. La Condamine, Bouguer et Godin, accompagnés de Joseph de Jussieu et de Couplet, neveu du trésorier de l'Académie, s'étaient embarqués six mois avant pour le Pérou.

L'expédition du nord fut heureuse. Tous les missionnaires revinrent après avoir terminé rapidement leur travail dont les résultats incontestés tranchèrent la question. Aucune rivalité ne troubla leurs relations. Maupertuis, le plus ancien des trois académiciens et chef reconnu de l'expédition, s'attribua le mérite et recueillit l'honneur du succès; les autres le laissèrent faire sans que l'amitié cimentée par les fatigues et par les travaux communs en parût un instant altérée.

L'expédition de l'équateur traversée par de plus grands obstacles devint funeste au contraire à plusieurs de ceux qui y prirent part. Bien peu d'entre eux devaient revoir la France. Couplet en arrivant à Quito fut emporté par une fièvre maligne; Seniergues, chirurgien de l'expédition, à la suite de querelles étrangères à la science fut assassiné au milieu d'une fête par la populace de Cuença. L'astronome Godin accepta à Lima une chaire de mathématiques que, suivant le vice-roi, il n'avait pas le droit de refuser. En promettant sur son passeport de rendre au gouvernement espagnol tous les services qui seraient en son pouvoir, ne s'était-il pas engagé à instruire en cas de besoin les étudiants de Lima? Un des aides-dessinateurs, nommé Moranval, resta au Pérou pour y exercer la profession d'architecte et tombant d'un échafaudage mourut des suites de sa chute. L'horloger Hugot et Godin des Odonais partis pour étudier les langues d'Amérique, se marièrent à Rio-

Bomba et restèrent au Pérou, ainsi que Joseph de Jussieu qui y exerça la profession de médecin.

Godin quitta le Pérou trente-huit ans après seulement pour terminer pauvrement sa carrière dans une petite ville de Normandie. De Jussieu infirme et privé de mémoire fut renvoyé à peu près à la même époque. Ses deux frères l'entourèrent des soins les plus affectueux, mais ils n'osèrent jamais le conduire à l'Académie qui l'avait élu pendant son absence; c'est le seul académicien qui n'ait jamais siégé.

Bouguer et La Condamine rapportèrent donc seuls en France les résultats de l'expédition qui, retardée par des difficultés de tout genre, ne dura pas moins de sept années. Bouguer revint en 1742. La Condamine, qui fit de son retour un voyage d'exploration à travers l'Amérique du Sud, ne reparut à l'Académie qu'une année plus tard. Bouguer, dès son arrivée, s'était empressé de confirmer par le témoignage de ses résultats les conclusions déjà anciennes et presque décisives de Maupertuis et de Clairaut. Cassini, après avoir avec l'aide de Lacaille revu les mesures prises en France et trouvé la cause de leur désaccord, s'était rendu lui-même à la vérité désormais bien constante, en sorte que La Condamine arrivant le dernier trouva la curiosité du public épuisée et peut-être lassée sur cette question, naguère encore si ardemment débattue. Les discussions et les chicanes par lesquelles Bouguer et lui agitèrent si longtemps l'Académie naquirent peut-être de la mauvaise humeur qu'il en conçut.

Bouguer était sans contredit le plus instruit des trois académiciens envoyés au Pérou. Sa connaissance profonde des mathématiques et son habileté depuis longtemps acquise à manier les instruments en avaient fait le chef véritable et l'âme de tous les travaux. Inférieur à Bouguer par la science, La Condamine, esprit prompt et aisé, hardi à tout entreprendre, plein d'intelligence, de curiosité et d'ardeur mais incapable d'une forte application, ne devait se préparer que lentement à la discussion approfondie des méthodes employées. Consultant souvent son savant confrère il s'adressait à lui, disait-il, dans le commencement surtout, comme on ouvrirait un livre qu'on a sous la main ou comme on demande l'heure au compagnon dont la montre est bien réglée; mais les services qu'il reçut ainsi sont de ceux que deux collaborateurs doivent se rendre sans les compter et sans en prendre avantage. Plus habitué d'ailleurs que ses confrères aux relations du monde, La Condamine fut dans les circonstances difficiles le négociateur de l'expédition et son représentant auprès de l'administration espagnole. Insinuant et ferme tour à tour il sut, par énergie ou par adresse, écarter les difficultés de toutes sortes qui lui furent suscitées; possesseur enfin d'une fortune considérable, il mettait sans hésiter sa bourse et son crédit au service de l'entreprise, pour laquelle plus de cent mille livres furent prélevées sur son patrimoine.

Dévoués tous deux à la science et d'un caractère également honorable, La Condamine et Bouguer étaient dignes de se rendre mutuellement justice en revenant à jamais unis comme Maupertuis et Clairaut par la longue communauté de leurs travaux, de leurs fatigues et de leurs inquiétudes. Il n'en fut rien pourtant. De longues discussions, qui dégénérèrent en hostilités déclarées, avaient troublé leur trop longue collaboration et rompu leur société, en ne leur laissant l'un pour l'autre que jalousie, défiance et implacable ressentiment. Bouguer, dès son retour, avait loyalement fait connaître les résultats sans se les approprier et sans s'attribuer une part exagérée du travail commun. La Condamine cependant commença à se plaindre avant même d'avoir vu les communications encore inédites de son confrère. Avec la curiosité impatiente et l'humeur dominatrice qui formaient le trait saillant de son caractère il réclamait la communication de ces pièces, et sans s'adresser à Bouguer avec lequel depuis longtemps il n'avait plus de relations directes, les revendiquait comme un droit près de l'Académie. Les procès-verbaux des séances sont remplis pendant plusieurs années par les plaintes, les chicanes et les protestations solennelles de La Condamine, suivies souvent de répliques non moins fortes dans lesquelles Bouguer ne reste en arrière ni de récriminations, ni d'insinuations blessantes. Sans vouloir les suivre sur ce terrain qui n'est pas celui de la science, ni remonter à la source de leurs mutuels griefs pour en faire le discernement et en raconter l'interminable suite, il suffira de citer les lignes suivantes extraites du procès-verbal du 11 juillet 1750, où La Condamine découvre assez visiblement, si je sais le comprendre, le vrai motif de son mécontentement et de l'aigreur de ses reproches:

«M. Bouguer, en publiant son ouvrage avant le mien et sans vouloir me communiquer ce qu'il avait lu en pleine Académie en mon absence, s'est mis en pleine possession de ce qu'il a dit le premier sur notre travail commun. J'ai déjà reconnu que rien ne peut m'appartenir évidemment que ce qu'il m'a peut-être laissé à dire, en sorte que, s'il n'a rien oublié, il m'est comme impossible de rien dire de nouveau.» Mais La Condamine voulait absolument parler. Après tant de fatigues supportées, de dangers affrontés et d'obstacles péniblement surmontés, il n'entendait céder à personne le droit de les raconter au public. Il prit alors le parti singulier de ne pas lire l'ouvrage dont il avait avec tant d'insistance demandé la communication:

«Je sais, dit-il, que le traité de M. Bouguer ayant paru depuis longtemps, j'ai été le maître de le lire et que je ne puis donner la preuve que je ne l'ai pas lu, mais j'ai la satisfaction de penser que ceux qui me connaissent m'en croiront sur ma parole.»

Avec de l'esprit, dit La Bruyère, on peut entrer dans le ridicule, mais on en sort; c'est ce que fit cette fois La Condamine. Son esprit quoique trop contentieux est vif et brillant jusque dans ses colères, sa vanité est toujours enjouée et ses invectives mêmes ne sont pas sans gaieté; il sut se faire lire, et l'opinion publique, contre laquelle son savant compagnon eut quelque droit de s'irriter, lui accorda la plus grande part dans l'expédition dont son nom encore aujourd'hui éveille surtout le souvenir.

Les travaux de la carte de France n'étaient pas encore terminés, et la solution définitive en apparence de la question de la forme du globe n'y servait que fort peu, sinon point du tout. Le canevas cependant était fait et un réseau de grands triangles reliait les principales villes de la France en fixant leur position avec certitude; mais il fallait découper chaque triangle en d'autres plus petits en prenant pour sommets toutes les villes, les villages et même les clochers intermédiaires. Cette seconde opération était de beaucoup la plus longue. Cassini de Thury, en commençant en 1750 cette nouvelle série de travaux, proposa d'y consacrer une somme annuelle de 40,000 livres, que le roi aurait libéralement augmentée s'il eût été possible de trouver un assez grand nombre d'ingénieurs et de graveurs capables d'une telle tâche; on en forma peu à peu, et la dépense annuelle s'accrut graduellement jusqu'à la somme de 90,000 livres.

Louis XV se lassa bien vite. Dès 1755, Cassini de Thury fut prévenu que les besoins de la guerre ne permettaient plus la distraction d'aucun fonds et que les économies du roi allaient supprimer toutes les dépenses d'agrément. L'une d'elles était la carte de France pour laquelle toute subvention cessait ainsi brusquement. Tant de travaux et de soins allaient être perdus sans retour. Les collaborateurs formés à grand'peine et dont le plus grand nombre n'avait plus d'autre moyen d'existence étaient menacés d'une ruine complète. Le roi était alors à Compiègne. Cassini alla l'y trouver en lui soumettant le plan terminé de la forêt dont la précision et l'exactitude le charmèrent. «Je voudrais, dit-il, continuer un aussi bel ouvrage, mais mon *contrôleur général ne le veut pas*. C'était sous une forme gracieuse le plus formel des refus. Cassini cependant ne pouvait renoncer à son œuvre, et trois jours après il présentait au roi un projet d'association particulière qui, sous la protection royale, soutiendrait à ses frais et terminerait l'entreprise. Approuvés et encouragés par Louis XV, le prince de Soubise, le duc de Bouillon, M. de Saint-Florentin et Mme de Pompadour s'inscrivirent en tête de la liste qui, peu de jours après, comptait cinquante noms tous considérables à la cour, dans le parlement ou dans l'Académie. Chacun des souscripteurs devait pendant dix ans contribuer chaque année pour une somme de 1,600 livres, en s'engageant même par-devant notaire à fournir, quelle qu'elle dût être, la dépense nécessaire à l'exécution de l'ouvrage.

Le sacrifice en réalité fut beaucoup moindre et chaque souscripteur ne donna en tout que 2,000 livres. Les pays d'États contribuèrent pour une somme importante et la vente des feuilles tirées permit d'alléger la dépense. Sur 182 feuilles qui devaient composer la carte 166 étaient livrées au public en 1790. La situation resta la même jusqu'au moment où, en 1793, Fabre d'Églantine représenta à la Convention que la carte de France, ouvrage de la ci-devant Académie des sciences et appartenant au gouvernement, était tombée entre les mains d'un particulier qui la vendait un prix excessif, de sorte qu'on ne pouvait plus se la procurer; et sans plus ample examen, on décida que dans les vingt-quatre heures la carte et les planches seraient enlevées et transportées au dépôt de la guerre. Un rapport fait au conseil des Cinq-Cents en 1797 rétablit, il est vrai, et reconnaît complétement les droits de la compagnie pour laquelle il propose une équitable indemnité, et un arrêté consulaire du 25 février 1801 ordonna en effet que la somme de 9,060 francs fût remboursée à chaque porteur d'actions; mais la créance, datant de l'an II, se trouva bientôt après frappée par la loi sur l'arriéré, et la spoliation fut irrévocablement consommée.

Le tracé de la carte de France, quoique dirigé par des membres de l'Académie des sciences, était depuis 1755 une entreprise toute spéciale à laquelle la compagnie comme corps restait complétement étrangère. Plusieurs expéditions demandées et dirigées par elle furent, comme celles de La Condamine et de Clairaut, accomplies avec grand succès par les membres qu'elle avait désignés. Les grands traits du système du monde étant connus et les lois, des mouvements mises hors de doute, ce sont les irrégularités d'abord négligées dont l'étude minutieuse pourra désormais conduire à de véritables découvertes. Pour qui veut pénétrer le secret d'un mécanisme, aucun détail n'est en effet sans importance, et telle oscillation imperceptible des étoiles est liée aux mystères les plus cachés de l'optique ou aux conséquences les plus profondes de l'attraction newtonienne. Les étoiles, on le sait depuis longtemps, ne sont pas fixes dans le ciel; la suite des observations les montre soumises à un lent mais continuel déplacement, qui leur fait accomplir en vingt-six mille ans la révolution complète connue sous le nom de précession des équinoxes. Mais des apparences illusoires et des inégalités variables se mêlent à ce mouvement pour en masquer la constance et en troubler la régularité; l'aberration due à la combinaison du mouvement qui nous entraîne avec celui que nous apporte la lumière et la nutation de l'axe terrestre, découverts tous deux par Bradley, la variation de l'obliquité de l'écliptique enfin, en déplaçant continuellement les étoiles que nous nommons fixes, rendaient les tables anciennes constamment inexactes et insuffisantes aux travaux de précision.

Préoccupé de cette lacune dans la science, Lacaille employa quinze années d'observations et de calculs assidus à déterminer les positions précises de toutes les étoiles, en ayant égard à leurs déplacements apparents ou réels. Le désir de compléter son œuvre le conduisit au cap de Bonne-Espérance. Son dessein principal était d'enrichir son catalogue en y inscrivant les étoiles de ce nouveau ciel et de le perfectionner en observant dans des conditions plus favorables celles qui s'élèvent peu sur l'horizon de Paris. Mais loin de se réduire à l'exécution d'un dessein si fructueux pour l'astronomie, sa curiosité active et infatigable prêtait à tous les problèmes scientifiques autant d'attention que de patience. Lacaille, qui fut peut-être le plus exact comme le plus diligent des astronomes, rapporta d'un voyage de quinze mois un nombre immense d'observations, dont l'abondance aurait semblé impossible à tout autre et que l'excellence et la minutie de ses précautions portaient au plus haut degré d'exactitude compatible avec les instruments imparfaits dont il disposait. S'interdisant tout commerce inutile ou banal, Lacaille consacrait tout son temps à la science. Son premier projet avait été de déterminer les étoiles des quatre premières grandeurs; non-seulement cette tâche ne pouvait suffire à son activité, mais par sa facilité même elle lui sembla surpasser ses forces. Trop souvent inoccupé pendant la nuit, il craignait de se relâcher et de dormir, et c'est pour se tenir forcément en haleine qu'il voulut décupler son travail.

La réussite de telles opérations dépend beaucoup, on le comprend, de la pureté du ciel, et il n'y a pas de pays peut-être où l'air soit en même temps plus tempéré et le ciel aussi clair qu'au cap de Bonne-Espérance, mais il s'en faut de beaucoup que le ciel le plus clair soit le plus propre aux observations. Cette pureté est due en effet au Cap à un vent du sud-est extrêmement violent et qui rend impossible toute observation précise avec les grands instruments; les astres paraissent confusément terminés et dans une agitation d'autant plus vive que la lunette grossit davantage: «On peut juger, dit Lacaille, quel doit être le déplaisir d'un astronome de voir couler tant de nuits d'un si beau ciel sans en pouvoir profiter.»

Lacaille tout entier à ses travaux n'avait pas le temps d'écrire de longues lettres à ses confrères. Sa correspondance avec l'Académie, fort intéressante cependant quoique très-laconique, révèle la rare et naïve bonté de cet homme éminent et réellement modeste. L'une de ses grandes préoccupations est de ne pas rendre son voyage trop onéreux au gouvernement qui en fait les frais: «J'ai toujours, écrit-il, ménagé la dépense depuis que je suis ici, et si je n'avais pas avec moi un ouvrier qui dépense plus que moi, quoique jamais mal à propos, je n'aurais pas dépensé cinquante piastres par-dessus ma pension.»

Non content d'avoir déterminé la position de près de dix mille étoiles et réuni en même temps des observations précieuses pour la parallaxe de la lune et des planètes, la longueur du pendule à seconde et les coordonnées géographiques de plusieurs points importants, Lacaille trouva le temps de mesurer un degré terrestre: «Je m'occupe, dit-il dans une lettre du 26 août 1752, de la mesure d'un degré terrestre. J'ai déjà fait, du 5 au 22 août, un voyage pour visiter les points de station où je dois observer et pour y placer les signaux nécessaires. Jamais pays ne fut plus propre à de pareilles opérations; des plaines très-étendues bordées de montagnes médiocrement hautes, nues et bien détachées les unes des autres, ne laissent d'embarras que dans le choix de la meilleure disposition; mais il ne faudrait pas être étranger dans ce pays-ci pour profiter de ces avantages; car comme il n'y a pas ici de routes réglées, ni d'auberges, que la partie du nord du Cap est toute sablonneuse et peu cultivée, il faut nécessairement se réfugier dans les habitations dispersées au loin dans la campagne et se contenter de la réception qu'on veut bien vous faire. Heureusement pour moi, M. Pesthier a la complaisance de me conduire partout, et comme il est connu et très-estimé dans le pays, je ne manque avec lui d'aucun secours.»

«On pourrait s'attendre, dit Lacaille dans le compte rendu de son voyage, que je fisse ici quelque description de ce fameux cap de Bonne-Espérance et que j'exposasse les mœurs des naturels du pays connus sous le nom de Hottentots, et que je parlasse des productions de la terre et des mers voisines; mais, outre qu'on peut juger que je n'ai eu guère de loisirs pour faire des recherches sur ce que je viens de dire, je dois avouer que mes connaissances sont trop bornées pour être en état de satisfaire les curieux et les physiciens sur cette partie de l'histoire naturelle. Ce qu'il y a encore de plus fâcheux, c'est que l'intérêt de la vérité m'oblige à déclarer que rien n'est moins exact que ce qu'on lit sur ce sujet dans un gros livre écrit en allemand par Pierre Kolbe et dont nous avons en français un extrait en trois volumes. Kolbe était un Prussien, envoyé au Cap par feu M. le baron de Kronick pour y faire toutes les observations possibles de physique, d'astronomie et d'histoire naturelle; il y séjourna sept années environ, mais tous ceux qui l'ont connu dans le pays assurent constamment qu'il ne s'est point occupé à remplir l'objet de sa mission, et que, quoi qu'il en dise, il n'a fait aucun voyage dans l'intérieur du pays.»

Malgré les travaux de Richer, de Cassini et de Picard et les observations plus récentes de Lacaille, la distance du soleil à la terre était encore incertaine. Un phénomène qui se renouvelle deux fois seulement dans un siècle et à huit années d'intervalle, le passage de Vénus sur le disque du soleil, était annoncé depuis plus d'un siècle pour l'année 1761, et les détails du phénomène soigneusement observés de différents points du globe devaient fournir, comme l'avait montré Halley, cette distance inconnue quoique tant de fois calculée. Sans proposer distinctement le détail d'une méthode hérissée de calculs, je chercherai seulement à mettre dans son jour le principe très-simple et l'esprit général de la théorie.

Les cercles divisés et les horloges sont les instruments habituels des astronomes qui dans leurs observations ne mesurent que des temps et des angles; mais une longueur ne peut se déterminer que par une autre longueur à laquelle, d'une manière plus ou moins directe, on parvient à la comparer. La raison en est évidente; quelle que soit une figure géométrique, il en existe une infinité d'autres qui lui sont semblables, dans lesquelles les longueurs homologues sont augmentées ou diminuées dans tel rapport que l'on voudra, sans qu'il y ait aucune différence dans les angles, dont la mesure seule ne peut par conséquent servir à distinguer ces deux figures semblables, si simples ou si compliquées qu'on les suppose. Tant que l'on n'aura pas mesuré une première ligne, les dimensions absolues resteront indéterminées. On a donc pu, par de simples mesures d'angles, trouver la forme de l'orbite décrite par la terre autour du soleil, la figure des ellipses dans lesquelles se meuvent Vénus, Mercure, Mars, Jupiter et Saturne, les rapports précis des axes de ces diverses courbes et les inclinaisons mutuelles de leurs plans; mais en connaissant ainsi les proportions exactes de l'univers, on en ignore cependant encore la véritable grandeur. Ce système, si bien connu dans ses détails comme dans son ensemble, pourrait être amplifié ou diminué; les planètes pourraient, sans que rien fût changé dans les apparences, rouler d'un mouvement tout semblable dans les orbites mille fois plus grandes ou mille fois plus petites. La distance de la terre au soleil est-elle de dix mille lieues ou de mille millions de lieues? Les travaux de Copernic et de Kepler sur la forme des orbites planétaires ne permettent pas de le décider mais ne laissent subsister que cette seule inconnue, en sorte que la détermination d'une seule distance entraînera celle de toutes les autres. Cette détermination présente malheureusement des difficultés considérables et exceptionnelles. La base qu'il faut nécessairement choisir à la surface de la terre ne peut pas en dépasser le diamètre; les lignes qui de ses extrémités vont se réunir au centre du soleil ou sur l'une quelconque des planètes, forment un angle de quelques secondes seulement, et la plus légère erreur peut évidemment renverser l'édifice qui repose sur un fondement aussi délicat. La méthode indirecte de Halley élude mieux qu'aucune autre cette grave difficulté. Lorsque Vénus se plaçant entre la terre et le soleil vient se projeter sur son disque, les astronomes prévenus longtemps à l'avance peuvent aisément observer dans leur lunette une tache noire qui, passant d'un bord à l'autre, accuse nettement pendant quelques heures la position des deux astres par rapport à la terre; mais si exacte qu'elle soit, une observation isolée ne fournit aucune conséquence. Les dimensions du système du monde pourraient être dix mille fois plus grandes ou dix mille fois moindres, sans que cela changeât une seule seconde de temps à la durée du passage ou une seule seconde d'angle à la longueur de la corde que parcourt la planète. L'astronome peut calculer cent ans d'avance, à une seconde près, si les méthodes sont assez perfectionnées, l'instant de l'entrée de Vénus et celui de la sortie, pour un observateur placé au centre de la terre; mais il lui est impossible de dire si, pour deux observateurs placés à Paris et au cap de Bonne-Espérance, les durées des passages diffèrent d'une minute ou de dix. Tout dépend du rapport inconnu du rayon de la terre à la distance du soleil, et c'est pour cela que la comparaison des deux observations permet de le calculer. La méthode fait connaître en outre les points du globe pour lesquels les différences plus nettement accusées doivent donner les plus grandes chances de succès; rien n'empêche d'ailleurs de contrôler par des observations multipliées le résultat toujours douteux d'une épreuve qu'il est impossible de recommencer.

Le 6 juin 1761 cinquante-cinq observateurs, répartis sur différents points du globe, purent observer le passage et en déterminer les circonstances.

Pingré en choisissant l'île Rodrigues pour station avait fait preuve de courage et de dévouement. «Nous sommes instruits, avaient dit les commissaires de l'Académie, que dans toute cette partie de l'Afrique l'air, à cause de ses intempéries pendant la saison des pluies, est très-dangereux pour les étrangers.» On pourrait croire que, pour éviter de tels dangers à un confrère, ils vont proposer un autre poste. Nullement: «La crainte du dérangement que la santé de M. Pingré pourrait éprouver «leur fait désirer seulement qu'il ait un compagnon capable de le suppléer au besoin.»

Pingré ne trouva à l'île Rodrigues aucun secours pour ses observations. Sans ouvriers pour construire un observatoire, il dut observer en plein air. Des mesures avaient été prises pour lui assurer des conditions plus favorables, mais la guerre qui régnait alors dans les deux hémisphères les avait déjouées en plaçant Pingré dans une position dont il se plaignit fort. Muni d'un passeport délivré par le gouvernement anglais qui enjoignait à tous les agents et officiers de respecter les astronomes français et de les aider au besoin, Pingré se croyait inviolable ainsi que le petit navire, nommé *la Mignonne*, qui l'avait conduit à l'île Rodrigues et qui l'y attendait; mais la veille précisément du jour fixé pour le départ on vit paraître un vaisseau anglais, sur lequel *la Mignonne* commença par lâcher une bordée. Le vaisseau, beaucoup mieux armé qu'on ne l'avait cru, s'approcha aussitôt et sans coup férir fit comprendre que la lutte était impossible. *La Mignonne*, déclarée de bonne prise, fut malgré les réclamations de Pingré conduite à Pondichéry. Par une détermination *presque cruelle*, dit-il, on le laissa à Rodrigues avec son aide, réduits tous deux au strict nécessaire. Chanoine régulier de Sainte-Geneviève, Pingré n'était habitué ni aux privations ni aux incommodités de la vie de voyageur, et il les supportait fort mal. «J'ai été entre autres, écrit-il à l'Académie en rendant compte de sa mésaventure, réduit à l'ignoble breuvage de l'eau,» et il demandait une réparation qu'il n'obtint pas.

Le Gentil avait choisi pour station Pondichéry où le phénomène s'accomplissait au zénith. Mais plus prudent que celui de *la Mignonne*, le capitaine qui le conduisait, trouvant les Anglais maîtres de la place, retourna bien vite à l'île de France. Le jour du passage Le Gentil était encore en mer; il vit le phénomène sans pouvoir l'observer. Un second passage devait avoir lieu en 1769; Le Gentil résolut de l'attendre. La physique du globe et l'astronomie l'occupèrent utilement pendant huit années, en lui laissant le loisir de se livrer à quelques entreprises commerciales dont le résultat fut heureux pour sa fortune.

En 1769 Pondichéry était rentré sous la domination française. Le 4 juin Le Gentil muni d'excellents instruments attendait le passage dans un observatoire solide et bien disposé qui semblait donner toute garantie d'exactitude; le temps des journées précédentes promettait une observation facile, la matinée était belle encore, mais tout à coup le vent s'éleva, et un nuage léger d'abord déroba à Le Gentil l'important spectacle qu'il attendait depuis huit ans et qu'aucun contemporain ne devait voir renaître. Lorsque le soleil perça les nuages, Vénus était sortie de son disque. L'entreprise était définitivement manquée: «Je ne pouvais, dit-il, revenir de mon étonnement, j'avais peine à me figurer que le passage de Vénus fût enfin passé. D'autres fois je pensais que quelque contre-temps pareil avait fait imaginer à Manès son système (ridicule à la vérité) des deux principes, en songeant au beau temps qu'il avait fait le matin; pendant près d'un mois encore après, on eût été tenté de penser que la matinée du 4 juin avait été faite exprès pour mortifier les observateurs placés le long de cette côte. Enfin, ajoute Le Gentil, je fus plus de quinze jours dans un abattement singulier, à n'avoir presque pas le courage de prendre la plume pour continuer mon journal, et elle me tomba plusieurs fois des mains lorsque le moment vint d'annoncer en France le sort de mon opération.»

Ce journal, qui devait être le seul résultat du voyage de Le Gentil n'est nullement à dédaigner. De nombreuses observations d'astronomie et de météorologie, la détermination exacte de plusieurs latitudes importantes, l'orientation vérifiée d'un grand nombre de monuments, un tableau très-simplement tracé des mœurs de l'Inde observées à loisir par un esprit sage et éclairé, remplissent deux volumes d'un grand intérêt, dont la publication occupa Le Gentil plusieurs années après son retour en France. L'histoire de l'astronomie indienne en fournit un des chapitres les plus curieux.

Le calcul des éclipses était un secret transmis et conservé dans la caste des brames; des jésuites autrefois l'avaient envoyé, disait-on, à de La Hire qui avait trouvé les calculs exacts en se disant trop âgé pour en examiner la théorie; mais Le Gentil qui raconte cette anecdote ne la tient pas pour vraie. Le Gentil questionnait sur ces méthodes les Indiens les plus instruits sans réussir à en obtenir communication. Un jour un brame, nommé Nana Mouton, vint le voir en lui faisant dire par un interprète qu'il pourrait satisfaire sa curiosité. Le Gentil l'ayant prié de calculer devant lui l'éclipse du mois de décembre 1768, l'Indien revint le lendemain avec un petit paquet de feuilles de palmier et un sac de coquillages; il s'assit par terre, et tout en maniant les coquillages avec une vitesse singulière, il consultait de temps en temps son petit livret; il obtint ainsi toutes les phases de l'éclipse en moins de trois quarts d'heure. Il les trouva assez justes pour redoubler chez Le

Gentil le désir de connaître sa méthode. L'Indien consentit à la lui enseigner, en faisant espérer qu'avec des dispositions et beaucoup de travail, il pourrait, en quatre mois apprendre à calculer une éclipse de lune. Il fallait de plus s'engager au secret, car un Malabar indiscret, en abusant de la science qu'il lui avait enseignée, avait rendu Nana Mouton extrêmement prudent. Le Gentil promit ce qu'on voulut, et les leçons commencèrent. Tout alla bien pendant quelques jours, à cela près que ni le professeur ni l'interprète ne pouvaient donner l'explication d'aucun terme, et Le Gentil bientôt ne comprenait plus rien. On changea trois fois d'interprète, mais sans plus de succès; force eût été de renoncer à l'entreprise sans le secours d'un tamoul chrétien, ancien élève lui-même de Nana-Mouton, qui savait le français. Les progrès furent alors rapides, mais plus l'élève se montrait capable et désireux d'apprendre, plus le maître multipliait les difficultés. Le brame évidemment voulait retenir son secret. Il dictait patiemment les nombres, les repassait et les collationnait tant qu'on voulait, sans se rattacher à aucune doctrine et sans satisfaire aux questions que leur emploi faisait naître. Après un mois de patience Le Gentil le congédia en tenant sa mauvaise foi pour certaine, mais il avait pénétré le principe de la méthode, et aidé du tamoul qui la connaissait un peu, il parvint à s'en servir sans jamais la trouver commode. «Cette méthode, dit-il, m'a paru avoir son avantage; elle est bien plus prompte et plus expéditive que la nôtre, mais en même temps elle a un grand inconvénient; il n'y a pas moyen de revenir sur ses calculs, encore moins de les garder; on efface à mesure qu'on avance; si l'on s'est par malheur trompé dans le résultat, il faut recommencer sur de nouveaux frais, mais il est bien rare que les Indiens se trompent. Ils travaillent avec un calme singulier, un flegme et une tranquillité dont nous sommes incapables et qui les mettent à couvert des méprises que nous autres Européens ne manquerions pas de faire à leur place. Il paraît donc que nous devons les uns et les autres garder chacun notre méthode; il semble que la leur ait été faite uniquement pour eux.»

L'abbé Chappe lors du passage de 1761 s'était rendu en Sibérie à Tobolsk. Le récit de son voyage publié avec grand luxe remplit deux gros volumes in-4°, où la science n'a pas la plus grande part. «L'abbé Chappe, dit Catherine à Voltaire, a tout vu en Russie en courant la poste dans un traîneau bien fermé.» Le pauvre abbé qui n'avait rien vu en beau devait scandaliser les amis de Catherine, en leur fournissant de nombreux prétextes pour le quereller. «Il n'y a qu'une tête française, dit Grimm, à qui le ciel accorde de tout savoir sans apprendre, de tout voir sans regarder, de tout deviner sans être sorcier, de tout approfondir en courant la poste de Paris à Tobolsk et de tout trancher sans être Alexandre, fils de Philippe de Macédoine. Il serait difficile, ajoute-t-il, de réunir dans le même sujet au même degré, autant d'ignorance, de légèreté, de goût pour les puérilités les plus minutieuses et d'indifférence pour la vérité.»

Tout cela est injuste et dépasse le but; l'abbé académicien, un peu trop désireux, il est vrai, d'intéresser le lecteur et se vantant de connaître ce qu'il a entrevu, aborde tous les sujets au hasard et sans ordre avec plus de prétention que de compétence et de talent. On est surpris par exemple de le voir décrire minutieusement les divertissements auxquels il a pris part et les danses où il semble fier de s'être fait remarquer; mais la sincérité brutale des récits donne à d'autres pages de son livre un véritable intérêt, et sans prétendre y démêler le vrai d'avec le faux, on peut croire que Catherine, qui a pris la peine d'y répondre, y voyait plus d'un rayon incommode de la vérité. Rien toutefois ne trouve grâce devant Grimm dont l'aveuglement, complaisant ou sincère, l'emporte jusqu'à la moins vraisemblable calomnie. «L'Académie des sciences balance elle-même, dit-il, si elle doit ajouter foi à l'observation astronomique pour laquelle l'abbé Chappe a été envoyé en Sibérie; plusieurs de nos académiciens prétendent avoir de grands motifs de douter et de l'exactitude de l'observation et de la véracité de l'observateur. Ils supposent, avec assez de vraisemblance, en comparant ses résultats avec ceux des autres astronomes dispersés sur les différents points de la surface du globe, que le temps étant couvert à Tobolsk pendant tout le passage de Vénus, l'abbé Chappe n'a pas voulu perdre les frais de son voyage et a calculé dans son cabinet à peu près comment ce passage a dû avoir lieu en l'observant à Tobolsk, et a donné à l'Académie l'approximation de ses calculs pour le résultat de ses observations.»

Cette odieuse allégation n'a pas le moindre fondement, et l'Académie, qui n'éleva aucun doute sur la sincérité de l'abbé Chappe, lui confia huit ans après l'une des observations importantes du passage de 1769. Chappe fut envoyé par elle en Californie. Il ne devait pas revoir la France. Une maladie contagieuse envahit le village où il avait observé; tous ses compagnons furent frappés, et lorsqu'il tomba malade le dernier, aucun d'eux n'était en état de lui rendre les secours qu'ils avaient reçus de lui. Privé de médecins et sur les indications d'un livre, il prit deux purgatifs qui le soulagèrent; il se crut sauvé et voulut observer une éclipse de lune, mais il avait trop présumé de ses forces, et il mourut peu de jours après, victime sans doute de son dévouement à la science.

LES RAPPORTS.

L'Académie ne prenait de décisions sur les principes de la science qu'à regret en quelque sorte et dans de rares occasions. La méthode infinitésimale par exemple et la théorie de l'attraction, adoptées par les uns et contredites par les autres, ne furent jamais jugées régulièrement par une sentence expresse; tant que ses membres partagés continuèrent à en disputer, l'Académie, sans se déclarer indifférente, demeura sagement indécise, et l'on pourrait seulement la blâmer de prolonger la prudence bien au delà des doutes qui l'ont fait naître.

On lit par exemple au procès-verbal du 22 août 1759: «L'hypothèse du père Berthier est tout à fait opposée à la philosophie newtonienne, presque universellement adoptée aujourd'hui; mais nous croyons que cette hypothèse peut se soutenir dans l'hypothèse du plein et des tourbillons; sous ce point de vue l'Académie, qui persiste à n'adopter aucun système, nous paraît pouvoir recevoir l'hommage que lui offre de son livre le père Berthier et permettre que cet ouvrage soit imprimé sous son privilége.»

Dix-sept ans plus tard l'Académie, toujours dans les mêmes principes, se refusant de nouveau à étudier les causes dans les effets, écarte obstinément la recherche des lois primordiales comme une chimère indigne d'encouragement. «Tout le reste de l'écrit de M. Dolomieu, dit le rapporteur d'une commission, est purement systématique, et l'Académie n'étant pas dans l'usage de prononcer sur les systèmes, nous passerons sous silence les raisonnements de l'auteur, quelque bien écrits qu'ils nous paraissent, parce que cela entraînerait dans de trop grandes discussions et que *tous les raisonnements possibles dans l'art de traiter les mines ne valent pas un fait décrit avec clarté.*

L'empressement des savants à lui soumettre leurs projets et leurs travaux, comme à la maîtresse de la science dans tout le royaume, transformait peu à peu l'Académie en une sorte de conseil réglé dont la confiance publique faisait l'autorité et la force. D'après ses règlements et suivant les desseins de son fondateur, l'Académie était tenue de prononcer sur le mérite des machines et sur les demandes de privilège; c'est par là que ses jugements prirent leur commencement, mais on lui soumit bien vite des découvertes, des inventions et des projets de toute sorte. Les commissaires désignés étaient exacts et diligents, dans les premières années surtout, à présenter en quelques paroles un rapport trop concis pour que nous ayons beaucoup à y apprendre, et qui, plus assuré dans le blâme que dans la louange, semble plus propre souvent à rebuter ou à irriter les inventeurs qu'à les enseigner et à les soutenir. Tels sont ceux-ci par exemple: «MM. Parent et Renau n'ont rien trouvé d'utile dans le livre qu'ils avaient à examiner et pour la théorie elle est pleine d'erreurs.»

«Nous avons examiné par ordre de l'Académie la manière que M. Besson lui a proposée pour relever un vaisseau submergé en lui attachant de tous côtés des tonneaux vides, ce qui, suivant la manière dont l'auteur l'emploie, nous a paru impraticable.»

Réaumur chargé d'examiner un taille-plumes mécanique le décrit minutieusement et ajoute: «Il pourra être un outil commode à la plupart des gens qui écrivent peu.» Le succès d'une autre invention lui paraît plus utile qu'assuré et là se borne son approbation.

On lit ailleurs au procès-verbal: «M. Lemonnier a parlé ainsi sur le mémoire de M. Desaussedats: L'auteur n'entend pas l'état de la question.»

Quelquefois plus sévère encore, le rapporteur engage l'Académie à refuser les communications nouvelles du même auteur. «Nous avons lu par ordre de l'Académie, dit une fois le chimiste Hellot, la lettre de M..... Je crois qu'on fera bien de lui répondre qu'il est inutile qu'il écrive davantage à l'Académie ou à quelques académiciens; on ne doit pas établir de correspondance avec un homme sans lettres, sans principes et qui d'ailleurs est très-importun.»

Certaines questions, telles que la quadrature du cercle, après avoir été faussement résolues un trop grand nombre de fois, furent elles-mêmes rejetées du cercle des travaux académiques, en même temps que la recherche reconnue impossible du mouvement perpétuel. Ce problème de la quadrature du cercle se trouve placé en quelque sorte au seuil de la science comme un appât pour les débutants incapables de comprendre dans quel sens on le tient pour si difficile. D'après un bruit populaire qui n'est pas absolument oublié aujourd'hui, les gouvernements auraient promis pour sa solution des récompenses considérables, et un effort heureux après quelques mois d'étude aurait pu, suivant cette fausse opinion, procurer à la fois la gloire et la fortune. Un des inventeurs osa même assigner d'Alembert devant le Parlement, comme le frustrant, par son refus d'examiner sa solution, de la récompense de 150,000 livres, qu'il croyait obstinément promise et qu'il prétendait mériter.

L'Académie, sans être jamais négligente, se montrait souvent sévère et impatiente et non sans raison quelquefois. La plupart des inventions qu'on lui propose dans les premières années sont indignes d'un jugement sérieux et au-dessous de toute critique; c'est elle-même qui le déclare officiellement, en quelque sorte, dans la préface du premier volume du Recueil des savants étrangers publié en 1750.

«Dès les premiers temps de l'institution de l'Académie, dit le secrétaire Grandjean Fouchy, plusieurs savants tant étrangers que régnicoles s'empressèrent de prendre part à ses travaux en lui adressant des mémoires et des dissertations sur différents sujets. Nous ne pouvons dissimuler que, surtout dans les commencements, l'Académie n'ait eu plus souvent à louer la bonne volonté des auteurs d'un grand nombre de ces pièces que l'excellence de leurs ouvrages.»

Le nombre des mémoires présentés s'augmentait cependant tous les jours, et l'Académie a plus d'une fois l'occasion d'accorder judicieusement à des idées ingénieuses et utiles un précieux témoignage d'exactitude et de nouveauté; mais plus d'une fois aussi, il faut le dire, elle décourage par sa prudence et son incrédulité les inventeurs qu'il aurait fallu diriger ou mettre en lumière.

«Ceux qui se mêlent de donner des préceptes et des conseils, dit Descartes, se doivent estimer plus habiles que ceux auxquels il les donnent, et s'ils manquent en la moindre chose, ils en sont blâmables.» L'Académie le fut plus d'une fois.

On lit par exemple au procès-verbal du 21 juin 1704: «On a lu un écrit de M. Brunet qui propose des machines lithotritiques qui doivent, à la faveur d'une sonde dans laquelle elles seront comme pliées, entrer dans la vessie, là se déployer par des lamelles à ressort et articulées, prendre la pierre et la tenir ferme, après quoi une espèce de lance comprise dans la machine la brisera, ce qui la mettra en état de sortir par les urines comme du simple gravier. La composition et la difficulté du jeu de ces machines et le long temps que l'opération durerait ont fait rejeter cette idée par toute la compagnie.»

L'abbé Nollet, en rendant compte d'un mémoire sur les moyens de préserver les édifices de la foudre, a l'imprudence d'ajouter: «Ce mémoire nous paraît propre à dissiper, si tant est qu'elle subsiste encore, l'espérance que quelques personnes (c'est de Franklin qu'il s'agit) avaient conçue de préserver les édifices des funestes effets du tonnerre, en épuisant la matière fulminante de la nue et la détournant à leur gré par le moyen des conducteurs métalliques dressés en l'air et prolongés jusqu'à terre. Nous croyons qu'il mérite à tous égards d'être imprimé avec l'approbation de l'Académie.»

Les registres de l'Académie contiennent près de dix mille rapports aussi divers par la forme que par la nature et par l'importance des questions discutées et dont le détail serait infini. Nous avons dit et montré la sincérité un peu rude du plus grand nombre; l'indulgence de quelques autres prodigue parfois au contraire des louanges exagérées. Certains rapporteurs, entrant dans la pensée qu'ils devraient discuter et juger, acceptent toutes les assertions sans s'étendre à développer le détail des preuves pour les examiner et les peser; d'autres enfin, avec plus d'assurance et plus d'autorité, contrôlent et fortifient les raisonnements, vérifient et interprètent les faits et, les rattachant aux théories dont ils sont l'occasion ou la preuve, les illuminent de nouvelles clartés.

On aime surtout à retrouver l'accueil fait par l'Académie aux premiers essais des grands hommes qui font aujourd'hui sa gloire. Le 26 avril 1726, MM. Nicole et Pitot rendent compte du premier mémoire présenté par Clairaut à l'âge de douze ans. «Ces productions, disent-ils, qui auraient autrefois fait honneur aux plus habiles géomètres, deviennent encore aujourd'hui surprenantes lorsqu'on sait qu'elles sont l'ouvrage d'un jeune homme de douze ans et quelques mois, ce qui montre les progrès qu'on doit attendre de lui et combien il est estimable d'avoir acquis à cet âge tant de connaissances dans la géométrie et le calcul différentiel.»

«Il est bien rare, est-il dit deux ans plus tard dans un autre rapport, de voir un jeune homme de quatorze ans entendre les découvertes faites par MM. de l'Hopital, Wallis et Tchirnauss, et plus rare encore de voir le même jeune homme renchérir et ajouter de nouveau aux découvertes de ces grands géomètres.»

Fontenelle dans les mémoires de l'Académie exprime la même pensée avec plus d'élégance: «Autrefois, dit-il, de pareilles productions auraient fait honneur aux plus habiles géomètres; la louange aujourd'hui est à partager entre l'excellence des nouvelles méthodes et le génie singulier d'un enfant.»

Les premiers essais de d'Alembert sont quinze ans plus tard dignement loués et appréciés par Clairaut lui-même. Après avoir analysé avec bienveillance un mémoire dans lequel le jeune débutant rectifie une assertion inexacte du père Guinée, le rapporteur ajoute: «Ces remarques prouvent sa capacité, son exactitude et son amour pour la vérité.» En rendant compte quelques mois après d'un travail de plus grande portée mais imparfait encore, car d'Alembert s'est abstenu de le faire imprimer, Clairaut termine en disant: «Il serait trop long de le suivre dans toutes les considérations qu'il a faites sur cette matière; il suffit de dire qu'elles nous ont paru montrer bien de la science et de l'industrie dans l'auteur.»

Lavoisier également fut soutenu et encouragé dès ses débuts; Duhamel et Jussieu disent de son premier travail: «Ce mémoire est rempli de faits bien observés, d'observations de chimie exactement exécutées, de réflexions physiques très-judicieuses qui jettent un grand jour sur la substance gypseuse, sur sa nature et même sur la formation des fossiles, qui sont une partie considérable de l'histoire naturelle.»

Citons encore ces lignes extraites du rapport sur le premier mémoire de Coulomb: «Tel est le précis des recherches que M. Coulomb a présentées à l'Académie. Nous avons remarqué partout dans ses recherches une profonde science de l'analyse infinitésimale, beaucoup de sagacité dans le choix des hypothèses physiques qui servent de base aux calculs de l'auteur et dans les applications qu'il en a faites.» Maupertuis et Clairaut, en rendant compte du premier mémoire de Buffon relatif au calcul des probabilités, terminent leur rapport en disant: «Tout cela fait voir, outre beaucoup de savoir en géométrie, beaucoup d'invention dans l'auteur.»

Les étrangers embarrassés par un problème ou arrêtés dans une entreprise difficile consultaient souvent l'Académie qui, flattée de leur confiance, répondait de son mieux et sans retard. C'est ainsi qu'en 1705, le célèbre astronome et antiquaire Bianchini demanda des conseils sur un projet qui fit grand bruit alors, quoique son insuccès l'ait condamné à l'oubli. On avait découvert à Rome, dans les vieilles constructions du Monte Citorio, non loin de la grande colonne triomphale de Marc Aurèle, les restes d'une autre colonne monolithe en granit rouge d'Égypte dédiée à l'empereur Antonin le Pieux. C'était un des monuments funéraires qui dans la Rome impériale ornaient et encombraient le Champ de Mars. Le pape Benoît XIV, très-ami des arts et des sciences, avait chargé Bianchini, son camérier d'honneur, de restaurer cette colonne et de la transporter vis-à-vis la Curia innocenziana située à peu de distance. C'est après plusieurs essais inutiles que Bianchini consulta l'Académie en lui envoyant un rapport détaillé des procédés employés et proposés jusque-là. «Les méchaniciens de l'Académie, dit le procès-verbal du 6 mai 1705, feront réflexion sur le transport de ce grand fardeau et en donneront leur avis.» Les réflexions furent faites avec grande diligence; dès le samedi 9 mai, les mécaniciens apportèrent une réponse et des conseils un peu vagues qui ne furent pas de grande utilité. La colonne se rompit et les débris servirent à réparer l'obélisque d'Auguste sur la place du Monte Citorio; le piédestal représentant l'apothéose d'Antonin orne aujourd'hui les jardins du Vatican, et il ne reste d'autre trace de l'opération qu'un mémoire latin fort rare composé par Bianchini et la mention qui en est faite dans les registres de l'Académie.

Le parlement lui-même dans certains cas prenait directement l'Académie pour arbitre des difficultés relatives à la science qui embarrassaient ses décisions. Le 26 janvier 1732, avant d'enregistrer un privilége demandé par le sieur Texier fabricant de soieries, il demande l'avis de l'Académie sur la nouveauté, l'utilité et les conséquences de ses ouvrages. Le sieur Texier avait inventé un nouveau moulin à foulon; les opposants à son privilége prétendaient qu'ils pouvaient donner aux étoffes de soie des apprêts semblables à ceux du sieur Texier et même meilleurs, seulement ils avancent qu'ils ne se servent pas du moulin à foulon dont l'usage ne peut être qu'inutile et nuisible. A une question ainsi posée la réponse semblait bien simple: pourquoi ne pas autoriser le sieur Texier à employer son moulin qu'il trouve bon et les opposants qui le jugent mauvais à ne s'en pas servir? La commission fut moins hardie et par le refus du sieur Texier de se soumettre aux épreuves proposées par elle, elle se déclara ingénument hors d'état de donner son avis. Une telle réponse d'ailleurs n'était pas rare, et l'Académie, en déclarant sincèrement ses incertitudes, avait souvent l'excellent esprit de s'abstenir.

Consultée par le ministre de la marine sur la valeur d'un procédé proposé pour relever les vaisseaux submergés, elle répond sur le rapport de Réaumur et Couplet: «Pour être en état de porter un jugement sur la réussite d'une telle entreprise, il faudrait avoir examiné soi-même sur les lieux l'état où sont les vaisseaux échoués, leur profondeur, la quantité dont ils sont envasés, la qualité de la vase, etc., etc.; nous ne sommes pas en état de rien prononcer sur ce sujet.» Désignée dans une autre occasion par le tribunal consulaire comme arbitre de la contestation survenue entre l'horloger de la Samaritaine et le fondeur de timbres, l'Académie décide qu'*il ne lui convient pas d'accepter cette commission.*

Ceux qui s'adressaient à l'Académie, ministres, magistrats ou particuliers, la trouvaient cependant presque toujours prête à juger, et lorsque l'équité le demandait, elle n'hésitait pas à rendre témoignage contre elle-même pour ainsi dire, en proclamant la vérité tardivement reconnue.—Le propriétaire des eaux minérales de Passy, nommé Levieillard, expose en 1763 à l'Académie, que dans un ouvrage imprimé en son nom, une analyse inexacte des eaux dont il est propriétaire conduit à les déclarer peu utiles et nuit à ses intérêts.

Tout considéré, dirent les rapporteurs de l'Académie, nous jugeons que la plainte de M. Levieillard est juste... c'est pourquoi nous sommes d'avis qu'ayant égard à la plainte de M. Levieillard, et pour l'utilité du public on peut imprimer ce rapport en forme d'avertissement au commencement de la suite de l'*Art des forges.*

Mais si l'Académie était prête à juger sur toutes les questions et sur tous les mérites, elle ne permettait pas qu'on lui rendît la pareille et s'offensait des moindres critiques. Le procès-verbal du 1er avril 1730, qui le laisse voir avec beaucoup de naïveté, montre que dans plus d'une rencontre la liberté des journalistes de notre époque aurait été prise pour de la licence au XVIIIe siècle. «Le président Desmaisons, dit le procès-verbal, a dit que M. le duc du Maine, sous l'autorité duquel s'imprime le journal de Trévoux, ayant su que dans quelques-uns des derniers tomes de ce journal les ouvrages de l'Académie avaient été traités tout autrement qu'ils auraient dû l'être, Son

Altesse sérénissime avait ordonné qu'il en serait fait une satisfaction authentique à l'Académie dans le tome prochain et que l'emploi de travailler à ce journal serait ôté à celui qui avait fait les mauvais extraits. On a dit que c'était le père Castel.»

En lisant ces articles qui, sans appel et sans débats contradictoires, ont attiré une punition si sévère, on demeure aussi affligé que surpris. Les comptes rendus du père Castel contiennent en effet plus d'une page entièrement consacrée à la louange des académiciens, et les critiques les plus sévères, bien loin de passer au delà des bornes, semblent la plupart d'une parfaite justesse.

«M. Pitot, dit-il, a quarré la moitié d'une courbe qu'il appelle la compagne de la cycloïde. Il y a mille courbes particulières quarrées de la sorte lorsqu'on veut se donner la peine d'y appliquer la méthode et les formules ordinaires du calcul.

«M. Nicole travaille toujours aux différences finies; la suite des temps pourra en faire voir l'utilité.

«Le jaugeage sur lequel M. de Mairan travaille serait plus utile si l'usage n'avait déjà à peu près toute la perfection qu'il peut avoir.

«M. le chevalier de Louville considère les corps célestes à peu près comme les boules de billard qui vont l'une contre l'autre, se rencontrent, se choquent. C'est une fiction ingénieuse du moins si elle n'est solide, et qui fait voir que les astronomes de ce siècle sont assez habiles dans leur art pour avoir bien du temps à perdre dans des spéculations qui n'y ont aucun rapport.»

En rendant compte d'une hypothèse de Maupertuis sur la structure des instruments de musique: «C'est dommage, dit avec grande raison le père Castel, que la preuve manque à une si jolie conjecture.»

Parlant enfin de trois éloges de Fontenelle insérés dans le volume qu'il analyse, il accorde à l'élégance et à la finesse du style des louanges sérieuses et méritées, mais il le reprend d'avoir blâmé Hartsoecker pour la rudesse de sa polémique. «Cette manière franche et ouverte de réfuter les sentiments qu'on ne peut goûter est préférable, dit le père Castel, à toutes ces critiques, satires et invectives secrètes qui ne sont que trop ordinaires à ce qu'on appelle les savants polis et d'un style précieusement radouci à l'égard de ceux qui ne sont pas de leur avis ou de leur cabale.»

Ces extraits, qu'on ne l'oublie pas, ne donnent pas même une idée exacte du ton de l'article, où plus d'une appréciation élogieuse ne peut laisser supposer aucune hostilité systématique. Le journaliste, parlant de questions qu'il semble comprendre, blâmant quelques académiciens sans impertinence et louant les autres sans emphase, ne songeait à obtenir par reconnaissance ou par crainte aucune des récompenses qu'ils décernaient, et il semble ici un fort honnête homme qui, dans cette triste affaire, a eu le beau rôle.

L'ombrageuse compagnie n'entendait pas qu'on discutât ses arrêts, et le *Journal des savants* lui-même, toujours rédigé par ses membres, n'avait pas le droit de la critiquer. En rendant compte d'un nouveau volume de la *Connaissance des temps*, le rédacteur qui, il est vrai, était Lalande lui-même, s'était permis de désirer certaines innovations en regrettant les décisions contraires prises par l'Académie chargée de diriger l'impression du recueil.

«Nous avons rendu compte plusieurs fois de la *Connaissance des temps*, disait-il, depuis que M. Lalande en est chargé, parce qu'elle contient chaque année des articles nouveaux. Quoique pendant six ans elle ait porté le titre de *Connaissance des mouvements célestes*, l'Académie a jugé que celui de *Connaissance des temps* était assez ancien pour devoir être conservé, et M. Lalande l'a rétabli, quoiqu'il fût persuadé, avec beaucoup d'autres, que le titre de *Connaissance des mouvements célestes* était bien plus convenable à la nature de cet ouvrage et à sa destination. Il y a fait entre autres jusqu'ici l'abrégé de ce qui s'est fait de plus intéressant pour l'astronomie et la navigation en France ou ailleurs, mais il avait supprimé pour cet effet différentes tables qu'on s'était accoutumé d'y trouver pour l'usage ordinaire de la navigation et de l'astronomie et que l'Académie a cru devoir y être rétablies. M. Lalande paraît se plaindre de la nécessité où il s'est trouvé de supprimer beaucoup de choses nouvelles, qu'il se proposait d'insérer dans ce volume, et les astronomes verront aussi avec peine qu'on les prive de l'agrément qu'ils trouvaient chaque année à avoir dans cet ouvrage de nouveaux secours pour leurs calculs, des observations nouvelles et une notice intéressante de ce qui se faisait de nouveau parmi les astronomes.»

L'Académie maintenant ses décisions trouva mauvais qu'on ne se bornât pas à s'y soumettre sans les discuter. «Lecture faite de l'article, dit le procès-verbal, l'Académie a été d'avis de prier M. de Mairan, président du journal (qui a déclaré n'avoir point été présent à la lecture de cet article) de veiller particulièrement à ce qu'à l'avenir il ne fût rien inséré qui regardât l'Académie ou les académiciens sans son aveu.»

Cette susceptibilité d'ailleurs était dans l'esprit du temps, et chacun veillait soigneusement à ne rien laisser entreprendre contre ses priviléges et ses droits. C'est ainsi que l'Académie des sciences, ayant sur le rapport de Lagny et de Mairan approuvé un nouveau système d'écriture, reçut une réclamation de l'*Académie royale d'écriture* dans laquelle est cité un arrêt du 26 février 1633, qui assujettit les maîtres d'écriture à des formes de caractères, lettres et alphabets déterminés, parce qu'il fallait, comme l'arrêt l'explique, apporter un remède à l'écriture que l'on faisait alors de très-difficile lecture.

L'Académie royale d'écriture étant, sans contestation, la gardienne officielle de ces alphabets et formes de caractères, le rapport de l'Académie usurpait sur ses droits et encourageait à la désobéissance; l'Académie le maintint cependant, et le public écrivit comme il voulut.

Les jugements de l'Académie, demandés et reçus avec un continuel empressement, soulevèrent plus d'une fois, malgré leur autorité croissante, les protestations de ceux qui se croyaient au-dessus de tout contrôle. En 1783, le sieur Defer, architecte, avait contesté dans un mémoire sur la théorie des voûtes la solidité du pont de Neuilly, chef-d'œuvre récent de Perronet. L'Académie sans déclarer son opinion renvoya suivant l'usage ce travail à des commissaires. On en parla dans la ville, et les ennemis de Perronet en prirent occasion pour annoncer la ruine certaine du pont et l'écroulement reconnu imminent, disaient-ils, par l'Académie des sciences. Des curieux, chaque jour, se rendaient à Neuilly pour jouir du spectacle. L'administration des ponts et chaussées s'en plaignit, et les lettres échangées à cette occasion font paraître la force morale acquise par la savante compagnie qui, sans esprit d'opposition mais sans craindre de déplaire, repousse les reproches qu'elle ne mérite pas et maintient avec fermeté ses traditions et ses droits. M. Joly de Fleury lui avait écrit le 15 février 1783: «Je viens d'être informé qu'il a été présenté à l'Académie des sciences un mémoire au sujet du pont de Neuilly et j'en ai rendu compte au roi. Sa Majesté a grande confiance dans les lumières de Messieurs de l'Académie; mais comme ils n'ont aucune inspection sur les ponts et chaussées, Sa Majesté n'a point approuvé qu'ils aient nommé des commissaires pour visiter un pont qui a été construit par ses ordres.»

L'Académie cependant en retenant le mémoire de Defer était restée dans ses limites, sans manquer en rien de discrétion ou de prudence.

«J'ai rendu compte à l'Académie, écrit Condorcet, de la lettre que vous m'avez fait l'honneur de m'adresser, et elle m'a chargé d'avoir celui de vous faire un exposé fidèle de sa conduite relativement au mémoire de M. Defer. Elle se flatte que cette conduite mieux connue ne pourra que mériter l'approbation du roi. Le mémoire de M. Defer traite de plusieurs sujets; un des plus importants est l'examen de la méthode de construire les ponts, connue sous le nom de système des poussées horizontales; c'est une question importante de statique et de mécanique pratique, et l'Académie pouvait, devait même, en vertu de ses règlements, nommer des commissaires pour l'examiner. M. Defer cite dans son mémoire plusieurs exemples qui lui paraissent prouver le danger de ce système, et les mouvements qu'il a observés dans le pont de Neuilly sont un de ces exemples. Comme ce pont a été construit par M. Perronet, membre de l'Académie, les commissaires se proposaient, suivant l'usage, de communiquer le mémoire à cet académicien pour avoir sa réponse aux objections, et, dans le cas où ils auraient jugé la visite du pont nécessaire, ils ne l'auraient faite qu'après y avoir été autorisés par l'administration. L'Académie désirerait, à la vérité, qu'un examen qui intéresse la réputation d'un de ses membres fût fait avec l'attention la plus scrupuleuse, et M. Perronet désirerait d'avoir l'Académie pour juge, et pour examinateurs de son ouvrage des confrères dont il connaît l'équité et les lumières. Vous avez désiré, monsieur, que le mémoire de M. Defer fût remis entre vos mains. L'Académie est dans l'usage de ne remettre qu'aux auteurs mêmes les ouvrages qui lui ont été confiés, et seulement dans quelques circonstances. C'est en partie à cet usage invariablement observé, qu'elle doit la confiance de ceux qui lui présentent des découvertes ou des travaux utiles; confiance qui l'honore et que l'utilité publique demande qu'elle conserve sans aucune atteinte. D'ailleurs comme ce qui regarde le pont de Neuilly ne forme qu'une petite partie du mémoire de M. Defer, l'Académie désirerait connaître si c'est le mémoire en entier ou seulement cette partie dont vous lui demandez communication, et elle m'a permis, lorsque vous aurez bien voulu me faire savoir vos intentions, d'avoir l'honneur de vous adresser une copie certifiée, soit du mémoire en entier, soit des observations faites sur le pont de Neuilly.»

M. Joly de Fleury répond à la séance suivante: «Je mettrai, monsieur, votre lettre sous les yeux du roi. Je suis très-persuadé que Messieurs de l'Académie n'ont eu ni l'intention d'entreprendre sur le département des ponts et chaussées, ni de donner des inquiétudes au public, mais il est cependant très-vrai que l'un et l'autre ont eu lieu contre leur intention.

Par rapport au mémoire du sieur Defer, *quoiqu'il n'y ait rien de secret pour le roi*, il suffit que vous m'adressiez un extrait de ce qui concerne le pont de Neuilly...»

L'Académie ne fit pas de rapport et sans rien relâcher de ses droits, évita sagement un conflit inutile. Les craintes de Defer étaient d'ailleurs sans fondement, et le pont de Neuilly est cité depuis un siècle comme un des monuments les plus irréprochables du talent de Perronet.

Tout en déniant à l'Académie le droit d'examiner et de juger ses travaux, l'administration vient souvent elle-même lui commettre l'examen d'un grand nombre de projets étrangers à ses attributions. C'est à l'Académie par exemple que fut renvoyé, en 1776, le projet de Perrier pour la distribution des eaux dans Paris. «Je vous ai adressé, écrit M. de Malesherbes au secrétaire de l'Académie, le 3 février 1776, un projet pour distribuer l'eau dans Paris, vous marquant de le mettre sous les yeux de l'Académie, afin qu'elle pût nommer des commissaires pour l'examiner: en voici un nouveau qui vient de m'être remis. Le sieur Perrier, qui le propose, jouit d'une très-bonne réputation, et son expérience dans l'art mécanique est connue. Ce projet peut être remis aux mêmes commissaires chargés d'examiner le premier. Comme le sieur Perrier offre de faire toutes les avances des travaux, c'est un objet qui mérite considération, en supposant toutefois que son projet puisse remplir les vues que le gouvernement se propose.»

L'Académie connaissait depuis longtemps un excellent projet de Deparcieux pour amener à Paris les eaux de l'Yvette mêlées sur le trajet à celles de la Bièvre. Perronet, après la mort de Deparcieux, l'avait discuté et loué plus d'une fois devant ses confrères; c'est pour lui que conclut sans réserve le rapport de l'Académie. On devait le prévoir, mais on reste surpris de voir le rapporteur Condorcet mêler aux études techniques qui devraient faire tout le sujet de son jugement, des attaques sans mesure, dont la haineuse emphase semble un présage anticipé de la révolution déjà menaçante.

«M. Deparcieux, dit Condorcet, espérait que, quoique la principale utilité de son projet fût pour le peuple, néanmoins comme il importe à tout le monde de boire de bonne eau, de respirer un air pur, d'habiter un pays où les épidémies sont plus rares, les gens riches s'intéresseraient à son projet; mais malheureusement la classe d'hommes à qui il s'adressait ne trouve malsain que le pays où il n'y a ni fortune, ni faveur à espérer.»

De telles lignes sont heureusement fort rares dans les recueils de l'Académie qui, fidèle à sa tradition et marchant constamment dans la droite voie de la science, n'y rencontre et n'y cherche, même dans les plus mauvais jours, aucune trace des passions politiques.

L'Académie est même quelquefois consultée dans des cas où sa compétence peut sembler fort douteuse.

«Vous trouverez ci-joint, écrit le baron de Breteuil à l'Académie le 14 août 1787, un projet qui concerne l'embellissement de la ville de Paris et qui m'a été remis par le sieur de Wailly, membre de l'Académie d'architecture.

«Je pense depuis longtemps qu'il serait très-important pour l'administration d'avoir un plan général arrêté et approuvé par le roi, et qui comprît autant qu'il serait possible tous les embellissements dont la ville de Paris est susceptible. Je conçois qu'un pareil plan ne pourrait être l'ouvrage d'un seul artiste. Je conçois encore que les circonstances peuvent être longtemps un obstacle à l'exécution de ces embellissements jugés dignes d'être exécutés; mais il me semble qu'on peut toujours s'occuper de l'examen des projets des différents artistes qui présenteront des vues utiles et des idées heureuses, et les faire approuver et déterminer par Sa Majesté lorsqu'ils le mériteront, sauf à ne les réaliser que dans le temps où il sera possible d'en supporter la dépense. Le projet du sieur de Wailly m'a paru être du nombre de ceux qui doivent fixer l'attention et qu'il pourra être bon d'examiner.» Le projet de de Wailly consistait à combler le bras de rivière qui sépare l'île Saint-Louis de la Cité en coupant les deux îles sur toute leur longueur par une rue nouvelle qui en aurait fait un des plus beaux quartiers de Paris.

L'Académie, dans son rapport, paraît priser très-haut le mérite un peu banal aujourd'hui d'une rue très-longue et très-droite. «Un effet heureux et agréable, dit Perronet dans son rapport, tant du local que des dispositions du projet du sieur de Wailly, est que la grille du palais se trouve dans le prolongement de la rue Saint-Louis, en sorte qu'en changeant la direction des rues de la Vieille-Draperie et des Marmousets on a une longue rue qui, partant de la place et du pont établis à l'extrémité de l'île Saint-Louis, traverse toute cette île, l'île de la Cité, et vient aboutir à la grille neuve du palais, et même, si on perçait cet édifice, elle traverserait la place Dauphine et se terminerait à la statue Henri IV. On a dit, ajoute le rapporteur, qu'une compagnie se chargerait de cette entreprise qui ne coûtera rien au gouvernement; c'est à cette compagnie à s'assurer par un examen plus détaillé que nous ne pouvons le faire du montant des dépenses et de la valeur du produit.»

Les assemblées provinciales s'adressaient aussi à l'Académie, soit pour s'éclairer sur des projets d'utilité publique, soit pour autoriser de son jugement leur résistance à des décisions qu'elles combattaient.

La maîtrise des eaux et forêts de Paris, dans un intérêt de salubrité, avait interdit en 1784 le rouissage du chanvre dans tous les cours d'eau de l'Ile de France et créé par là de grandes difficultés aux agriculteurs. L'Académie, consultée par l'assemblée provinciale de l'Ile de France, blâma formellement la mesure. «Nous ne craignons pas de dire, disent les commissaires Lavoisier et Daubenton, que les changements apportés aux anciens usages de la province nous paraissent avoir été ordonnés prématurément et avant que la question ait été suffisamment éclaircie. Nous pensons qu'il serait à souhaiter que les choses fussent provisoirement remises à l'état où elles étaient avant le 4 avril 1784.»

En 1775 déjà, la question avait été soumise une première fois à l'Académie, et le rapport très-court de Duhamel se terminait ainsi: «Il vaut mieux faire l'aveu de son ignorance que de hasarder une opinion inconsidérée.»

Les états de Bretagne s'adressèrent à plusieurs reprises à l'Académie des sciences et obtinrent d'elle des consultations importantes sur de grands projets soumis à leur délibération. Les mémoires de l'Académie contiennent un rapport de Coulomb sur un projet de canalisation de plusieurs rivières de Bretagne.

L'Académie fut aussi consultée sur l'endiguement des grèves du mont Saint-Michel; mais, faute de documents précis, elle refusa de se prononcer formellement. On lui demanda enfin des instructions sur la meilleure manière d'aérer la salle des états à Rennes, et les commissaires conseillèrent de faire une ouverture au plafond en augmentant le tirage, s'il était nécessaire, par le moyen d'un petit poêle.

Un des projets les plus importants soumis à l'Académie fut sans contredit celui de la translation de l'Hôtel-Dieu et de la réorganisation des hôpitaux de Paris. Déjà, en 1784, une commission académique, dans un rapport sur le régime intérieur des prisons, avait signalé fortement l'état horrible des infirmeries. L'Hôtel-Dieu pendant longtemps avait été chargé des prisonniers malades; mais leur translation était un moyen souvent tenté d'évasion, et l'ordre fut donné de les soigner dans la prison même, où la place manquait aussi bien que les ressources les plus nécessaires. Au For-l'Évêque par exemple, dans une chambre étroite, obscure et mal aérée, seize malades parfois devaient se partager quatre lits. Les prisonniers pour dettes, les pères détenus faute de pouvoir payer les mois de nourrice de leurs enfants, y gisaient côte à côte avec les criminels de la pire espèce. L'Hôtel-Dieu présentait des tristesses non moins grandes et la mortalité y était plus forte qu'en aucun autre hôpital de l'Europe. L'Académie, consultée sur les réformes à y introduire, voulut réunir toutes ses lumières pour donner sur une telle question un rapport digne d'elle et de sa renommée. Les plus illustres de ses membres, Lavoisier, de Jussieu, Bailly et Laplace furent chargés, avec le chirurgien Tenon, d'étudier le projet de translation. Les administrateurs de l'Hôtel-Dieu, sans alléguer leurs motifs faciles à deviner, avaient refusé non-seulement d'aider la commission académique, mais de l'introduire dans les salles; c'est sur le témoignage de Tenon que la commission récite l'intolérable état des choses.

Non-seulement quatre malades, mais six dans le même lit; les morts mêlés aux vivants, les maladies contagieuses ou non soignées pêle-mêle et se compliquant les unes les autres; la gale et la petite vérole sévissant avec fureur, et les malades emportant de l'hôpital au lieu de guérison le nouveau mal qu'ils ont contracté; les fous proférant leurs cris jusqu'à la porte de la salle des opérés; des lits de paille pour ceux qui gâtaient leurs matelas, et là chaque matin exposés pendant plusieurs heures au contact des malades les plus dégoûtants, les nouveaux arrivants que l'on ne sait où placer: telle est une faible partie des misères qui, dans le rapport de Bailly dont la minutieuse précision ne diminue ni l'éclat ni la force, tiennent d'un bout à l'autre le lecteur dans une longue et pénible angoisse. Bailly se piquait fort de littérature, mais la douloureuse éloquence des faits le dispensait cette fois de tout artifice de style. On l'a loué souvent de l'avoir compris en montrant la vérité à découvert sans l'exagérer ni l'apprêter; il se laisse aller cependant à développer des preuves évidemment superflues. Lorsqu'il a dit par exemple que douze cents lits reçoivent trois mille malades, chacun imagine ce que peuvent espérer de sommeil et de repos les infortunés qu'on y entasse; que sert-il d'ajouter froidement: «Qu'est-ce qu'un lit en général, et surtout un lit de malade? C'est un lieu de repos pour la nature souffrante et un moyen de sommeil pour la nature que les souffrances ont fatiguée; l'homme n'a qu'une manière de reposer son corps, c'est de mettre tous les muscles destinés au mouvement volontaire dans un état de relâchement; un homme debout ne se repose pas, parce que... etc., etc.» Après avoir dit dans un autre passage l'effrayante mortalité des blessés et des femmes en couche, il ajoute avec bien peu de délicatesse de goût et de sentiment: «L'État a le plus grand intérêt à conserver les blessés et les mères dans la fleur de l'âge, qui renouvellent la population.»

Quoi qu'il en soit le rapport de Bailly, écho fidèle du cri des plus extrêmes misères, eut un immense retentissement; le roi, profondément ému par les révélations de l'Académie, ne se pardonnait pas de les avoir si longtemps ignorées. Une souscription, ouverte sous ses auspices, produisit aussitôt plus de deux millions de livres; mais il n'était plus question d'améliorer, il fallait détruire et refaire ailleurs. «On avait déjà, disait Tenon, apporté à l'Hôtel-Dieu toutes les améliorations possibles, sauf la seule efficace qui eût été de le jeter à bas.» Deux millions ne suffisaient pas à une telle œuvre, et le gouvernement, réduit bientôt aux derniers expédients, porta la main sur le dépôt sacré qu'il avait imploré lui-même. Parmi toutes les fautes qui préparaient de si cruelles catastrophes celle-là sans contredit fut une des plus honteuses.

La ville de Bordeaux, instruite des études faites par l'Académie des sciences, lui soumit à son tour les projets d'un nouvel Hôtel-Dieu pour ses malades. «C'est une preuve, disaient avec raison les commissaires, de l'opinion avantageuse que l'on a des lumières de l'Académie, et elle les doit à tous ceux qui les réclament.»

L'Académie, en effet, ne refusait à personne ses jugements et ses conseils; près de dix mille rapports, composés de 1699 à 1790, se trouvent encore dans ses archives, et c'est une grande preuve de discernement, de savoir et d'activité, que d'avoir pu ainsi, pendant près d'un siècle, accroître sans cesse la confiance de tous en la méritant de mieux en mieux.

LES PRIX.

Les prix, régulièrement décernés à partir de l'année 1721, devaient accroître l'autorité de l'Académie et lui donner en quelque sorte une vie nouvelle en lui demandant des jugements plus solennels sur des travaux souvent considérables. Rouillé de Meslay, conseiller au Parlement, avait légué à l'Académie une rente de quatre mille livres, au principal de cent mille livres, constituée à son profit par les prévôts des marchands et échevins de la ville de Paris, à condition que Messieurs de l'Académie des sciences proposeraient tous les ans un prix de la moitié de ladite somme pour être donné par eux à qui aurait le mieux réussi par raison et non par éloquence, mais en quelque langue et style que ce soit, au jugement de Messieurs de l'Académie, partie d'icelle, ou des commissaires par elle nommés, sur un traité philosophique ou dissertation touchant ce qui contient, soutient et fait mouvoir en son ordre les planètes et autres substances contenues dans l'univers, le fond premier et principal de leurs productions et formations, le principe de la lumière et du mouvement. «Mes méditations, ajoutait-il, m'ont ce me semble, conduit à cette importante découverte et approché les yeux de mon entendement de la connaissance de l'éternel et premier être. Mais n'ayant les talents de mettre au jour mes conséquences, je m'en remets aux savants, et j'espère qu'en suivant ces recherches, ils dévoileront des vérités autant essentielles que manifestes et qui augmenteront l'admiration qu'on doit à Dieu. Et sur l'autre moitié de ladite rente, il en sera employé le quart pour les rétributions ou épices de MM. les juges, l'autre quart à M. le secrétaire de l'Académie, pour les frais des annonces et publications et copies des traités qui seront faits, et d'en fournir deux exemplaires du plus prisé avec extrait des principaux: un pour le château de Meslay-le-Vidame, aux seigneurs, comtes et leurs successeurs; l'autre pour les propriétaires de ma maison rue du Temple et de Meslay, à Paris, y adresse. En cas de remboursement de ladite rente, l'emploi sera fait en fonds sujet aux mêmes charges; et si cela manquait d'être exécuté pendant quelques années, le revenu accumulé grossirait autant le prix et rétribution jusqu'au double et triple; mais si quatre années se passaient sans effet desdites conditions, le contrat de cent mille livres, ou le fonds qui lui aurait servi de remploi, retournerait à mes héritiers en ligne directe.

• • • • • • • • • • • • • •

«*Item*, je donne et lègue à l'Académie des sciences de Paris la rente de mille livres, au principal de vingt-cinq mille livres, constituée à mon profit par messieurs les marchands et échevins de la ville de Paris, à condition que Messieurs de l'Académie proposeront tous les ans un prix de la moitié de ladite rente, pour être par eux donné tous les ans à celui qui aura le mieux réussi en une méthode courte et facile pour prendre plus exactement les hauteurs et degrés de longitude en mer et en les découvertes utiles à la navigation et grands voyages.

«Et en cas que ces matières se trouvassent épuisées ou poussées à leur perfection, il sera proposé de faire par cantons commencés au choix de Messieurs de l'Académie, des cartes topographiques marquant le niveau des terrains et cours des eaux par rapport à la mer à mi-marée et lit ordinaire, en sorte que ces cartes rassemblées dans la suite des temps, on puisse s'en servir pour les desseins de canaux et communications de navigation, ménage et utilité de torrents perdus ou nuisibles, et autres avantages que le bien public fait tenter, dont les succès ou projets peuvent avoir besoin de ce principe des niveaux qui peuvent diriger le choix des entreprises. Le niveau des puits ou sources vives n'étant pas suffisant, je substitue dans ce legs plusieurs sujets: celui des longitudes m'a occupé en vain, par rapport à la sphère céleste; les constellations, les hauteurs et les phénomènes paraissent les mêmes à pareilles heures, sur toute la longitude, quand on ne change pas de latitude. Les savants peuvent aller plus loin; mais je me trompe fort si le hasard mis à profit, ne fournit plus pour cette découverte que l'astronomie ou règles de mathématiques. Peut-être que ce globe donnera quelque aimant avec cette propriété. J'avais cru qu'il se pourrait qu'un coq par exemple de Portugal, accoutumé de chanter à minuit, ne chanterait en France qu'à une heure du matin et quelques épreuves de recherche me persuadaient de la diversité que je n'ai pu approfondir avec les expériences requises.»

Le fils de Meslay, plus soucieux de sa richesse que de l'honneur de sa famille, osa résister aux dernières volontés de son père et disputer avec acharnement la part trop généreusement faite par son testament à des œuvres bonnes et utiles. L'exagération, la singularité ou l'extravagance de certaines clauses furent injurieusement invoquées comme preuves péremptoires de l'insanité de son esprit.

Le procès dura plusieurs années.

«Je supplie la divine Providence, avait dit M. de Meslay, qu'il me soit accordé d'ordonner ou de disposer que d'une manière qui soit agréable à sa divine sagesse et que je meure plutôt que de faire aucune chose qui lui déplaise, et je désire ne respirer à l'avenir que pour faire le bien et mon devoir. Plaise à Dieu que les douleurs longues et aiguës dont je suis affligé depuis tant d'années me soient utiles pour implorer l'effet de sa miséricorde.» A ces lignes, qui montrent tant d'ardeur pour le bien, le fils de Meslay ne trouvait rien à redire, mais la suite était livrée à l'ironie de son avocat: «Je veux, avait écrit Meslay, être inhumé sans bière ni cérémonie, ordonnant que tous les frais mortuaires et services seront faits à l'instar des pauvres sauf le salaire dû aux porteurs qu'on payera au quadruple de la taxe ordinaire.» Une telle parcimonie était-elle d'un homme sain d'esprit? On alléguait encore un grand nombre de libéralités et legs peu considérables à des domestiques, fermiers ou pauvres du voisinage, sous la condition qu'ils promettraient de s'abstenir de viande et de poisson pendant le reste de leur vie. «Je regrette, disait-il, de n'avoir pas gardé cette abstinence toute ma vie.»

Une condition aussi insensée devait suffire, disait-on, pour invalider tout le testament.

Mais l'avocat de M. Meslay fils insistait surtout sur le choix des questions indiquées à l'Académie. N'est-il pas absurde de demander une dissertation sur ce qui contient les planètes? «Ce sont, disait-il, les espaces imaginaires sur lesquels ni l'Académie ni personne ne sauraient rien nous apprendre.» La recherche des principes de la lumière et du mouvement lui semblait non moins ridicule, «c'est Dieu,» disait-il, et il défiait l'Académie d'en proposer une autre.

Me Chevalier plaidant pour l'Académie ne le contestait pas: «Dieu, disait-il, est la cause universelle de tout ce qui est; c'est lui qui a fait la lumière, mais est-il interdit pour cela de chercher à s'en faire une idée plus claire et plus distincte?» L'espoir enfin d'estimer les longitudes à l'aide du chant d'un coq attirait les sarcasmes et y prêtait un peu; mais Me Chevalier, que rien ne déconcerte, triomphe au contraire sur ce point en invoquant l'autorité imposante de Descartes.

«Tout le monde sait, disait-il, que suivant les principes de la nouvelle philosophie tous les animaux sont des automates ou des machines dont la structure est d'autant plus parfaite que leur auteur surpasse infiniment tous les hommes dans la connaissance des véritables principes de la mécanique. Cela supposé, si la structure de ce coq est telle qu'il doit chanter à la même heure qu'il chante dans le lieu où il est né, dans quelque partie du monde qu'il soit transporté, on aurait dans ce cas, cette montre ou pendule que l'on cherche avec tant de soin pour reconnaître en mer l'heure qu'il est au lieu de départ.»

Le Parlement, plein de courtoisie pour l'Académie, la pria de s'expliquer sur les assertions de son adversaire pour en convenir ou en disconvenir. L'Académie se déclara, avec beaucoup de raison, prête à proposer chaque année les deux sujets demandés par M. Meslay qui pouvaient tous deux donner lieu à des dissertations utiles et intéressantes. Le célèbre axiome, *ab actu ad posse valet consequentia*, était d'ailleurs une preuve convaincante. Les travaux de Descartes, de Malebranche et de Newton ne pouvaient être le dernier effort de la philosophie; pourquoi les découvertes de ces grands hommes ne seraient-elles pas imitées ou accrues? Et quant au second legs relatif aux longitudes, il suffisait de faire remarquer que depuis longtemps déjà l'Angleterre proposait 500,000 fr., la Hollande presque autant, et le régent de France 100,000 livres pour cette précieuse découverte; il faudrait donc, si elle est impossible, associer ces noms respectables aux visions et à la bizarrerie que l'on osait imputer au testateur.

Le procès dura quatre ans; l'Académie le gagna sur tous les points. Le Parlement, par une sentence immédiatement exécutoire, lui accorda le capital et les arrérages qui portèrent le revenu total à 6,000 livres. Me Chevalier n'accepta pour honoraires qu'un exemplaire des ouvrages publiés par l'Académie et le droit d'assister à ses séances.

Le Parlement avait bien jugé. Utile à l'Académie comme à la science, l'inspiration de M. de Meslay fut des plus heureuses; le champ de recherches que les héritiers présentaient comme étroit et stérile se trouva au contraire aussi vaste que fécond; et quoique les paroles du fondateur ne portent pas toujours jusqu'où tend son esprit, l'Académie, fidèle sans explication forcée à ses volontés évidentes, eut, grâce à lui pendant plus d'un demi-siècle, l'honneur de diriger les géomètres vers les plus grandes voies de la science en récompensant d'admirables découvertes qu'elle avait souvent provoquées.

Le choix judicieux des questions proposées, l'excellence des mémoires couronnés et la juste célébrité des concurrents, devaient accroître, avec l'étendue de son influence, le renom de l'Académie des sciences de Paris. Entrant en commerce continu avec les savants les plus illustres de l'Europe, et montrant le sentier qu'ils consentaient à suivre, elle semblait marcher en quelque sorte devant eux, et partager leur gloire en la proclamant.

Ses décisions un peu timides d'abord mais presque toujours reçues dans la suite avec applaudissement, devaient au début donner prise à de sévères critiques et causer bien des murmures. Nulle autorité en matière de science ne prévaut contre la vérité, et les concurrents étaient en droit de juger leurs juges. On peut croire qu'ils n'y manquèrent pas. Le début, il faut en convenir, ne fut pas heureux. Les concurrents devaient traiter du principe, de la nature et de la communication du mouvement. Jean Bernoulli concourut; l'Académie, sans comprendre la portée de son excellent mémoire, couronna le discours superficiel et insignifiant d'un M. de Crousas. L'injustice était flagrante, ou plutôt la méprise. L'Académie, en effet, ne possédait alors aucun géomètre de marque; les mécaniciens, plus habiles dans la pratique que dans la science spéculative, croyaient s'assurer sur les théories de Descartes. Leur esprit, préoccupé de ses assertions tranchantes et obscurci par ses erreurs respectées, aurait eu beaucoup à désapprendre pour prononcer avec exactitude sur des principes qu'ils entendaient fort mal. Bernoulli, irrité et blessé, protesta de toutes ses forces contre une décision qu'il ne devait oublier ni pardonner. «Il faut, écrivait-il à Mairan, en parlant de son concurrent, que son système erroné et contre la raison tombe de lui-même. Cela étant, dites-moi avec quelle justice peut-on avoir couronné son mémoire en le préférant à un autre, où je défie qui qu'il soit de montrer le moindre faux raisonnement. N'est-ce pas favoriser l'erreur au préjudice de la vérité? Quelle honte! Qui est-ce qui voudra travailler désormais sur vos questions, s'il ne peut plus compter ni sur la clairvoyance ni sur l'équité de la plupart des commissaires?» Sa colère, vingt ans après, dans une lettre à Euler, s'exhale avec la même énergie, et sans se soucier du principe de la chose jugée, il se croirait fondé à revendiquer ses droits devant les successeurs des juges qui les ont méconnus.

Après avoir décerné quatre prix, l'Académie rencontra un embarras imprévu: une mesure financière, qu'il est permis de nommer une banqueroute, réduisit à 3,700 livres la rente de 6,000 livres constituée par-devant notaire sur les revenus de la ville de Paris, et il s'éleva une question difficile à résoudre; l'Académie ne pouvait plus satisfaire aux obligations formellement imposées par le testament de M. de Meslay. Quel usage devait-elle faire du revenu qui lui était laissé? Le Parlement consulté, sans décliner sa compétence, déclara s'en rapporter à la sagesse de MM. les académiciens, dont les avis furent fort partagés. Fallait-il réduire proportionnellement la somme allouée pour chaque prix ou diminuer le nombre des récompenses? L'abandon des épices attribués aux juges aurait tout arrangé, mais l'idée n'en vint alors à l'esprit de personne. Il fut décidé, après longues discussions, que l'Académie décernerait chaque année, et alternativement, un prix de 2,500 livres sur une question relative au système général du monde, et l'autre de 2,000 sur un sujet touchant à la navigation.

Les savants les plus illustres trouvaient alors ces récompenses fort considérables et les disputaient avec ardeur. Les familles d'Euler et de Bernoulli se partagèrent près de la moitié des prix décernés par l'ancienne Académie. Lagrange, qui leur succéda, fut couronné pour trois de ses plus beaux mémoires de mécanique céleste. L'orgueilleux Jean Bernoulli lui-même rentra souvent dans la lice; il était fort sensible à la gloire; «mais vous savez, écrivait-il à Mairan, qu'il faut quelque chose de plus solide pour faire bouillir la marmite.» Aussi, lorsqu'il recevait le prix, ne négligeait-il aucun soin pour recevoir la somme due par la voie la plus avantageuse.

«Depuis ma dernière lettre, écrit-il à Mairan (27 mai 1734), nous attendions toujours, moi et mon fils, d'apprendre la proclamation de nos pièces victorieuses, avant que de disposer de la somme du prix. Nous voyons présentement par l'honneur de la vôtre, du 19 mai, que la proclamation se fit à la rentrée publique, suivant la coutume, quoique nous ne sachions pas encore si elle a été annoncée au public dans la *Gazette de Paris*, comme cela se pratiquait les autres fois, ce qui m'apprenait d'abord le nom de celui qui avait remporté le prix par l'extrait que l'on faisait toujours de votre *Gazette* à mettre dans la nôtre. Quoi qu'il en soit, il n'y a rien de perdu, la somme qui nous a été adjugée étant en bonne sûreté, soit chez vous, soit encore chez le trésorier. Nous croyons aussi que mon seul récépissé que je vous ai envoyé suffira pour toute la somme, mais il en faudra parler à M. de Maupertuis, à qui mon fils écrivit la semaine passée pour lui donner plein pouvoir de retirer sa part afin que M. de Maupertuis puisse se rembourser d'une petite dette que mon fils lui doit. Le reste et ma portion ensemble pourraient nous être remis par une lettre de change qui serait tirée sur un banquier d'Amsterdam et que nous pourrions négocier ici avec plus d'avantage que si elle s'adressait immédiatement à quelque marchand ou banquier d'ici.»

Tout en veillant de son mieux à ses intérêts, Bernoulli mettait l'honneur du succès à un plus haut prix encore. «Je vous avoue, dit-il, que l'événement du prix échu à moi et à mon fils nous est infiniment glorieux, aussi est-ce l'honneur que nous estimons beaucoup plus que l'intérêt pécuniaire, quelque considérable qu'il soit. C'est pour cette raison que nous désirons savoir si cet événement a été rendu public dans votre *Gazette*, suivant la coutume.»

L'Académie dut à l'institution de ses prix l'honneur de jouer un grand rôle dans l'histoire du célèbre problème des longitudes.

Presque tous les gouvernements de l'Europe avaient depuis longtemps, par des promesses considérables, dirigé les recherches des inventeurs vers ce difficile et important problème. Philippe III d'Espagne avait promis 100,000 écus; les États de Hollande 100,000 florins, et l'Angleterre 20,000 livres sterling à qui pourrait déterminer la longitude en mer avec l'exactitude nécessaire aux marins; une somme de 2,000 livres (50,000 fr.) était mise en même temps à la disposition de la Commission permanente chargée de juger les inventions de toute sorte que l'espoir d'une telle récompense faisait naître presque chaque jour.

L'emploi du loch et de la boussole élude la question et ne la résout pas; il consiste à déterminer d'heure en heure la position du navire par la grandeur et la direction du chemin parcouru. Un flotteur nommé loch est dans ce but jeté à la mer, et l'on suppose qu'il y reste immobile; l'écart du navire pendant trente secondes étant alors multiplié par 120 est considéré comme le chemin parcouru pendant une heure dans la direction indiquée par la boussole. Les erreurs d'une telle méthode peuvent dans une courte traversée s'élever à plusieurs degrés.

L'heure étant la même sur tous les points d'un même méridien, il suffirait pour connaître la longitude d'obtenir, directement ou indirectement, l'heure exacte du lieu d'où l'on est parti; mais si l'on songe que quatre minutes d'erreur correspondent à un degré, c'est là en pratique une très-grande difficulté; construire une horloge qui, après plusieurs mois de traversée, ne laisse pas craindre d'erreur de cet ordre, semblait au XVIIe siècle une entreprise impossible, et Jean-Baptiste Morin, qui le premier proposa une solution raisonnable du problème, doutait qu'une créature mécanique, fût-elle l'œuvre du diable, pût atteindre une telle précision *idvero*, dit-il, *an ipsi dæmonio possibile sit, nescio.*

Professeur d'astronomie au Collége de France, Morin, quoique inventif et hardi, repoussait le système de Copernic, contre lequel, en 1643, l'année même de la mort de Galilée, il publiait sous ce titre triomphant: *Alæ telluris fractæ*, une dissertation devenue fort rare. Morin de plus était astrologue, et, s'il faut en croire ses disciples, souvent heureux dans ses prédictions. Quoi qu'il en soit, on lui doit une idée excellente et pleine d'avenir. Les horloges ne pouvant donner l'heure exacte et certaine, c'est aux astres qu'il la demande, et sans recourir, comme Galilée, aux mouvements mal connus des satellites invisibles de Jupiter, il résout le problème en observant la distance de la lune aux étoiles voisines. Malgré le rapport défavorable de la commission nommée qui déclarait avec raison la méthode impraticable dans l'état actuel de la science, une pension plus que triple de ses appointements au collége royal, récompensa justement l'excellente idée de Morin. Le célèbre géologue et théologien Whiston proposa au contraire un projet absolument ridicule dont on fit grand bruit cependant; il fut l'occasion de la récompense si considérable promise par le Parlement britannique, et que plusieurs commissions examinèrent très-minutieusement.

Whiston proposait simplement de placer sur les routes que peuvent tenir les vaisseaux une série de navires attachés par leurs ancres, sorte d'îles flottantes de position fixe et connue, sur chacune desquelles, à minuit précis, heure de Londres, on lancerait chaque jour une fusée qui, en éclatant à 6,000 pieds de hauteur, montrerait l'heure exacte ou la ferait entendre à plusieurs centaines de milles à la ronde.

On fit aussi beaucoup de bruit, en France, d'une méthode proposée à Louis XIV par un aventurier suédois nommé Reussner Neystadt. L'inventeur ne voulait la livrer qu'en échange d'une riche récompense. Il consentit néanmoins à en expliquer le principe devant une commission dans laquelle siégeaient, sous la présidence de Colbert, Huyghens, Duquesne, de Carcavy, Roberval, Picard et Auzout. Les explications fort confuses de Reussner étaient données en allemand et traduites immédiatement par Huyghens qui, dans la commission, pouvait seul les entendre. L'approbation de son projet devait faire accorder à Reussner une somme de 60,000 livres à laquelle se serait ajouté à perpétuité un droit de quatre sols par tonneau pour chaque voyage des vaissaux qui emploieraient sa méthode. Mais le projet, qu'il est inutile de rapporter ici, se trouva impraticable et fondé sur des principes inexacts; les commissaires furent unanimes à le rejeter.

Henri Sully, célèbre horloger établi en France, présenta en 1724 à l'Académie, une horloge marine qui ne donna pas de bons résultats; cette manière d'aborder la question sembla cependant reprendre faveur, et plusieurs artistes habiles s'illustrèrent en s'y appliquant. Sully, découragé, paraissait cependant passer condamnation.

«Puisque, dit-il, le pendule lui-même a manqué de réussir pour donner avec certitude la connaissance des longitudes en mer et cela seulement à cause des changements auxquels les métaux sont sujets par la chaleur, le froid, les autres causes physiques, par l'inégalité de la force élastique, par l'inégalité de l'action de la pesanteur des corps et par les mouvements violents des vaisseaux sur la mer, quelle apparence y a-t-il qu'on trouve jamais de remède à tous ces inconvénients? Peut-on changer la nature des corps?»

Un simple charpentier anglais, Jean Harrison, merveilleusement doué du génie de la mécanique, entreprit à son tour de mériter la riche récompense promise par le parlement. Ses premiers essais datent de 1726. Il parvint à cette époque à construire deux pendules dont l'écart n'était pas d'une seconde en un mois. En 1736, une horloge présentée par lui supporta sans dérangement un voyage à Lisbonne. La Société royale de Londres lui accorda en 1737 la médaille de Copley qui, chaque année depuis cent cinquante ans, récompense l'œuvre scientifique jugée par elle la plus remarquable et la plus méritante. Vingt-cinq ans plus tard, en 1762, Harrison, avançant toujours dans la même voie, soumettait à l'amirauté anglaise une horloge éprouvée par deux voyages successifs à la Jamaïque; elle fut déclarée *fort utile* et lui valut une récompense de 2,500 livres (65,000 francs). Le succès, sans être jugé complet et définitif, produisit une grande sensation.

Le 16 avril 1763, M. Saint-Florentin communiquait à l'Académie des sciences la lettre suivante, écrite à M. de Choiseul par l'ambassadeur de France en Angleterre.

«Je crois devoir avoir l'honneur de vous informer qu'un Anglais, nommé Harrison, a trouvé un instrument propre, à ce qu'on croit par sa justesse, à fixer la longitude. C'est une espèce de pendule qui, dans le voyage de la Jamaïque, l'aller et le retour pris ensemble, n'a souffert qu'une minute cinquante-quatre secondes de variation. Cette machine va être examinée publiquement et en même temps on donnera environ 100,000 francs à l'auteur. Ces 100,000 francs seront à-compte du prix total promis à la découverte des longitudes, et la somme entière du Præmium ne sera adjugée au sieur Harrison qu'après une nouvelle épreuve dans un voyage aux îles qu'il fera encore cet été. Les savants ou artistes qui voudraient assister à l'examen de l'instrument devront donner incessamment leurs noms pour être enregistrés et doivent se rendre ici de leur personne. On m'a chargé de vous demander si vous voudriez envoyer ici un Français pour être témoin et partie de l'examen, et on m'a dit qu'il faudrait que ce fût un habile et savant horloger comme sans doute nous en avons.»

L'Académie, en confiant cette mission à l'un de ses membres, eut le bon esprit de lui adjoindre Ferdinand Berthoud; c'était pour l'illustre horloger français l'invitation la plus pressante à égaler, à surpasser peut-être un jour l'œuvre excellente qu'il était capable de juger et digne d'admirer sans réserve. Malheureusement Harrison, mécontent de ses juges, refusa de montrer les détails de son horloge, et le voyage fut inutile à Berthoud. Les commissaires, presque tous astronomes, tout en jugeant l'horloge d'Harrison excellente et utile, refusèrent de la déclarer parfaitement sûre. Les observations de la lune restaient indispensables suivant eux pour corriger les bizarres inégalités qui surviennent parfois dans les meilleurs instruments. L'horloge n'obtint donc que la moitié de la récompense promise, et Mayer de Gottingue reçut pour ses tables de la lune la plus grande partie de l'autre moitié. C'est dix ans plus tard seulement, qu'un nouvel acte du parlement compléta pour Harrison la récompense de 20,000 livres; il était âgé de soixante-dix ans.

L'Académie des sciences, qui bien des fois déjà, par le programme de ses prix, avait rappelé à l'attention des savants le problème des longitudes, proposa de nouveau, en 1765, la recherche du meilleur moyen de déterminer la longitude en mer. Le succès d'Harrison et la connaissance sommaire de ses procédés avaient déjà encouragé et stimulé le zèle de Berthoud qui, s'adressant directement au ministre de la marine, lui avait proposé plusieurs horloges dont sa grande renommée exigeait un sérieux examen. Le ministre organisa une expédition dont le plan tracé par les officiers de marine fut approuvé par l'Académie. Mais elle avait en même temps à juger les pièces du concours auquel Berthoud refusait de prendre part: par l'organe de son président le marquis de Courtanvaux, elle demanda au ministre la disposition d'un bâtiment pour y faire ses études. M. de Saint-Florentin répondit, comme on aurait pu s'y attendre, qu'un bâtiment étant frété pour éprouver les horloges de M. Berthoud, il était très-facile d'y embarquer celles des concurrents, et que MM. les académiciens qui voudraient les accompagner trouveraient à bord toutes les facilités et tous les égards désirables. Peu satisfait de cette réponse, M. de Courtanvaux, président de l'Académie, se décida à faire construire à ses frais une corvette appropriée par son peu de tirant d'eau aux nombreuses relâches qu'il conviendrait de faire, et, prenant Pingré à son bord, il partit du Havre le 14 mai 1767, emportant deux montres présentées au concours par P. Leroy, qui voulut les suivre lui-même et faire partie de l'expédition.

Craignant que l'exactitude vérifiée au retour ne résultât d'une compensation d'erreurs, il plaça sur son itinéraire un grand nombre de points dont la longitude bien connue devait fournir des vérifications. Comme il s'agissait d'éprouver les montres, non de s'en servir, elles furent placées dans le lieu le plus défavorable, c'est-à-dire le plus agité du navire. Les deux montres réalisèrent les promesses de Leroy; l'une d'elles, il est vrai, avait varié de 2', 34" dans les trente-cinq premiers jours, mais réglées de nouveau à Amsterdam, la première varia de 36" seulement, et l'autre de 7"½ pendant quarante-huit jours de traversée. Elles furent jugées dignes du prix, et Leroy le reçut dans la séance publique de 1769.

Berthoud n'avait pas concouru, mais sur le rapport très-favorable des commissaires nommés par le ministre, il obtint une pension de 3,000 livres avec le titre d'horloger de la Marine et d'inspecteur de ses horloges.

L'Académie, malgré la perfection des pièces présentées par Leroy, ne regardait pas le problème comme définitivement résolu, et malgré les justes louanges qu'il lui accorda, son rapporteur l'engageait à mieux faire encore. La même question fut proposée en 1771 et le prix n'étant pas décerné fut doublé et remis à 1773. Cette fois, pour éprouver les montres présentées au concours, le ministre mit à la disposition de l'Académie une frégate commandée par M. de Verdun et sur laquelle Borda, lieutenant de vaisseau et membre lui-même de l'Académie, s'embarqua avec l'infatigable et dévoué Pingré.

Outre les montres des concurrents, les commissaires emportaient celles de Berthoud qui, tout en continuant à refuser le concours se prêtait loyalement à la comparaison.

On se rendit successivement sur la côte d'Afrique, aux Antilles, à Terre-Neuve, en Islande et en Danemark. La longitude fournie par les montres fut comparée à chaque station avec les résultats astronomiques les plus précis. Les montres de Leroy et celles de Berthoud justifièrent cette fois encore toute la réputation de leurs auteurs: malgré le froid de l'Islande, la chaleur de la côte d'Afrique et les agitations de la mer, on n'obtint qu'un demi-degré d'erreur en moyenne pour six semaines de traversée. Le prix fut une seconde fois décerné à Leroy.

Ces horloges n'étaient pas portatives, et c'était un grave inconvénient; souvent même les pièces les plus parfaites étaient gâtées pendant le transport au navire. L'Académie, toujours préoccupée des progrès de l'horlogerie, appela une fois encore sur ce sujet l'attention des savants et des artistes. Le dernier programme de prix, publié par elle en 1793, était ainsi conçu:

«Le prix sera décerné à la meilleure montre de poche propre à déterminer les longitudes en mer, en observant que les divisions indiquent les parties décimales du jour, le jour étant divisé en dix heures, l'heure en cent minutes, et la minute en cent secondes.»

Le prix devait être décerné en 1795, mais l'Académie n'existait plus alors et le concours se trouva annulé. La première classe de l'Institut l'ouvrit de nouveau et couronna le neveu de Berthoud.

M. de Meslay eut des imitateurs. Montyon d'abord, en cachant son nom qui devait être tant de fois répété depuis, fit don à l'Académie en 1779, d'une rente de 1,080 livres, pour récompenser chaque année un mémoire soutenu d'expériences tendant à simplifier les procédés de quelque art mécanique.

Montigny, mort en 1782, légua une rente de 600 livres, destinée à établir un prix annuel dont l'objet serait de *quelque art dépendant de la chimie.*

L'abbé Raynal enfin, célèbre, disent les programmes de 1790 à 1793, par ses ouvrages, par son patriotisme et par son zèle pour les droits et le bonheur des hommes, fit don à l'Académie d'une rente de 1,200 livres, pour fonder un prix dont le sujet était laissé à son choix.

L'Académie elle-même renonçant en 1777, sur la proposition de d'Alembert, aux honoraires alloués pour le jugement des prix, les consacra à fonder un prix d'histoire naturelle qui, sous le nom de prix de physique, devait être décerné tous les deux ans.

M. d'Alembert a lu l'écrit suivant:

«L'Académie nous ayant fait l'honneur de nous nommer commissaires du prix, MM. Cassini, Lemonnier, de Condorcet, l'abbé Bossut et moi, nous avons une proposition à lui faire que nous désirons fort de voir acceptée, parce qu'elle a pour objet le bien et le progrès des sciences.

«Les cinq commissaires du prix ont, comme on sait, un honoraire très-modique pour chacun d'eux, puisqu'il n'est que de 125 francs une année et de 175 francs l'autre; ces honoraires réunis forment en deux ans une somme de 1,500 francs; nous proposons de nous désister de ce très-modique honoraire et nous invitons nos confrères, qui sans doute penseront comme nous, à s'en désister de même pour l'avenir; il suffirait pour cela que chaque académicien voulût bien y renoncer dès ce moment, ou peut-être même qu'il n'y eût sur cet objet aucune réclamation, comme nous avons lieu de le croire. En ce cas, nous proposons d'employer tous les deux ans la somme de 1,500 francs, qui proviendrait de cette renonciation, à un prix de physique qui serait proposé par l'Académie. Nous disons à un prix de physique, parce que le sujet du prix annuel ordinaire étant presque toujours de mathématiques ou physico-mathématique, les classes de physique de l'Académie, c'est-à-dire les trois classes d'anatomie, de chimie et de botanique partageraient avec les classes de mathématiques l'avantage d'avoir aussi un sujet de prix à proposer qui pourrait aussi avoir pour objet ces différentes sciences.

«Un autre somme, qui est aussi de ',500 francs en deux ans, est affectée au secrétariat de l'Académie par l'institution du prix. Cette somme a été accordée à M. de Fouchy, comme un dédommagement nécessaire des sacrifices qu'il a faits par sa retraite et comme la récompense très-juste de ses services.

«M. le marquis de Condorcet, secrétaire actuel, déclare qu'il renonce dès à présent au droit qu'il pourrait avoir un jour sur cette somme, qui servirait alors à augmenter ou doubler ce prix que nous proposons.»

Sans être aussi versé que Condorcet dans la théorie des probabilités, chacun pouvait comprendre que l'importance de sa renonciation dépendait de la vie probable du vieux Grand-Jean Fouchy, et il eût été de meilleur goût de ne pas provoquer aussi nettement à en faire le calcul.

Les propositions cependant furent adoptées à l'unanimité.

Indépendamment de ces institutions régulières, l'Académie reçut à plusieurs reprises, tant des particuliers que du gouvernement, des sommes parfois considérables destinées à encourager l'étude d'une question désignée. Sans rechercher exactement toutes celles qui furent successivement offertes et acceptées, citons seulement quelques-unes des donations les plus remarquables:

D'Alembert, en 1758, apporta à l'Académie, de la part d'un donateur anonyme, une somme de 500 livres destinée à l'auteur du meilleur travail sur la fabrication du verre, dont la savante compagnie était priée d'accepter le jugement, afin que l'honneur de recevoir le prix de ses mains lui donnât une valeur capable d'exciter les bons esprits à le mériter.

Déjà, sans se nommer, un membre de l'Académie avait proposé un prix de 1,200 livres à qui trouverait le moyen de fabriquer sûrement des pièces de flint-glass sans défaut, propres à la construction des lentilles achromatiques.

En 1766, un *citoyen zélé pour l'utilité publique* consigna au trésorier de l'Académie une somme de 1,000 livres, qui fut doublée l'année suivante, pour l'auteur du meilleur travail sur la manière d'éclairer une grande ville pendant la nuit. Le prix fut partagé entre trois concurrents: Lavoisier, dont le mémoire a été récemment publié, concourut et obtint une médaille d'or. L'Académie, fidèle observatrice des conditions du concours, laissa les noms des autres concurrents sous les plis cachetés qui les renferment encore aujourd'hui.

Plusieurs particuliers de la ville d'Amiens proposèrent, en 1776, un prix de 1,200 livres pour l'auteur du meilleur ouvrage sur la teinture. L'Académie, jugeant sagement la question trop étendue, n'accepta la mission qu'en réduisant le programme à l'étude et à l'analyse de l'indigo.

Le sujet proposé fut une autre fois complétement refusé par l'Académie.

Le prix de 500 livres, dont La Condamine avait voulu faire les frais, roulait sur deux questions proposées et publiées à l'avance par les journaux, sans que l'Académie eût été consultée; l'une d'elles était puérile et fut cause du refus. On demande, disait le programme, les véritables causes des différences qu'on observe dans les diverses espèces d'animaux entre les mâles et les femelles, surtout par rapport au poil et à la plume parmi les quadrupèdes et les oiseaux. Mais la seconde question, réellement belle et importante, pouvait hâter les progrès de la science et faire honneur à l'Académie.

Le roi lui-même, à plusieurs reprises, fit paraître son estime pour l'Académie, en la chargeant de décerner des prix considérables sur des questions dont la solution importait au bien public.

Citons entre beaucoup d'autres:

Un prix de 2,400 livres, proposé en 1774, pour être décerné à l'artiste qui présentera les instruments mathématiques les plus parfaits.

Un prix de 12,000 livres, à partager inégalement entre ceux des concurrents qui auront proposé la meilleure manière de rétablir ou de perfectionner la machine de Marly.

Un prix de 4,000 livres, porté à 8,000, puis à 12,000, à qui trouvera le moyen d'accroître, en France, la récolte du salpêtre, et de dispenser surtout des recherches que les salpêtriers ont le droit de faire dans les caves des particuliers.

De telles récompenses, considérables pour l'époque, accroissaient l'importance de l'Académie qui, prudente et digne en toute circonstance, sut, par sa constante impartialité, ajouter à la valeur de ses prix l'honneur envié de tous d'être distingué par elle.

II.
LES ACADÉMICIENS.

LES SECRÉTAIRES PERPÉTUELS.

Le premier secrétaire de l'Académie fut un modeste et savant ecclésiastique choisi par Colbert à cause de sa belle latinité et habile à exposer les opinions récentes ou anciennes qu'il aimait à connaître plus encore qu'à juger. Le rôle de Duhamel dans l'Académie fut presque borné à la rédaction des procès-verbaux résumés vers la fin de sa vie sous le titre de *Regiæ scienciarum Academiæ Historia* dans un ouvrage intéressant qu'une traduction élégante de Fontenelle devait bientôt condamner à l'oubli.

Lorsque l'organisation nouvelle de l'Académie lui imposa le devoir de la représenter chaque année dans les séances publiques et solennelles, Duhamel se hâta de résigner ses fonctions à celui que depuis longtemps déjà il avait choisi pour aide et pour successeur. Duhamel a donné Fontenelle à l'Académie, c'est un titre à sa reconnaissance.

Prolixe et disert sans être fécond, Duhamel a écrit un grand nombre de volumes que l'historien des sciences, aussi bien que celui de la philosophie, peut sans injustice passer sous silence. Duhamel, en effet, expose les idées d'autrui, non les siennes; sur aucun sujet il n'a été inventeur ou novateur, mais il avait beaucoup lu et bien lu. Soigneux de s'enquérir de toutes les opinions, il analyse les sentiments de chaque philosophe, et sans se soumettre à aucune école, les apprécie toujours avec liberté, parfois avec bon sens. Aristote est le guide qu'il préfère, il ne s'en cache pas, mais il admet le progrès. Galilée, Descartes et Bacon sont cités plus d'une fois avec ses savants confrères de l'Académie, Huyghens, Cassini et Mariotte, dans son livre un instant célèbre: *Philosophia vetus et nova.*

Lorsque le maître de philosophie énumère à M. Jourdain les trois opérations de l'esprit: la première, la seconde et la troisième, en lui apprenant que la première est de bien concevoir, la seconde de bien juger par le moyen des catégories et la troisième de bien tirer les conséquences par le moyen des figures, c'est le traité de Duhamel qu'il commence à lui enseigner. De telles distinctions ne sont plus pour nous qu'un vain et ridicule jeu de paroles; on y voit cependant avec intérêt de quelles entraves, quarante ans après la mort de Descartes, l'esprit humain restait embarrassé, et l'on en salue avec plus de respect encore la méthode réellement scientifique, qui dès le début dirige invariablement les recherches, même les moins heureuses, de l'académie nouvelle. Le livre de Duhamel dicté pendant longtemps dans les écoles était lui-même un grand progrès sur la dialectique du moyen âge. Les questions y sont posées avec clarté; l'expérience, quand elle intervient, est acceptée comme un juge sans appel, et jamais un texte n'y est opposé à une raison. Non content d'étudier les phénomènes, Duhamel veut malheureusement en pénétrer le premier principe, et au milieu des rêveries qui y occupent la plus grande place, la science véritable, dans son livre, semble étouffée et cachée à la fois au métaphysicien peu curieux des faits qu'il accorde avec tous les systèmes, et au lecteur moderne, impatient des vagues subtilités qui en semblent inséparables.

Deux fois par an le secrétaire de l'Académie devait, dans une séance publique, prononcer l'éloge des académiciens morts depuis la dernière réunion. Les éloges furent composés d'abord par Fontenelle avec un inimitable talent et une exactitude relative, qui, malgré quelques concessions aux convenances et aux nécessités du genre, a rarement été surpassée dans les écrits analogues. Fontenelle ne fut jamais fort savant. Neveu des deux Corneille, dont sa mère était sœur, il voulut d'abord imiter ses oncles et composer des tragédies dont l'insuccès fut complet; son esprit juste et sans passion comprit la leçon et s'y résigna; jamais auteur en effet ne sembla moins né pour la scène tragique.

Les lettrés se passionnaient alors pour ou contre la supériorité des anciens sur les modernes. Fontenelle, dans un ouvrage où il faisait parler quelques morts illustres de l'antiquité, se rangea sans grand bruit, mais très-clairement pourtant, dans le camp de leurs adversaires. Ésope s'adressant à Homère lui reproche l'invraisemblance de ses poëmes et reçoit cette réponse singulièrement placée dans la bouche du plus vrai des poëtes: «Vous vous imaginez que l'esprit humain ne cherche que le vrai; détrompez-vous, l'esprit humain et le faux sympathisent extrêmement.» Le nom que ses premiers essais lui avaient acquis fut grandi jusqu'à la célébrité par l'ouvrage resté justement classique qu'il publia deux ans après sur la *Pluralité des mondes*. Malgré les hérésies scientifiques que doit nécessairement contenir l'œuvre astronomique d'un disciple de Descartes, cet ouvrage donne dans un style excellent, avec l'ingénieuse finesse dont le nom de Fontenelle éveille le souvenir, une exposition très-exacte et très-claire des traits les plus saillants du système du monde. Le spirituel causeur, fort à l'aise d'ailleurs avec la science, rêve souvent plus encore qu'il n'enseigne.

«Il ne faut réserver, dit-il, qu'une moitié de son esprit aux choses de cette espèce et en réserver une autre moitié libre où le contraire puisse être admis.» Tel est, en effet, l'état dans lequel les œuvres scientifiques qu'il devait exposer plus tard laissèrent constamment l'esprit de Fontenelle. Croyant tout incertain, il croit tout possible. Sous la modestie du savant qui sait ce qu'il ignore, suspend son jugement et ne craint pas d'en faire l'aveu, on voit percer le secret orgueil du philosophe qui marque son indépendance. Toujours clair et jamais lumineux, ses affirmations, quand il ose en faire, ne sont ni vives ni pressantes; il ne connaît pas l'enthousiasme et loue presque du même ton l'excellent et le médiocre; non qu'il cherche à grandir outre mesure les petites choses, mais il ne prise pas toujours assez haut les grandes, et l'éternel sourire qu'il promène avec grâce sur la science s'adresse moins aux grandes vérités qu'il contemple, qu'aux fines pensées dont elles sont l'occasion et aux ingénieux rapprochements qu'il croit, à force d'art, rendre naturels et simples. Sceptique d'ailleurs avec parti pris, sous la force des plus grands génies, il se plaît à montrer la faiblesse de l'esprit humain, et s'il lui arrive de dire d'une théorie: cela est quelque chose de plus que vraisemblable, il atteint ces jours-là la limite de son dogmatisme.

Fontenelle, dans ses *Éloges*, semble s'imposer la loi de n'être ni profond ni sublime; son âme, qui ne s'échauffe jamais, n'a pas pour cela grand effort à faire, et sans s'étonner des plus grandes conquêtes de la science, il les raconte du même ton dégagé dont il expose les systèmes les plus arbitraires. Ami des études faciles il cache habilement qu'il en existe d'autres; il montre ceux qu'il peint plus dignes d'estime que d'admiration, en en faisant d'honnêtes gens qu'il réduit à leur juste grandeur et non des héros inimitables et plus grands que nature. Sa voix qui ne s'enfle jamais s'élève quelquefois, mais un doute finement exprimé ou une locution familière font alors reparaître bien vite son accent habituel.

On a le droit de se demander si Fontenelle a toujours eu la pleine compréhension des découvertes qui, sous sa plume, semblent si simples, et s'il a pénétré jusqu'au fond des théories si variées qu'il effleure avec tant d'aisance. Après avoir relu ses Éloges et une grande partie des mémoires qu'il y loue, j'oserai sur ce point dire franchement mon opinion: Fontenelle sans tout savoir pouvait tout comprendre. Il connaissait, sans s'y soumettre toujours, les règles d'un raisonnement exact et sévère. Interprète de tous ses confrères, il entend la langue de chacun et sait la parler avec esprit. Il peut soulever, sans être accablé sous leur poids, les théories les plus élevées, et suivre jusqu'au bout, dans un sérieux examen, l'enchaînement des déductions les plus subtiles; mais une telle application n'était ni dans ses goûts ni dans ses habitudes, et l'on peut, dans ses Éloges, relever plus d'une page où son style, habituellement si précis et si juste, devient inexact et obscur sans être jamais négligé, en trahissant plus encore le vague et la confusion des idées que l'incertitude et la réserve de l'esprit.

Si Fontenelle d'ailleurs pouvait comprendre toutes les découvertes, sa science n'était pas assez assurée pour en embrasser toute l'étendue, tirer de son fonds un jugement sur leur importance, peser dans une juste balance le vrai et le faux d'une théorie, et prononcer avec discernement sur le degré de vraisemblance d'un système. Une telle entreprise, étendue à l'immense variété des sujets qu'il aborde, serait d'ailleurs trop périlleuse même pour les plus habiles, et elle n'était pas dans son rôle.

Fontenelle n'eut donc pas dans la science assez d'autorité personnelle pour y prendre le rôle d'historien et de juge. Il en a été l'incomparable nouvelliste. Nul mieux que lui n'a su indiquer les vérités scientifiques sans les expliquer méthodiquement, et en les rendant accessibles à tous il a grandement contribué à la célébrité sinon à la gloire de l'Académie. Prêtant aux travaux de ses confrères la finesse de ses aperçus et la vivacité ingénieuse de son style, il a su dans leurs portraits qui sont des chefs-d'œuvre, plus encore que dans l'analyse de leurs découvertes, donner aux plus humbles et aux plus obscurs une célébrité imprévue et durable, et le juste et sérieux hommage qu'il rend au vrai mérite fait aimer et respecter tout à la fois les savants et la science, car l'admiration s'accepte aisément de la bouche d'un homme de tant d'esprit, qui ne l'impose jamais et la tempère par de si fins sourires.

Le style ingénieux de Fontenelle se retrouve avec toute son élégance dans les analyses annuelles des travaux de l'Académie, jusqu'en 1739. Mairan lui succéda dans cette charge de premier ministre de la philosophie, comme l'appelait Voltaire, qui la désira un instant et l'aurait portée sans fatigue.

Né à Béziers en 1678, Mairan fut nourri aux lettres dès son enfance; on citait son savoir précoce et la vivacité de son esprit. Versé dans les langues anciennes et habile à discourir sur tous les sujets, il concourut trois années de suite pour le prix de l'Académie de Bordeaux et fut trois fois couronné. L'Académie l'adoptant alors comme membre titulaire motiva gracieusement son choix sur le désir d'écarter de ses concours, en le plaçant parmi les juges, un jouteur tel que lui.

L'Académie des sciences de Paris, par une distinction jusque-là unique et que n'obtinrent depuis ni Réaumur, ni Buffon, ni Clairaut, ni d'Alembert, ni Laplace, ni Lavoisier, ni Haüy, ni Laurent de Jussieu, le nomma peu après pensionnaire sans qu'il eût été associé ou adjoint. L'Académie française enfin l'élut en 1743, à la place de Saint-Aulaire.

Les ouvrages fort nombreux de Mairan ne justifient ni ses succès, ni le titre d'illustre que les journaux du temps lui décernent à toute occasion. Attaché en physique aux idées de Descartes, et fidèle à la doctrine des tourbillons, Mairan, de même que Fontenelle, demeura toujours ferme à repousser l'attraction. Généralisant la théorie des couleurs, il voulait que les rayons sonores plus ou moins graves fussent propagés simultanément par des molécules de nature diverse, à chaque note de la gamme correspondant dans l'atmosphère un fluide spécial uniquement propre à la transmettre et que les autres peuvent battre vainement sans l'ébranler.

Voltaire, dans le *Dictionnaire philosophique*, admet cette théorie comme la seule qui puisse faire concevoir la propagation du son dans l'air, et par une déduction difficile à saisir, en conclut que l'air n'existe pas, et l'affirme par une coïncidence malheureuse au moment même où Priestley et Lavoisier en faisaient l'analyse.

Mairan ne prétendait cependant, dit Fontenelle, donner en cela que des conjectures, mais c'est beaucoup en pareille matière, ajoutait-il, que des conjectures heureuses. Il est malheureusement difficile d'accorder ce nom à ces rêveries sans consistance qui, sans rien fonder ni rien résoudre, et n'ayant pu faire l'objet d'aucune étude sérieuse, n'ont pas vécu un seul instant dans la science.

Mairan, dans un autre travail, recherche la raison pour laquelle les jours d'été sont plus chauds que ceux d'hiver. Suivant ses calculs plus que douteux, le soleil à midi envoie dix-sept fois plus de chaleur en juillet qu'en décembre. Le thermomètre dément ses prévisions sans le troubler un instant, et il en conclut hardiment qu'un feu central permanent joue dans le phénomène le rôle principal. «Trop éloigné des montagnes, le feu n'échauffe pas leurs sommets, dont les neiges perpétuelles sont par là expliquées.»

Mairan, qui ne s'effrayait d'aucun problème, a écrit sur la question des forces vives, sur la figure de la terre, sur les aurores boréales, sur la formation de la glace, sur le mouvement de la lune, etc. Son esprit superficiel, mais audacieux et flexible, s'étend et se partage entre les études les plus diverses. Donnant un libre essor à sa curiosité, il effleure avec une perpétuelle inconstance toutes les sciences à la fois, et son imagination hardie mais stérile, en croyant soulever les voiles les plus secrets, s'agite sans rien produire et sans rien féconder.

Laborieux et actif jusqu'à la plus extrême vieillesse, Mairan vit le respect sincère d'une génération nouvelle succéder aux applaudissements qui avaient salué sa jeunesse. Homme d'esprit sinon de grand jugement et de génie, il se faisait aimer, admirer quelquefois, des plus honnêtes gens de son époque, et il n'est pas un savant dont ses contemporains aient dit plus de bien et plus hautement. Il faut tenir grand compte d'un témoignage aussi unanime, en n'oubliant pas que si les théories de Mairan nous semblent ridicules aujourd'hui, c'est que les progrès de la science, en démentant toutes ses hypothèses, ont ruiné tous ses raisonnements. Voltaire, à qui les louanges, il est vrai, ne coûtent guère, a écrit de Mairan: «Il me semble avoir en profondeur ce que Fontenelle avait en superficie.» Il serait plus exact de dire que dans toute sa carrière, désireux de continuer son illustre et aimable prédécesseur, et le prenant constamment pour modèle, Mairan, sans l'égaler jamais, savait dans ses écrits comme dans sa conversation que l'on trouvait charmante, rappeler parfois son souvenir. Plus entêté de la science, mais non plus passionné pour elle, il se montre inférieur en cela surtout, qu'en effleurant comme lui toutes les vérités il croyait en pénétrer le fond et en voir l'enchaînement véritable, et tandis que le sceptique et prudent Fontenelle, satisfait d'ignorer le principe et la fin des choses, n'en dissertait que plus à l'aise, toujours tranquille dans son doute universel, l'illustre et présomptueux Mairan, non moins tranquille à ses côtés, croyait y reposer dans la vérité.

Mairan fut secrétaire de l'Académie pendant trois ans seulement. Grandjean de Fouchy lui succéda en 1743, et cet honneur combla son ambition. L'exacte précision de ses analyses et la froide sagesse de ses *Éloges* auraient pu satisfaire, sinon charmer, un auditoire moins rempli du souvenir de Fontenelle, et Grimm semble non-seulement sévère mais injuste quand il dit:

«Les assemblées publiques de l'Académie sont destinées aux éloges des académiciens décédés dans le cours du semestre et à la lecture de quelques mémoires peu amusants, souvent peu instructifs; c'est l'ennui qui y préside ordinairement. On dirait que le membre de l'Académie qui fait les éloges est à ses gages.»

Les éloges de de Fouchy sont loin cependant d'être méprisables. Il expose les découvertes de ses confrères avec assez d'exactitude et de clarté pour faire désirer de les voir dans un plus grand jour, et sans trouver toujours le trait caractéristique de chaque esprit, il se fait écouter comme un témoin précieux, souvent unique aujourd'hui, de plus d'un caractère honorable et élevé dans une vie modeste et utile.

Grandjean de Fouchy, malgré son extrême modestie, exerça dignement et avec fermeté, pendant plus de trente ans, les laborieuses et délicates fonctions de secrétaire. Toujours vigilant et actif, exactement soumis à la règle et soigneux de l'imposer à tous, il savait exiger des plus illustres comme des plus humbles les égards et la courtoisie que son affable confraternité accordait indistinctement à tous.

On lit au procès-verbal du 7 décembre 1756:

«M. d'Alembert s'étant plaint que, dans l'histoire de 1752, je n'avais fait qu'une simple mention de son ouvrage intitulé: *Essai d'une théorie nouvelle de la résistance des fluides*; et ayant demandé que l'Académie m'obligeât à faire l'extrait dans l'histoire de 1753, j'ai répondu que j'avais agi en ce point conformément à la délibération du comité de librairie que j'avais consulté sur ce sujet et que voici telle qu'elle se trouve au registre du comité: «J'ai demandé si le secrétaire de l'Académie était obligé de faire dans l'histoire l'extrait de l'ouvrage d'un académicien qui s'est contenté d'en mettre un exemplaire dans la bibliothèque sans lui faire la politesse de lui en donner un; j'ai représenté qu'il était injuste à plusieurs égards et souvent impossible à lui d'y satisfaire; sur quoi il a été décidé que le secrétaire n'était tenu, dans ce cas, qu'à une simple mention sans aucun extrait.»

«La chose ayant été discutée, il a été dit que je ne pouvais être contraint à faire l'extrait demandé et que l'on ne pouvait que m'y exhorter; à quoi j'ai répondu qu'il me suffisait que l'extrait en question parût faire plaisir à l'Académie pour que je le fisse, mais que ce serait uniquement pour lui marquer mon attachement et sans préjudice au droit qu'a le secrétaire de faire ou de ne pas faire l'extrait d'un ouvrage, selon qu'il le juge à propos; suppliant l'Académie de recevoir la déclaration que je faisais que cet ouvrage serait le dernier dans ce cas dont je ferais l'extrait, me proposant de n'en faire dans la suite aucun de ceux dont les auteurs auraient manqué à un devoir de politesse consacré par un usage non interrompu jusqu'à présent et duquel je dois être d'autant plus jaloux, que je le regarde comme une marque de l'estime et de l'amitié de mes confrères.»

D'Alembert, on le voit, n'aimait pas Grandjean de Fouchy. C'est cependant l'ami dévoué, l'admirateur de d'Alembert, et son protégé en toute circonstance, que Grandjean de Fouchy voulut associer à ses travaux pour lui assurer sa succession. Une portion considérable de l'Académie, Buffon et ses amis entre autres, auraient préféré Bailly pour secrétaire; on s'arrangea pour ne pas les consulter.

Dans le dessein qu'il avait depuis longtemps de briguer ces importantes fonctions, Condorcet, pour s'y préparer et s'en montrer digne, avait complété la série des éloges de Fontenelle en publiant ceux des membres de l'ancienne Académie morts avant 1699. D'Alembert, en proposant l'approbation à l'Académie et l'autorisation d'imprimer sous son privilége, en avait dit:

«Cet ouvrage servira à faire connaître par de nouveaux exemples combien les sciences sont utiles et respectables; il est d'ailleurs écrit avec le goût sage et l'élégance noble qui doit faire le caractère des éloges académiques, les matières les plus difficiles y sont exposées avec toute la clarté dont elles sont susceptibles, et les réflexions philosophiques que l'auteur a jointes à cet exposé précis et fidèle donnent à l'ensemble tout l'intérêt qu'on peut y désirer. Nous croyons en conséquence que cet ouvrage est très-digne de l'impression et qu'il mérite non-seulement l'approbation de l'Académie, mais la reconnaissance de ceux qui s'intéressent au progrès des sciences.»

Quelques semaines après, le 27 février 1773, le duc de la Vrillière écrivit à l'Académie:

«M. de Fouchy, secrétaire de l'Académie depuis trente ans, désire d'avoir un adjoint qui puisse le seconder dans ses travaux actuels, se mettre au fait sous ses yeux des difficultés de détail qui concernent l'Académie et lui succéder un jour dans cette place. J'ai mis sous les yeux du Roi la lettre que M. de Fouchy m'a écrite sur cet objet, il paraît juste à Sa Majesté de ne donner, pour adjoint au titulaire d'une place, qu'une personne qui lui convienne, et les longs services de M. de Fouchy semblent mériter tous les égards possibles à ce qu'il peut désirer par rapport à cette adjonction; il a jeté les yeux sur M. le marquis de Condorcet, associé mécanicien, dont il a déjà éprouvé les talents en lui confiant quelques articles de l'histoire de l'Académie, qu'on imprime actuellement et dont il connaît d'ailleurs le caractère doux et impartial, nécessaire au secrétaire d'une société savante; d'ailleurs le choix de M. de Fouchy paraît confirmé par la réputation que les ouvrages de M. de Condorcet lui ont faite dans l'Europe littéraire et par le suffrage unanime que le public a accordé aux éloges de plusieurs anciens académiciens que M. le marquis de Condorcet vient de faire paraître. Le Roi a donc jugé, Monsieur, et d'après les desseins de M. de Fouchy et d'après la connaissance qu'il a lui-même du mérite de M. de Condorcet, qu'il est propre à remplir la place dont il s'agit; cependant comme Sa Majesté désire d'avoir sur cet objet l'avis de l'Académie, elle lui ordonne de délibérer à huitaine si M. de Condorcet est en effet capable de cette place.

«Comme l'affaire dont il est question intéresse le secrétaire, c'est à vous, Monsieur, et non à lui que Sa Majesté m'a ordonné d'adresser cette lettre.»

Sur quoi il a été résolu de faire des observations à M. de la Vrillière, et M. Leroy a lu un projet de lettre qui fut approuvé. La copie de ce projet manque au procès-verbal, ainsi qu'une lettre adressée par Condorcet à ses confrères qui, dans la séance suivante, délibérant sur sa capacité, émirent un vote où Condorcet voulut voir l'expression libre et spontanée de leur choix.

Trois ans après cependant, lorsque Grandjean de Fouchy quitta définitivement ses fonctions, Condorcet, un peu tardivement scrupuleux, déclina par écrit toute prétention à réclamer sa place comme un droit acquis.

Après la lecture de sa lettre, il a prié l'Académie, dit le procès-verbal, d'engager M. Amelot à faire ordonner par le Roi qu'il soit procédé à l'élection pure et simple, sans avoir égard à son adjonction, et «j'ai été chargé, dit Grandjean de Fouchy, d'enregistrer l'écrit qu'il avait lu, qu'elle a cru devoir conserver comme un témoignage de l'attachement et de l'honnêteté de M. de Condorcet.» La lutte dans ces circonstances était évidemment impossible et la candidature de Bailly ne fut pas même produite.

Les écrits mathématiques de Condorcet doivent être lus avec précaution; quels qu'aient été pour eux les suffrages et les applaudissements des contemporains les plus illustres, la postérité impartiale et sympathique à sa mémoire conserve cependant le droit de les juger. Aucun d'eux ne s'élève au-dessus du médiocre, presque complétement oubliés aujourd'hui ils prouvent seulement, avec l'ouverture de son esprit, la solidité de ses premières études.

L'ouvrage de Condorcet sur la *Probabilité des jugements* a seul conservé quelque célébrité. Laplace, Poisson et plus récemment M. Cournot se sont hasardés après lui sur ce terrain, le plus glissant peut-être où puisse se placer un géomètre, et ni le génie de l'un ni l'habileté des autres ne leur a permis de s'y établir solidement.

Lorsqu'une urne contient des boules blanches et des boules noires en nombre et en proportion connus, on peut aisément calculer quelle est, dans un nombre donné de tirages, la probabilité d'obtenir un résultat désigné à l'avance. Par des principes moins évidents mais tout aussi certains, le résultat observé du tirage révèle la composition probable de l'urne et les chances d'erreurs diminuent indéfiniment quand on accroît le nombre des épreuves. Si l'on a vu par exemple, sur trois millions de tirages, une urne qui contient trois boules donner 2,000,175 fois une boule blanche et 999,825 fois une noire, il est extrêmement probable, certain pour ainsi dire, que deux des boules sont blanches et la troisième noire.

Pour Condorcet, chaque tribunal est assimilé à une telle urne dont les boules blanches ou noires représentent les jugements équitables ou iniques.

Mais comment, dans chaque cas, connaître la couleur de la boule? comment compter les erreurs du tribunal et en tenir état? Le problème est difficile, Condorcet ne le croit pas insoluble. «Je suppose, dit-il, que l'on connaisse un certain nombre de décisions formées par des votants dont la voix a la même probabilité que celle des votants sur la vérité des décisions futures desquels on veut acquérir une certaine assurance. Je suppose de plus, c'est toujours Condorcet qui parle, que l'on ait choisi un nombre assez grand d'hommes vraiment éclairés et qu'ils soient chargés d'examiner une suite de décisions dont la pluralité est déjà connue, et qu'ils prononcent sur la vérité ou la fausseté de ces décisions. Si, parmi les jugements de cette espèce de tribunal d'examen, on n'a égard qu'à ceux qui ont une certaine pluralité, il est aisé de voir qu'on peut sans erreur sensible, ou les regarder comme certains, ou supposer à la voix de chacun des votants de ce tribunal une certaine probabilité un peu moindre de celle qu'elle doit réellement avoir et déterminer d'après cette supposition la probabilité de ces jugements.»

Il y a beaucoup à reprendre dans cette théorie qui renferme plusieurs erreurs: «La méthode, dit cependant Condorcet un peu naïvement, ne peut avoir dans la pratique qu'un seul inconvénient: la difficulté de composer le tribunal d'examen.» Sans se contenter pourtant de sa première méthode, Condorcet se hâte d'en proposer une seconde qui, pour être plus ingénieuse, n'en est pas moins inacceptable. Condorcet, sans le déclarer expressément, continue la fiction d'une urne de composition constante remplaçant les divers tribunaux, comme si tous les juges du royaume, assimilés à un homme toujours semblable à lui-même, prononçaient sur toutes les causes avec un égal discernement, une attention invariable et la même indifférence à l'éloquence inégale comme à la conviction affectée ou sincère des avocats qui les obscurcissent.

L'intégrité et le savoir des magistrats seront toujours rebelles aux formules des géomètres, et en négligeant de les considérer comme la seule base solide de la justice des arrêts, ils s'exposent à démentir ces paroles de Laplace qui, dans cette théorie, devraient être leur règle et leur loi: *Le calcul des probabilités n'est au fond que le bon sens mis en formules.*

Les éloges des académiciens composés par Condorcet eurent dans leur temps un grand succès. D'Alembert les signale tout d'abord comme *excellents.* Voltaire a appelé gracieusement leur auteur *monsieur plus que Fontenelle* en n'y voyant qu'une chose fâcheuse, «c'est que le public, lui disait-il, désirera qu'il meure un académicien par semaine pour vous en entendre parler.» Condorcet, en effet joint à la netteté du langage l'intelligence complète, et quelquefois profonde des questions les plus difficiles; il est loin cependant d'être sans défauts, et le titre de *plus que Fontenelle* est une des exagérations habituelles à Voltaire qu'il serait injuste de discuter sérieusement.

Loin d'aimer, comme Fontenelle, à s'abaisser par un discours simple et de peindre avec un seul trait en disant beaucoup en peu de mots, pour laisser deviner davantage encore, Condorcet, par sa forme trop oratoire, éveille tout d'abord la défiance. Le lecteur le tient pour suspect, et lors même qu'il se montre juste, on redoute l'exagération. Impatient de la méditation des choses de la science et incapable de s'y enfermer tout entier, il ne sait pas cacher et semble même montrer volontiers tout ce qui occupe son esprit. Conduit par exemple dans l'éloge de Blondel à blâmer en passant les modernes qui ont la modestie de croire qu'il est impossible d'égaler les anciens surtout dans la poésie, «ce préjugé, dit-il, était excusable en quelque sorte au temps de Blondel, où l'on ne pouvait opposer aux zélateurs de l'antiquité cet homme illustre pour qui seul la reconnaissance et l'admiration de son siècle ont prévenu le culte des races futures, et qui, semblable à ces enfants du ciel adorés dans les temps héroïques, unit à la gloire d'être un génie sublime la gloire bien plus touchante d'être compté parmi les bienfaiteurs de l'humanité.» L'illustre patriarche, dont Condorcet avait l'honneur d'être connu et aimé, lui eût tout au moins conseillé, s'il eût été consulté, de placer sa tirade ailleurs. Les professions de foi de civisme, de vertu et de sensibilité s'élèvent dans les éloges de Condorcet un peu trop à l'improviste. Le jeune Vaucanson invente un échappement d'horlogerie, Condorcet le raconte et ajoute: «Il éprouva pour la première fois ce plaisir si vif et si pur qui serait le premier de tous si la nature n'avait attaché aux bonnes actions des charmes encore plus touchants.» Cette réflexion, il faut le remarquer, n'est pas même une ingénieuse transition et n'annonce nullement, comme on pourrait le croire, le récit d'une action vertueuse ou touchante. Ne sent-on pas plus de prétention que de vraie sensibilité dans ces lignes de l'éloge de Bezout, où Condorcet sans doute croit imiter Fontenelle en adoptant un tour qui lui est habituel:

«M. Bezout s'était marié très-jeune, et comme il était sans fortune il avait pu suivre le choix de son cœur. Cette union fut heureuse, il fut très-bon père, non-seulement parce que c'est un devoir, mais parce qu'il aimait à vivre au milieu de sa famille.»

A côté de ces traits trop fréquents dans les éloges de Condorcet, un plus grand nombre de pages solides et écrites de bonne main nous montrent le savant profond, le philosophe généreux et l'esprit exact et sincère, qui plaisait à Voltaire sans le flatter toujours, et trouvait parfois l'éloquence dans sa haine contre les préjugés et son ardeur impatiente pour le progrès.

Mais Condorcet, de plus en plus détaché de la science, derrière l'approbation et les suffrages des savants et des lettrés, cherchait souvent les applaudissements et la faveur du peuple.

Nous avons dit, en parlant des rapports de l'Académie, avec quelle âpreté de mauvais goût et quelle haineuse emphase le secrétaire perpétuel avait, dans un rapport sur un projet de distribution des eaux, mis en opposition ceux qu'il nommait les gens riches avec les citoyens qu'il appelait le peuple. Fontenelle, dans un cas tout semblable, s'était contenté de dire: «Mais comme il arrive bien souvent quand il ne s'agit que du public, on n'alla pas plus loin que le projet.» Condorcet, on le voit, tenait à se montrer *monsieur plus que Fontenelle.*

Lorsque la politique le prit enfin tout entier, Condorcet demanda, comme Grandjean de Fouchy, un auxiliaire et un adjoint. L'Académie n'accepta qu'un suppléant temporaire, renouvelé tous les trois mois. Fourcroy, de Jussieu, Sage et Bovy le remplacèrent successivement, sans qu'aucun d'eux plus tard ait pu réclamer comme un droit acquis le titre de secrétaire si heureusement confié à Cuvier.

Membre de l'Académie française en même temps que de l'Académie des sciences, Condorcet était bien loin cependant d'épuiser dans ses travaux académiques toute l'activité de son esprit. D'Alembert et Voltaire, après avoir été les protecteurs admirés de sa jeunesse, restèrent jusqu'à leur dernier jour ses amis et ses guides. Ami comme lui de ces deux grands hommes, Turgot lui accorda une grande part de sa confiance. Son dévouement fougueux à la liberté précéda l'explosion de la tourmente révolutionnaire. Mêlé à la politique par de véhéments pamphlets et d'innombrables articles de journaux, il fut membre de la municipalité de Paris, de l'Assemblée législative et de la Convention nationale. Mais les illusions généreuses de Condorcet et ses erreurs cruellement expiées n'appartiennent pas à mon sujet, et je n'ai pas la tâche douloureuse de les raconter ici et de les juger.

LES GÉOMÈTRES.

Christian Huyghens, esprit rare et excellent à plus d'un titre, a égalé les savants et les inventeurs les plus illustres. Jamais enfant plus heureusement né ne rencontra dès son premier jour, avec des soins plus assidus, un milieu plus vivifiant et plus favorable. Son père, Constantin Huyghens, homme de grand jugement, habile dans les arts, versé dans les lettres et dans les sciences, avait su mériter par lui-même la haute position et la confiance publique dont sa famille était depuis longtemps investie. Plusieurs missions diplomatiques habilement accomplies pour les États de Hollande lui avaient fait en France, en Angleterre et en Italie de nombreux amis, empressés plus tard à servir son fils et heureux d'applaudir à ses succès. Le roi Louis XIII lui-même, pour lui prouver son estime et récompenser son mérite, avait ajouté aux armoiries de Constantin une fleur de lis d'or que ses descendants étaient autorisés à y placer comme lui. Père de cinq enfants tous remarquables par l'intelligence, Constantin appela à orner et à éclairer leur esprit les maîtres les plus excellents d'un pays illustre entre tous par la culture intellectuelle. En même temps que les langues anciennes, le jeune Christian apprit les langues étrangères, et tandis que dans les sciences il dépassait rapidement ses maîtres, il réussissait dans la musique et dans le dessin assez pour pouvoir, s'il l'eût voulu, suivre la carrière d'un artiste; il trouvait enfin le temps d'étudier en droit à l'université de Leyde et d'y prendre le diplôme de docteur. Constantin, pour le diriger, n'eut d'ailleurs qu'à imiter et à recommencer ce que son père avait fait pour lui:

Et minus hic ovo non discrepat ovum,

dit-il avec orgueil, dans un poëme latin sur sa propre vie.

Aimable, spirituel, de figure agréable, adroit à tous les exercices du corps, aussi curieux de l'étude qu'ardent au plaisir et salué du nom de jeune Archimède, Huyghens vint à Paris dans tout l'éclat d'une jeunesse déjà illustre, sans autre ambition que de polir son esprit et d'étendre ses idées par la société des honnêtes gens et le commerce des plus habiles.

L'académicien Conrard, en annonçant à Constantin Huyghens l'accueil fait à son aimable fils, lui laisse deviner que le jeune Archimède ne voyageait pas seulement en philosophe.

«Je m'en rapporte, dit Conrard, parlant d'une question insignifiante et de pure politesse, je m'en rapporte à votre excellent Archimède quand il voudra parler sincèrement, comme il fera sans doute lorsque la mer nous aura séparés et qu'il sera tête à tête avec vous dans votre paradis terrestre dont il m'a fait une si belle description. Je ne crains plus tant qu'il se trouve auprès de vous que je le craignais il y a quelque temps, car il fait ici tant de bonnes et agréables connaissances, que je ne le vois guère plus que s'il était à la Haye ou à Zulichem. Au lieu donc que je vous conjurais au commencement de ne nous le redemander pas sitôt, je vous avertis aujourd'hui, mais en grand secret, que si vous n'y prenez garde, on l'arrêtera ici pour toujours et peut-être même de son consentement, car il trouve tant de gens et tant de compagnies à son gré, que s'il se pouvait partager en vingt ou trente parts tous les jours, il ne contenterait pas encore tous ceux qui le désirent. Il y a trois mois qu'il a fait espérer une visite à une dame de très-grand mérite, avec laquelle je lui ai fait faire connaissance, et il n'a pu encore trouver moyen de la lui rendre, quoiqu'il ne le désire pas moins qu'elle et qu'il ne leur faille qu'une aprèsdînée pour les satisfaire tous deux. Jugez d'après cela, monsieur, ce que peut attendre de lui un misérable comme moi, qui n'est bon à rien.»

Sans oublier ni négliger la science, Huyghens trouvait le temps de se lier avec la célèbre Ninon de Lenclos, et de lui adresser quelques vers, que Voltaire, à qui elle a eu la malice de les montrer, aurait mieux fait de ne pas imprimer.

On pourrait aisément pardonner à Huyghens de n'être pas poëte et de mal rimer dans une langue étrangère; il pensait cependant, comme Pascal, «qu'un honnête homme, sans se piquer de rien, doit savoir juger de tout, même de la poésie, et ne se montrer incapable d'aucun exercice de l'esprit.» Quelques vers, composés comme épitaphe de Descartes, et publiés pour la première fois par M. le comte Foucher de Careil, prouvent que la prétention n'était pas excessive:

Sous le climat gelé de ces terres chagrines
Où l'hyver est suivy de l'arrière-saison,
Te voicy sur le lieu qui couvre les ruines
D'un fameux bâtiment qu'habita la raison.

Par la rigueur du sort et de la Parque infâme
Cy-gist Descartes au regret de l'univers;
Ce qui servoit jadis d'interprète à son âme
Sert de matière aux pleurs et de pâture aux vers.

Cette âme, qui toujours en sagesse féconde
Faisoit voir aux esprits ce qui se cache aux yeux,
Après avoir produit le modelle du monde,
S'informe désormais du mystère des cieux.

Nature, prends le deuil, viens plaindre la première
Le grand Descartes et montrer ton désespoir.
Quand il perdit le jour, tu perdis la lumière;
Ce n'est qu'à ce flambeau que nous t'avons pu voir.

Huyghens, comme Conrard le faisait craindre à son père, trouva en France une seconde patrie. Inscrit le premier sur la liste des membres de l'Académie des sciences, il en fut l'ornement et la gloire jusqu'à la révocation de l'édit de Nantes. Résistant alors à toutes les instances et refusant la tolérance exceptionnelle qu'on lui eût volontiers accordée, il retourna en Hollande, où il mourut dix ans après, épuisé de forces et engourdi, à l'âge de soixante-six ans, par la vieillesse prématurée de l'esprit et du corps.

Toutes les œuvres d'Huyghens font paraître la lueur et souvent l'éclat de son génie; aucune n'est de médiocre importance. En mécanique, en géométrie, en physique, il a des égaux; il ne peut avoir de supérieurs. Deux de ses écrits surtout, *le Traité sur le pendule et la Théorie de la lumière*, vivront éternellement parmi les chefs-d'œuvre de l'esprit humain.

Placé par sa date entre les dialogues de Galilée sur le mouvement et le livre des principes de Newton, l'*Horologium oscillatorium* d'Huyghens s'appuie sur les premiers et a servi évidemment avec ses théorèmes sur la force centrifuge à la préparation du second. C'est dans ces trois chefs-d'œuvre que l'on peut trouver, sans rien chercher ailleurs, la base ferme et solide de la science du mouvement. Peu d'ouvrages d'ailleurs, indépendamment des fruits qu'il devait produire et pour n'en examiner que les détails, font paraître dans une plus grande abondance d'inventions originales une plus grande puissance géométrique. L'expérience avait appris à Galilée l'isochronisme des petites oscillations du pendule, c'est-à-dire l'égale durée des oscillations plus ou moins amples d'un pendule de longueur donnée. Mais cette égalité n'est qu'approchée, et les petites oscillations, l'expérience l'a démontré, s'accomplissent plus rapidement que les plus amples. Huyghens, préoccupé des applications à l'horlogerie, chercha d'abord à former un pendule rigoureusement isochrone. Dans la solution de ce beau problème, où les principes physiques étaient à créer aussi bien que les méthodes géométriques, Huyghens, comme en passant et en guise de lemme, révèle la théorie des développées, exemple et modèle entièrement nouveaux de l'étude générale des courbes.

La théorie imparfaite, mais déjà lumineuse et exacte du pendule composé, complète ce beau livre, dont une note finale révèle sans démonstration, dans la théorie de la force centrifuge, les principes jusque-là inaperçus, dont la loi des attractions planétaires aurait pu être le corollaire immédiat.

Si l'*Horologium oscillatorium* est la plus accomplie des œuvres d'Huyghens, le *Traité sur la lumière* montre peut-être un plus étonnant génie. La voie ouverte par Galilée devait être suivie, et si Huyghens avait été refusé à la science, les progrès de la dynamique retardés pour un temps n'auraient pas manqué, cela paraît certain, de se produire assez rapidement sous une forme équivalente.

Newton et Leibnitz, Jean et Jacques Bernoulli, d'Alembert et Clairaut, auraient peut-être accru leur gloire en se partageant une portion de la sienne. Le *Traité sur la lumière* reste au contraire entièrement original. Pendant un siècle et demi, les principes aujourd'hui indubitables en sont rejetés comme obscurs et sans fondement. Plusieurs générations successives, en reléguant ce petit chef-d'œuvre parmi les chimères d'un grand esprit, ne lui accordent pas d'autre attention qu'aux conjectures sur la cause de la pesanteur. C'est là pourtant peut-être sa plus admirable conception. Huyghens s'y montre non-seulement le précurseur, mais le seul guide et le maître de Thomas Young, et la théorie triomphante de Fresnel devait lui emprunter, avec ses premiers principes, quelques-uns de ses plus clairs rayons.

Les découvertes d'Huyghens sur les mathématiques pures auraient suffi à la gloire d'un autre nom. La théorie des développées et celle des fractions continues sont restées classiques dans la science. Ses écrits sur la quadrature de l'hyperbole, sur les propriétés de la logarithmique et sur la chaînette, et sur d'autres questions d'importance secondaire, montrent que le talent de l'auteur bien plus que le sujet mesure l'importance d'un ouvrage, et qu'un grand génie, sur quelque terrain qu'il se place, n'y paraît jamais à l'étroit. Aussi bien que le géomètre de Syracuse, dont ses amis lui donnaient le nom, Huyghens joignait la pratique à la théorie avec une incomparable industrie; aussi adroit que patient, il construisait de ses mains les instruments les plus délicats et les plus parfaits. C'est avec une lunette fabriquée par lui-même qu'il a découvert l'anneau et l'un des satellites de Saturne. Après avoir vu à Londres une machine pneumatique, il s'empressa de la reproduire en la perfectionnant, pour en montrer le premier à l'Académie des sciences de Paris les effets singuliers et ingénieusement variés. Ses expériences enfin sur la réfraction du spath d'Islande ont révélé les lois les plus complexes et les plus exactes en même temps que puisse citer la physique.

Quoique la gloire d'Huyghens, comme l'éclat des noms de Fermat, de Pascal et de Descartes, obscurcisse et semble effacer tout ce qui les entoure, Roberval plus d'une fois cité dans l'histoire de ces grands hommes est resté justement célèbre.

Ingénieux à proposer de beaux problèmes et habile à les résoudre, il a mérité l'estime de Pascal et celle de Fermat. Mersenne et Carcavy, mêlés tous deux à toutes les discussions sur la science, ont parlé de lui avec autant d'égard que d'affection, et le savant évêque d'Avranches, Huet, le nomme dans ses Mémoires parmi ses amis les plus chers. N'en est-ce pas assez pour balancer les jugements plus que sévères prononcés sans hésitation par les Cartésiens contre le contradicteur importun et passionné de leur maître? De nos jours encore, plus d'un philosophe épousant la querelle de Descartes, garde pour Roberval un injuste dédain. Un jour, dans une bibliothèque publique, M. Cousin, traversant la salle, voit les œuvres de Roberval entre les mains d'un lecteur; il s'arrête un instant, regarde la date de l'édition et s'éloigne en disant: «Roberval! ce n'était pas un bon homme, j'en sais long sur son compte!» J'ai cherché depuis et n'ai rien appris, sinon qu'à la campagne, chez ses parents pauvres cultivateurs, il n'avait pu dans son enfance acquérir beaucoup d'urbanité. Professeur au collége de maître Gervais et chargé en même temps de deux chaires au Collége Royal, il était plus accoutumé au commerce des livres et à la société des écoliers, qu'à la conversation des gens du monde. Appliqué aux mêmes problèmes mathématiques que Fermat, Descartes et Pascal, s'il les égalait presque par son savoir en géométrie, son esprit trop roide et trop contentieux avait moins d'étendue et de verve, et il n'était pas comme eux *au-dessus de ces matières.* Roberval était en outre fort inférieur par l'éducation à ses trois émules. Descartes parut seul le remarquer, et l'on vit son orgueil s'élever plus d'une fois contre un homme de si petite condition qui osait le contredire avec tant d'âpreté, méconnaître sa méthode et lui refuser tout applaudissement.

Roberval a composé plusieurs écrits réellement distingués. La *Cycloïde* a été pendant plusieurs années le sujet de ses études et l'occasion de ses succès. Sa méthode pour en trouver l'aire est originale et de première main. Mersenne avait inutilement demandé le résultat à Galilée, qui y avait échoué. Fermat et Descartes, sur l'énoncé connu, en trouvèrent la démonstration, mais leurs méthodes sont différentes l'une de l'autre et encore de celle de Roberval, de telle sorte qu'en les voyant toutes il n'est pas difficile, c'est le sentiment de Pascal, de reconnaître quelle est celle de l'auteur; «car il est vrai, dit-il, qu'elle a un caractère particulier et qu'elle est prise par une voie si belle et si simple, qu'on connaît bien que c'est la naturelle.» Roberval a trouvé aussi, le premier, le volume engendré par la *Cycloïde* tournant autour de son axe, ce qui était alors, au jugement de Pascal, un problème de haute, longue et pénible recherche.

Roberval, lors de la fondation de l'Académie, était âgé de soixante-quatre ans; il en fut un membre assidu et actif. Adversaire déclaré des hypothèses et des systèmes en physique, il a contribué à maintenir la compagnie dans la voie excellente de l'observation et de l'expérience; et s'il eut avec Huyghens et avec Mariotte des discussions quelquefois très-vives, ils souriaient de ses emportements sans en garder rancune.

Le marquis de L'Hôpital, lors de la réorganisation de l'Académie en 1699, eût été digne de tenir le premier rang dans la section de géométrie. Mais ses titres de marquis de Sainte-Mesme, comte d'Entremont, seigneur d'Ouques, la Chaise, le Bréau et autres lieux, lui assuraient une primauté d'autre sorte; on le nomma honoraire. Initié le premier peut-être parmi les savants français à la géométrie nouvelle de Leibnitz et de Newton, nul ne travailla plus que lui à la répandre ni avec plus de fruit: correspondant assidu d'Huyghens et de Leibnitz, il échangeait avec ces deux grands hommes d'ingénieux et difficiles problèmes dans lesquels, avec un moindre génie d'invention, il montre dans les détails une perspicacité souvent égale à la leur. C'est L'Hôpital surtout qui, par ses communications, a fait comprendre à Huyghens vieillissant l'importance du calcul différentiel. Disciple de Jean Bernoulli et toujours respectueux pour Leibnitz dont il propageait les idées et les principes, il arrêta au calcul différentiel son excellent ouvrage sur l'*Analyse des infiniment petits*, sans vouloir devancer, en abordant le calcul intégral, le livre sur l'*Infini* que l'illustre inventeur avait promis et ne donna jamais. Newton, avec lequel L'Hôpital n'eut pas de relations directes, était l'objet de toute son admiration. Aimant à questionner ceux qui avaient eu l'honneur de voir un si grand homme, il s'étonnait, dit-on, dans son naïf enthousiasme, que, soumis aux lois de l'humanité, l'auteur du livre des *Principes* pût manger, boire et dormir comme les autres hommes.

L'Hôpital mourut jeune encore, âgé de quarante ans à peine, sans avoir entièrement réalisé la prédiction de Leibnitz, qui attendait de lui de *grandes lumières*. «Il avait servi, dit Fontenelle, il était d'une naissance qui l'engageait à un grand nombre de devoirs. Il avait une famille, des soins domestiques, un bien très-considérable à conduire et par conséquent beaucoup d'affaires. Il était dans le commerce du monde et il y vivait à peu près comme ceux dont cette occupation oisive est la seule occupation; il n'était pas même ennemi des plaisirs.» N'en est-ce pas assez pour qu'on doive admirer la profondeur de ses travaux sans s'étonner de leur petit nombre?

Très-inférieur au marquis de L'Hôpital, Varignon devint cependant, par sa mort, le plus célèbre et aussi le plus habile des géomètres français; acceptant comme lui les théories infinitésimales, il contribua à les répandre, sinon à les accroître et à les affermir. Lorsque, dans le sein de l'Académie, l'ancienne géométrie, représentée par Rolle et Galois, voulut tenter un dernier effort contre les nouvelles méthodes, il les défendit aussitôt, mais avec plus de conviction et de force que de véritable talent, et la discussion fut plus longue qu'il ne convient. La géométrie en effet, dans les questions les plus subtiles, devrait retenir la précision qui fait son caractère propre, et ne souffrant pas l'équivoque, elle ne doit laisser aucun refuge à l'erreur.

Quoiqu'en attachant son nom à un théorème devenu classique, Rolle ait acquis parmi les écoliers une sorte de notoriété de hasard, sa passion pour la science, qui fut constante et sincère, était satisfaite à bien peu de frais. Ancien maître d'écriture et de calcul, il s'était instruit seul. En pénétrant avec ardeur dans la science des nombres, il rencontra l'algèbre et s'imagina avoir fait de merveilleux progrès.

Mais les théories plus élevées lui restèrent inaccessibles. Il les crut inexactes et traita de sophismes les méthodes qu'il ne comprenait pas.

Infatigable à discuter et à écrire, c'est aux découvertes de Leibnitz et de Newton qu'il s'attaquait surtout avec une sorte de colère. Affectant de confondre ce que les inventeurs avaient soigneusement distingué, il prétendait par quelques exemples mal compris renverser l'analyse nouvelle. Sans entrer dans le détail et sans rien opposer à la vérité des démonstrations, il reprochait vaguement et mal à propos aux nouveaux calculs de supposer l'infini en le comprenant dans les résultats aussi fréquemment et aussi hardiment que le fini, et d'admettre des grandeurs infiniment petites qui cependant peuvent se résoudre en d'autres grandeurs infiniment plus petites, et ainsi de suite à l'infini. L'Hôpital jugea inutile de répondre, et laissa à Varignon tout le poids de la discussion qui franchit bientôt les bornes de l'Académie. Parmi les géomètres étrangers à la compagnie, Rolle trouva des adversaires aussi convaincus et moins patients, et Saurin, qui peu de temps après devait recevoir le titre d'associé, le combattit de toutes ses forces.

Joseph Saurin, moins célèbre par ses travaux scientifiques que par les vicissitudes de son existence, était fils d'un ministre protestant de Grenoble, dont il avait, fort jeune encore, voulu suivre la carrière. Orateur véhément et fort applaudi dans son parti, Saurin s'était compromis par trop de hardiesse, et plusieurs années avant la révocation de l'édit de Nantes, il avait dû se réfugier en Suisse. Il y fut reçu avec grande distinction et obtint une cure considérable dans le bailliage d'Yverdun; mais Saurin n'était pas calviniste, sa doctrine sur la grâce était celle de Luther. On était justifié, suivant lui, dès qu'on croyait l'être avec certitude, et sans cette certitude il n'y avait pas de salut. Les théologiens calvinistes obtinrent, sur cette question et sur quelques autres, un formulaire que les ministres furent obligés de signer sous peine d'être exclus de toute fonction lucrative. Les Français réfugiés s'y refusèrent d'abord; mais le premier emportement se calma peu à peu, et tous les jours il s'en détachait quelqu'un qui, cédant à la nécessité, se résignait à signer; Saurin ne fut pas de ce nombre, et sans refuser avec éclat, il éluda la signature, dit Fontenelle, par toutes les chicanes à peu près raisonnables qu'il put imaginer pour gagner du temps. Un ami cependant arrangea tout par une signature qu'il avait le droit de donner et dont on se contenta. Saurin, rassuré sur sa position, s'allia peu de temps après en épousant Mlle de Crouzas, à une des premières familles du pays. Toujours imprudent, il se compromit de nouveau par ses sermons, et les persécutions le menacèrent une troisième fois. Ses dissentiments avec ses confrères firent naître des doutes dans son esprit; il demanda pour les éclaircir un entretien à Bossuet, qu'il ne connaissait pas. Les sauf-conduits nécessaires lui furent expédiés. Après de longues discussions, il se déclara satisfait sur tous les points, et abjura sans contrainte, mais non sans espérance, se faisant pour toujours de Bossuet un puissant et zélé protecteur. Mme Saurin, retirée alors dans sa famille, avait tout ignoré jusque-là; les inspirations qu'elle reçut d'abord étaient loin d'être favorables à son mari. La tendresse cependant finit par l'emporter, et après bien des luttes et des difficultés, qui amenèrent même des dangers sérieux et une détention dont on ne pouvait prévoir l'issue, Saurin, fort décrié en Suisse pour son apostasie, toujours protégé par Bossuet, put enfin s'établir à Paris en terminant par là cette période agitée de son existence, qu'il appelait plus tard le roman de sa vie.

Forcé de choisir une occupation, il se décida pour les mathématiques qui depuis longtemps l'attiraient; avant même d'y être de première force, il commença à les enseigner. C'est au milieu de ses études et dans l'ardeur d'une initiation toute récente qu'il rencontra les objections de Rolle et tint à honneur d'y répondre; la lutte entre eux ne fut pas courtoise, et si l'avantage reste à Saurin qui défendait la bonne cause, la vivacité de ses attaques put servir d'excuse à l'aigreur de son adversaire. Las enfin de lutter contre des objections sans cesse renaissantes, il s'adressa à l'Académie pour lui demander une décision, déclarant que, si elle ne jugeait pas dans un certain temps, il tiendrait M. Rolle pour condamné, puisque toute la faveur de la compagnie devait être pour lui. Mais l'Académie, plus préoccupée de la forme que du fond, blâma également les deux adversaires, en rappelant M. Rolle aux statuts de l'Académie dont il avait l'honneur d'être membre, et M. Saurin à son propre cœur. Peu de temps après cependant, Saurin était nommé membre associé de l'Académie. Ses nombreux mémoires, insérés de 1707 à 1731, montrent, avec la connaissance des mathématiques pures, la préoccupation constante de faire triompher les théories physiques de Descartes. Les tourbillons étaient pour lui une réalité et l'attraction newtonienne une chimère. En abandonnant les traces du maître, c'est Descartes qu'il voulait dire, on se trouvait, suivant lui, replongé dans les anciennes ténèbres du péripatétisme, dont il conjurait le ciel de nous préserver. «On entend assez, dit Fontenelle, qui rapporte cette phrase, qu'il parle des attractions newtoniennes; eût-on cru, ajoute-t-il, qu'il fallût jamais prier le ciel de préserver des Français d'une prévention trop favorable pour un système incompréhensible, eux qui aiment tant la clarté, et pour un système né en pays étranger, eux qu'on accuse tant de ne goûter que ce qui leur appartient.»

Loin des agitations qui avaient troublé sa jeunesse, Saurin pouvait se croire assuré d'une paisible et douce existence; un coup étrange et imprévu devait cependant le frapper encore. Il fréquentait un café, celui de la Laurent, dont les habitués, presque tous érudits ou gens de lettres, étaient divisés par des rivalités et des haines violentes. Quelques couplets satiriques et injurieux coururent dans le café. J.-B. Rousseau s'en avoua l'auteur, et ils lui attirèrent de telles menaces, qu'il s'abstint de revenir. Plusieurs années après, d'autres couplets sans style et sans esprit, et qui semblent, à la grossièreté près, l'œuvre d'un enfant qui s'exerce à coudre des rimes, furent remis mystérieusement à l'un des habitués du café: on soupçonna Rousseau. Sans plus ample preuve, l'un des personnages insultés lui administra des coups de bâton en pleine rue. Ne pouvant obtenir ni justice ni réparation, Rousseau chercha l'auteur des couplets, et sur des indices vraisemblables, crut le trouver dans Saurin qui fut emprisonné. On produisit un exemplaire des couplets écrit de sa main; l'accusation y vit un brouillon; suivant Saurin c'était une copie. Il composa pour sa défense un mémoire considéré par Voltaire, malheureusement fort partial, comme un des ouvrages de cette nature les plus adroits et les plus véritablement éloquents. Après une détention préventive de plus d'une année, Saurin fut acquitté faute de preuves, et il serait bien plus difficile encore d'en trouver aujourd'hui dans un sens ou dans l'autre. Quant à J.-B. Rousseau, il aurait pu se borner, comme Clément Marot, dans une circonstance semblable, à répondre à ses accusateurs:

Si mentez vous bien par la gorge.

• • • • • • • • • • • • • • • • • •

Il ne sortit oncq de ma forge
Un ouvraige si mal limé.

Les dernières années de Saurin furent consacrées à la science et au développement des idées de Descartes sur la physique; mais quoique destinées à disparaître bientôt sans retour, personne ne les attaquait dans le sein de l'Académie, où elles n'avaient pas besoin de défenseur.

Il mourut en 1737, à l'âge de soixante et dix-huit ans, après avoir obtenu depuis six ans le titre de vétéran, qui le dispensait des travaux réguliers imposés aux pensionnaires.

Les travaux nombreux et variés de de Lahire, auraient pu faire la célébrité d'un nom que son père, peintre habile, avait déjà porté avec honneur.

De Lahire était un savant universel, géomètre, astronome, physicien, mécanicien, ingénieur, anatomiste et naturaliste parfois, en même temps que très-habile artiste; capable des spéculations les plus hautes comme de la pratique la plus délicate, et curieux de toutes les sciences, il a fait preuve dans toutes d'un esprit distingué, mais n'a excellé dans aucune. Pendant cinquante ans il s'associa avec une inconcevable activité à tous les travaux de l'Académie. Orphelin à l'âge de dix-sept ans, il se rendit en Italie pour y compléter ses études d'artiste; quatre ans après il revint géomètre. L'étude de la perspective, en l'initiant aux mathématiques, lui avait montré sa véritable voie: il ne cessa plus de la suivre.

Quelques écrits rédigés à la manière des anciens sur les sections coniques et la cycloïde, et qui, sans apporter un grand progrès à la science, révélèrent son secret au public, lui ouvrirent les portes de l'Académie. Attaché bientôt avec Picard aux travaux de la carte de France, il dirigea vers les applications ses connaissances théoriques déjà très-profondes, et vit avec une sorte d'indifférence la face des mathématiques se rajeunir et se renouveler par les découvertes de Leibnitz et de Newton, qu'il n'entendit jamais bien parfaitement; toujours passionné pour la géométrie des anciens, il en resta un des représentants les plus habiles.

Son *Traité sur les épicycloïdes*, publié en 1692 dans les Mémoires de l'Académie, lui assure un rang estimable parmi les géomètres, et l'application ingénieuse qu'il en fit à la construction des roues d'engrenage est aujourd'hui devenue classique.

L'uniformité de mouvement, nécessaire dans un grand nombre de machines, est précieuse dans toutes, parce qu'elle diminue la fatigue des organes. Les variations de vitesse exigent des efforts proportionnés à leur rapidité et à la grandeur des masses en mouvement; il convient donc d'ajuster un engrenage de telle sorte que le mouvement uniforme de l'une des roues assure à l'autre une vitesse différente mais toujours constante, malgré le changement continuel des points de contact par lesquels les dents se poussent. Tel est le problème dont de Lahire, en le rattachant, il est vrai, à des principes moins simples et moins clairs, a donné plusieurs solutions élégantes, que les constructeurs soigneux adoptent encore aujourd'hui.

De Lahire fut, à l'Observatoire, le fondateur des observations météorologiques; de 1689 jusqu'à sa mort en 1718, les Mémoires de l'Académie contiennent, chaque année, le résumé de ses observations sur la température et sur la quantité de pluie tombée mensuellement à Paris. Son seul but est d'ailleurs de satisfaire ceux qui, comme lui, ont de la curiosité «pour connaître les variétés qui se rencontrent dans les saisons.» Ce travail fort pénible, qu'il ne discontinua jamais, l'obligeait à s'occuper de physique; mais quoiqu'il y ait appliqué, à plusieurs reprises, l'activité incessante de son esprit, ses idées sur plusieurs points ne peuvent être citées que comme une preuve frappante de l'incertitude des esprits les plus distingués de l'époque. De Lahire regarda toujours comme impossible la construction de deux thermomètres comparables en des lieux différents. Les points fixes qu'il adoptait étaient en effet les températures extrêmes des saisons exceptionnelles et celles des caves de l'Observatoire, et il ne fallait pas songer à les retrouver dans d'autres climats.

Amontons ayant reconnu, après Hooke et Newton, que la température de l'eau bouillante ne s'élève jamais au-dessus d'une certaine limite, de Lahire, en voyant plusieurs années de suite la température *maxima* de l'été correspondre au même degré de son thermomètre, se demanda si l'air n'a pas comme l'eau une température *maxima*, qui serait précisément celle à laquelle il s'arrête pendant les étés les plus chauds?

On est surpris également de voir de Lahire contredire, dans les Mémoires de l'Académie, une opinion émise par Mariotte, dont la vérité semble aujourd'hui trop évidente pour que l'on ose en faire honneur à aucun savant en particulier. D'où provient l'eau qui coule dans les rivières? Exclusivement de la pluie et de la fonte des neiges. Telle était la réponse de Mariotte, dont de Lahire conteste l'exactitude pour supposer de grands réservoirs intérieurs dont la chaleur terrestre élève les vapeurs, qui se condensent près de sa surface et coulent sur le premier lit de tuf ou de glaise qu'elles trouvent jusqu'à ce qu'une ouverture les jette hors du sein de la terre.

En signalant les lacunes des connaissances de de Lahire sur la physique, qui presque toutes sont, il ne faut pas l'oublier, celles de son époque, il n'est pas hors de propos de mentionner un curieux travail sur la réfraction, dans lequel il croit démontrer que les rayons lumineux décrivent dans l'atmosphère des arcs de cycloïde. Admettant pour la compression de l'air une loi très-différente de celle de Mariotte et déduite de raisonnements fort vagues, fondés sur l'analogie avec les ressorts d'acier, il croit la densité de l'air proportionnelle à la racine carrée de la distance à la limite supérieure de l'atmosphère. Cette loi de décroissement imposerait en effet aux molécules lumineuses une trajectoire cycloïdale; mais de Lahire le démontre par des considérations infinitésimales dont la forme étrange, incompréhensible pour le lecteur le plus familier avec les méthodes de Leibnitz et de Newton, peut servir d'excuse, sinon de justification, à ceux qui, comme Rolle et Galois, s'obstinaient à en nier la rigueur.

Citons enfin, pour donner une faible idée de la variété des travaux de de Lahire, un mémoire sur la cause pour laquelle les tiges des plantes s'élèvent verticalement, lors même que les graines sont tournées à contre-sens, et pourquoi les racines se retournent d'elles-mêmes pour s'enfoncer dans la terre. Il conçoit que, dans les plantes, la racine tire un suc plus grossier et plus pesant, et la tige au contraire un suc plus fin et plus volatil. En effet, dit-il, la racine passe, chez tous les physiciens, pour l'estomac de la plante où les sucs terrestres se digèrent et se subtilisent au point de pouvoir ensuite s'élever jusqu'aux extrémités des branches; et il admet ainsi que, dès les premiers jours de la vie de la plante, celle-ci se retourne et se maintient verticale, comme le fait, dans certains jouets d'enfant, un morceau de liége lesté de plomb à sa partie inférieure. Tel est en abrégé *le système*, dont suivant Fontenelle, *la simplicité seule est une preuve.* La physiologie végétale était peu avancée, on le voit, au commencement du XVIIIe siècle.

Sauveur, nommé d'abord adjoint pour les mathématiques, entra à l'Académie avec des titres scientifiques fort modestes. Absolument muet jusqu'à l'âge de sept ans, il conserva toute sa vie une grande difficulté d'élocution. Ses études chez les Jésuites de la Flèche ne furent nullement brillantes, et Fontenelle, toujours bienveillant, sans oser blâmer les professeurs qui désespéraient de lui, loue beaucoup la perspicacité de celui qui sut prévoir ce qu'il vaudrait un jour. Sauveur, que les écrits de Cicéron et de Virgile avaient laissé fort indifférent, fut charmé par l'arithmétique de Pelletier du Mans. Tout en étudiant les mathématiques avec ardeur, il se préparait à obtenir le titre de médecin, mais on le dissuada de suivre cette carrière; ce fut Bossuet, à qui on l'avait recommandé qui, le jugeant peu propre à y réussir, n'hésita pas à le lui dire et sut le lui persuader; il jugea qu'il allait trop directement au but en supprimant trop les paroles, et que le peu qui en restait était dénué de grâce. Sauveur, faute de trouver d'autres ressources, devint professeur de mathématiques, et malgré sa difficulté d'élocution, les enseigna avec grand succès. Les géomètres, dans ce temps-là, étaient rares, et vivaient, dit Fontenelle, séquestrés du monde; Sauveur, au contraire, s'y livrait complétement; quelques dames même aidèrent à sa réputation, et il devint bientôt le géomètre à la mode et le professeur des plus grands personnages; les enfants de France furent au nombre de ses élèves. Plein de candeur et de franchise, il sut plaire à tout le monde, et on put se demander, en le voyant si bien réussir même à la cour, si Bossuet ne s'était pas trop hâté de trouver dans ses manières un obstacle insurmontable à ses succès comme médecin. Sauveur calcula pour Dangeau, l'avantage du banquier contre les pontes au jeu de la bassette, qui étant fort à la mode, contribua à l'y mettre lui-même et lui fut plus utile qu'aux joueurs les plus heureux. Malgré la haute position qu'il avait su se créer, il désira longtemps, sans oser la demander lorsqu'elle se trouva vacante, la chaire de mathématiques du Collége royal, occupée d'abord par Ramus et qui alors se donnait au concours; il fallait, suivant le règlement, commencer les épreuves par une harangue, et cette nécessité, dont il s'effrayait fort, écartait Sauveur de la lice. C'est en 1686 seulement qu'il osa se présenter, mais devenu célèbre alors il lut sa harangue et l'on s'en contenta.

Sauveur, qui malgré ses succès comme professeur, resta toujours un géomètre médiocre à tous égards, devait cependant laisser un grand nom dans la science, et ses recherches sur l'acoustique le placent sans contredit au nombre des membres illustres de l'Académie.

Tandis que les disciples immédiats de Leibnitz et de Newton, les frères Bernoulli, Moivre, Stirling, Taylor et MacLaurin suivaient les voies nouvelles en les élargissant, les excellents écrits de L'Hôpital ne portaient en France aucun fruit.

Les mathématiciens devenaient rares, même à l'Académie, et tout l'usage des nouvelles méthodes était pour les compatriotes de leurs créateurs. Sans grand succès comme sans grand talent, Camus, Nicole et Lagny apportaient de temps à autre à l'Académie quelques faciles problèmes de géométrie ou d'algèbre, et si les frères Bernoulli n'avaient répondu par plusieurs pièces excellentes et singulières à l'honneur d'avoir été inscrits les premiers sur la liste des membres associés étrangers, la collection des Mémoires antérieurs à l'élection de Clairaut mériterait à peine une mention dans l'histoire des mathématiques.

On voit par exemple pendant plus de vingt ans, les géomètres de l'Académie, non-seulement partagés, mais suspendus dans une incertitude continuelle, affirmer et nier tour à tour des vérités démontrées depuis longtemps par Huyghens et restées obscures pour eux dans le grand jour où il les avait cependant placées. Huyghens avait trouvé très-exactement le temps d'une petite oscillation sur un cercle de rayon donné. Galilée d'autre part, en étudiant les lois de la chute, non sur le cercle mais sur une de ses cordes, avait trouvé, comme il le devait, un temps tout différent et parfaitement exact aussi. Parent, dans un journal scientifique qu'il publiait, s'avisa de signaler ces résultats comme contradictoires. Mariotte déjà, dans une lettre à Huyghens, avait fait la même confusion et commis la même erreur. Saurin, prévenu, dit-il plus tard, en faveur d'Huyghens, réfuta l'objection en maintenant l'exactitude des deux théories. Parent là-dessus avoue qu'il s'est trompé, mais réclame l'honneur de l'avoir reconnu seul avant les démonstrations de Saurin. C'est le sujet d'une discussion fort aigre pendant laquelle, changeant d'avis une seconde fois, il affirme, toutes réflexions faites, que la formule d'Huyghens est inexacte comme il l'avait pensé d'abord. Saurin se laisse convaincre, est élu membre de l'Académie, et le chevalier de Louville, s'appliquant à la même question et déconcerté par les raisons contraires, suivant lui irrésistibles, les énumère sans oser conclure. Saurin, plus hardi, démontre qu'il n'y a aucun doute et qu'Huyghens s'est trompé. Aucun académicien ne réclame, et c'est dix-huit ans après la première objection de Parent que la difficulté est enfin tranchée, mais non par la voie la plus courte, et que le chevalier de Louville, accordant enfin Huyghens avec Galilée, les déclare tous deux irréprochables. Mais par compensation, Louville à la même époque, réfutait une erreur prétendue de Leibnitz. La raison qui le détermine mérite qu'on la rapporte:

«Tant que cette erreur, dit-il, n'a été que celle de M. Leibnitz, je n'ai pas jugé à propos d'y répondre; mais le livre de mathématiques de Wolfius m'étant tombé entre les mains où j'y ai trouvé le même principe, j'ai cru qu'il était à propos de combattre ce faux préjugé.»

Est-il besoin d'ajouter que Leibnitz n'avait commis aucune erreur, et que le faux préjugé est tout entier chez Louville qui suit en mécanique les principes de Descartes?

Dans ces discussions, qui font si peu honneur à leur savoir, Saurin, Louville et Parent, sans méconnaître l'évidence des principes, s'embarrassent dans la seule discussion des conséquences. L'abbé de Molières, professeur de philosophie au Collége royal et membre de la section de géométrie à l'Académie, était moins avancé encore. Son esprit court et confus refusait toute attention aux théories nouvelles, et pour expliquer la nature se contentait des tourbillons. Écouté et goûté même des écoliers, il fit plus d'une fois sourire ses confrères; l'Académie refusa d'insérer dans ses Mémoires une expérience pleine d'illusion qui devait, suivant lui, réduire ses adversaires au silence. L'abbé réclama sans rien obtenir, et l'Académie, en maintenant sa décision, lui causa un tel accès d'impatience et de rage, que la fièvre le prit et qu'il en mourut sans avoir consenti à recevoir Maupertuis chargé par ses confrères de lui exprimer tout leur intérêt.

L'abbé de Gua, membre comme lui de la section de géométrie, lui succéda dans la chaire du Collége royal. De Gua semble à l'Académie le continuateur de Rolle. Attaché aux théories élémentaires de l'algèbre et de la géométrie analytique, il les a cultivées avec un esprit exact, mais peu inventif. Les mathématiques d'ailleurs ne l'occupaient pas tout entier; il s'était formé une théorie sur les phénomènes atmosphériques, en laquelle la témérité de ses prédictions révèle une inébranlable confiance. Il avait annoncé du tonnerre pour le 18 juillet 1756 et de l'orage pour le 22; la journée du 18 s'étant passée sans tonnerre, de Gua ne se montre nullement déconcerté. On lit au procès-verbal du 19 juillet: «M. l'abbé de Gua a dit qu'il fallait reculer de treize heures sur les événements prédits, et que comme le tonnerre prédit pour hier s'est passé en vent, le vent prédit pour mardi se passera en tonnerre.» Nous ignorons l'événement du mardi, mais l'abbé, pour s'expliquer, crut nécessaire d'écrire une nouvelle lettre.

Clairaut et d'Alembert, admis à l'Académie, l'un en 1731, l'autre en 1740, sont au nombre de ses membres véritablement illustres, et la géométrie leur doit, aussi bien que la mécanique céleste, quelques-uns de ses plus grands progrès. J'ai essayé ailleurs, en esquissant les traits principaux de leur caractère, d'indiquer le sujet et l'occasion de leurs principales découvertes. Ces études, quoique fort courtes, dépasseraient ici notre cadre, et je me bornerai à en extraire quelques pages où leur rôle est surtout celui de membres de l'Académie des sciences.

Alexis Clairaut fut un enfant merveilleusement précoce. Son père, pauvre professeur de mathématiques, chargé d'une nombreuse famille et forcé à une grande économie, instruisait lui-même ses enfants. Tout naturellement il leur enseignait de préférence ce qu'il savait le mieux, et la géométrie occupait une grande place dans leurs études. Les éléments d'Euclide servirent de premier alphabet à Clairaut; il se trouva bientôt capable de les entendre et d'en raisonner. Attiré par le charme des démonstrations abstraites qui lui semblaient claires et faciles, il avait lu et compris à l'âge de dix ans le traité des sections coniques du marquis de L'Hôpital. Vers le milieu de sa treizième année, il composa un mémoire sur les propriétés de quelques courbes nouvelles qui, présenté à l'Académie des sciences et approuvé par elle, fut imprimé à la suite d'un mémoire de son père dans le recueil intitulé: *Miscellanea Berolinensia.*

Le jeune frère de Clairaut ne donnait pas de moins précieuses espérances et semblait marcher sur ses traces. Il présenta comme lui à l'Académie un mémoire de mathématiques qui, de même que celui d'Alexis, semble comparable aux bons devoirs que font dans nos lycées les élèves de seize à dix-huit ans. L'instruction prématurément donnée par leur père avait donc avancé les deux enfants de quatre à cinq ans tout au plus, et si comme l'a écrit avec un peu d'exagération le géomètre Fontaine, l'esprit de Clairaut, capable de réflexion dès les premiers moments de sa vie, avait vécu, à l'âge de sept ans, sept années de plus que celui des autres hommes, il avait à cette époque perdu une partie de son avance.

Malgré la brillante carrière d'Alexis, l'exemple d'ailleurs n'est pas encourageant, et de si grands efforts d'esprit ne sont pas sans danger pour ceux qui en sont capables. Son frère n'acheva pas sa seizième année, et Alexis, atteint peu de temps après d'une fièvre cérébrale, donna lui-même de vives inquiétudes.

A l'âge de seize ans, Clairaut avait écrit un traité sur les courbes à double courbure que l'Académie accueillit avec faveur. Elle présenta peu de temps après le jeune auteur comme second candidat à la place de membre-adjoint pour la mécanique; on plaçait avant lui Saurin le fils, fort peu connu dans la science et qui depuis n'a rien fait pour elle. Bouguer, auteur d'un ouvrage excellent et original sur la lumière, ne fut présenté qu'au troisième rang. La place resta vacante pendant deux ans entiers, et lorsque Clairaut eut atteint l'âge de dix-huit ans, il fut choisi par le roi et dispensé de la règle qui fixait à vingt ans la limite d'âge des académiciens.

Pendant les années qui suivirent sa nomination, Clairaut, satisfaisant régulièrement à ses devoirs d'académicien, inséra dans les Mémoires de l'Académie plusieurs écrits, dans lesquels il se montre à la hauteur de ses confrères, sans s'élever nettement au-dessus d'eux. Son jour n'était pas encore venu.

Lorsque pour terminer par une décision certaine la question encore douteuse de l'aplatissement de la terre, l'Académie, aidée par le ministre Maurepas, envoya deux expéditions, l'une à l'équateur, l'autre au cercle polaire, Clairaut, âgé de vingt-trois ans, acceptant Maupertuis pour chef, consentit à partir pour la Laponie. Malgré la supériorité de son génie, Clairaut ne joua pas le premier rôle dans l'expédition. Maupertuis, présomptueux et vain, mais entreprenant et actif, avait été le chef et le guide de la commission; il attira à lui la gloire du succès que Clairaut ne chercha pas à lui disputer. C'est Maupertuis qui rendit compte du travail commun et qui soutint les discussions auxquelles il donna lieu; ce fut lui qui se fit peindre et graver, la tête affublée d'un bonnet d'ours, et aplatissant le globe de ses mains; c'est lui enfin à qui Voltaire, dans des vers fort ampoulés, promettait l'immortalité. Clairaut, qui ne rechercha pas les louanges de Voltaire, n'encourut jamais non plus sa redoutable inimitié. Il obtint une des pensions de l'Académie; le roi en augmenta le chiffre en sa faveur, et assuré d'une modeste aisance, il reprit tranquillement ses travaux.

Préoccupé tout naturellement de l'étude théorique de la forme de la terre, Clairaut, dans un premier écrit inséré dans les *Transactions philosophiques*, reprend, pour la perfectionner, sans toutefois la rendre irréprochable, la méthode un peu hasardée par laquelle Newton avait déterminé, dans le *Livre des principes*, la valeur numérique de l'aplatissement du globe. Le raisonnement de l'illustre géomètre, fondé seulement sur un calcul approché, supposait, sans essai de preuve, que la forme de la terre doit être celle d'un ellipsoïde de révolution. Clairaut le démontre, ou croit le démontrer, en sacrifiant lui-même, sur bien des points, la rigueur et l'exactitude géométriques. Dans ce premier essai encore, on reconnaît plus d'habileté à tourner les difficultés que de force pour les surmonter. Le beau problème de l'attraction des ellipsoïdes se présente à lui comme il s'était présenté à Newton; mais Clairaut, comme lui, profite de ce que la terre diffère peu d'une sphère, pour substituer à des calculs exacts des résultats approchés seulement, et bien plus faciles à obtenir.

L'ouvrage qu'il rédigea ensuite sur la même question est également le résultat de ses méditations sur les causes de l'aplatissement qu'il avait constaté au pôle. Rejetant cependant la gêne des chiffres, toujours inexacts et souvent contradictoires, il fait peu d'usage des mesures si péniblement obtenues et cherche la forme géométrique et pure d'une planète liquide, soustraite aux agitations accidentelles et à la variation incessante des forces perturbatrices, sous l'influence desquelles aucun ordre ne peut subsister. En Laponie, pendant les longues nuits d'hiver et les longues journées d'été, Clairaut avait pu bien souvent ébaucher ses beaux théorèmes et en méditer à loisir la démonstration; mais s'il arriva même que, confiant dans l'habileté de ses compagnons, il leur ait quelquefois abandonné l'honneur et le soin de mettre l'œil à la lunette, ce fut une fructueuse paresse, qu'il ne faut pas regretter. L'ouvrage de Clairaut sur la forme de la terre vaut plus à lui seul que l'expédition tout entière. Ce chef-d'œuvre, digne de devenir classique, supérieur, comme l'a écrit d'Alembert, à tout ce qui avait été fait jusque-là sur cette matière, n'a pas été surpassé depuis. C'est peut-être, de tous les écrits mathématiques composés depuis deux siècles, celui qui, par la forme sévère et la profondeur ingénieuse des démonstrations, pourrait le mieux être comparé, égalé même, aux plus beaux chapitres du *Livre des principes*. Clairaut évidemment a lu et médité profondément l'œuvre admirable de Newton. Il s'est pénétré de sa méthode de recherche et de démonstration, et, de ce commerce intime avec un génie plus grand que le sien, mais de même famille, est sorti un géomètre tout nouveau. Les premiers travaux de Clairaut avaient donné de grandes espérances; le traité sur la figure de la terre les dépasse toutes, et de bien loin.

La collection des Mémoires de l'Académie des sciences pour 1742 contient un important mémoire de Clairaut sur quelques problèmes de mécanique. Les questions sur lesquelles il s'exerce sont les mêmes, pour la plupart, qui devaient se retrouver dans le traité de mécanique, composé alors, mais publié l'année suivante seulement par d'Alembert. La méthode suivie par Clairaut, moins générale et moins complète dans son énoncé que celle de d'Alembert, n'en diffère pas essentiellement dans l'application à chaque question; et l'on comprend, en lisant son mémoire, que mis en présence d'un même problème, les deux illustres géomètres aient pu l'aborder avec la même confiance et combattre à armes égales.

L'ouvrage de Clairaut sur la théorie de la lune et sur le problème des trois corps, présenté en 1747 à l'Académie des sciences de Paris, et couronné en 1750 par celle de Saint-Pétersbourg, offre, avec non moins d'art que la théorie de la forme de la terre, mais moins de pureté et de rigueur dans l'étude d'une question peut-être insoluble, une habileté et une élégance analytique qui montrent le talent de Clairaut sous un jour entièrement nouveau. Ce n'est plus le disciple de Newton, c'est le rival de d'Alembert.

Les premiers calculs de Clairaut indiquaient, pour le mouvement de l'apogée lunaire, une vitesse deux fois trop petite. Au lieu d'attribuer à l'imperfection de sa méthode ce désaccord avec les observations, également rencontré par d'Alembert et par Euler, Clairaut préféra accuser l'insuffisance de la loi d'attraction, et ébranlant lui-même tout son édifice, crut avoir contraint les géomètres à ajouter un terme nouveau au terme simple donné par Newton.

Le calcul dont Clairaut faisait son fort, n'étant pas poussé à bout, pouvait à peine motiver un doute. Buffon refusa avec raison de corrompre, par l'abandon si précipité du principe, la simplicité d'une théorie si grande et si belle. En étudiant d'ailleurs de nouveau la question avec autant de patience que de bonne foi, Clairaut, pour reconnaître son erreur, n'eut pas besoin de rectifier son calcul, mais de le continuer. L'inspiration de Buffon fut donc des plus heureuses; mais malgré toute la force que donne la vérité, il n'eut pas l'avantage dans la discussion, et en s'efforçant de fonder une loi mathématique sur un préjugé métaphysique, le grand écrivain ne retrouva ni son éloquence, ni sa clarté accoutumée. Il est bon peut-être de montrer, par quelques passages de son mémoire, jusqu'où peut aller l'égarement d'un homme de grand talent, lorsque, cherchant ses lumières en lui-même, il ose s'aventurer dans des régions qu'il ne connaît pas.

«L'attraction, dit-il, croyant alléguer un principe qu'il croit incontestable, doit se mesurer, comme toutes les qualités qui partent d'un centre, par la raison inverse du carré de la distance, comme on mesure en effet la quantité de lumière, l'odeur et toutes les autres qualités qui se propagent en ligne droite et se rapportent à un centre. Or il est bien évident que l'attraction se propage en ligne droite, parce qu'il n'y a rien de plus droit qu'un fil à plomb.»

La conclusion lui semble rigoureuse et indubitable, et Buffon lui trouve, pour sa part, la force et l'évidence d'une démonstration mathématique; «Mais, comme il est, dit-il, des gens rebelles aux analogies, Newton *a cru* qu'il valait mieux établir la loi de l'attraction par les phénomènes mêmes que par toute autre voie.» Non-seulement ces arguments ne sont ni clairs ni persuasifs, mais «placés, comme dit Montaigne, en dehors des limites et dernières clôtures de la science,» ils ne touchent pas même à la question. Clairaut répondit cependant, et cette discussion eut ce caractère singulier et sans exemple, que la vérité y fut défendue par des arguments qu'il a fallu citer textuellement pour en faire connaître l'insignificance et la faiblesse, tandis que celui des adversaires qui, en somme, se trompe, raisonne cependant avec autant de finesse que de rigueur.

Quoique loin de prétendre à la perfection théorique, Clairaut eût simplement présenté ses résultats comme des approximations successives, on lui reprocha d'avoir abandonné la rigueur traditionnelle des méthodes mathématiques. Fontaine était habitué à la rectitude inflexible du géomètre qui, ne souffrant rien d'imparfait, atteint, par une voie toujours droite, la vérité tout entière. En voyant cette marche timide, par laquelle de continuelles et croissantes approximations font tourner, pour ainsi dire, autour d'une difficulté qui reste invincible, et ces calculs qui, n'étant jamais achevés et ne pouvant jamais l'être, ne prétendent jamais non plus à la dernière perfection, il cria au paralogisme, presque à la trahison. Mais, non content de protester contre cette dérogation nécessaire à la sévère rigueur d'Euclide, il affirma que les principes de Clairaut, exactement et régulièrement suivis, assignaient à la lune une orbite circulaire. La question était facile à éclaircir, et l'erreur de Fontaine bien aisée à démontrer. Clairaut, sans abuser de son avantage, répondit avec autant de modération que de force. Un seul point, dit-il, l'a choqué dans les critiques de M. Fontaine et lui semble révoltant. Le mot n'est pas trop fort, car non content d'indiquer les calculs à faire, Clairaut les avait effectués; et contester ses résultats, presque tous conformes aux observations, c'était l'accuser tout ensemble d'erreur et d'imposture. Pressé par l'évidence de la vérité, Fontaine n'avait rien à répondre; il se tut en effet. Mais après la mort de Clairaut, il écrivit son éloge, dans lequel on lit les lignes suivantes:

«Newton n'a pu tout faire dans le Système du monde... sa Théorie de la lune n'était qu'ébauchée. M. Clairaut a tracé la ligne qu'elle doit suivre en obéissant à la triple action qui maîtrise son cours et qui la retient suspendue entre le soleil et la terre, il nous a montré dans des tables exactes tous les pas qu'elle fait dans les cieux.» Il est impossible, on le voit, de faire plus complétement amende honorable.

Vers la fin de l'année 1757, les savants commencèrent à se préoccuper du retour de la comète de 1682, hardiment annoncé, soixante-seize ans à l'avance, par l'astronome anglais Halley. L'orbite de cette comète, calculée par lui, se rapprochait assez en effet de celles des comètes de 1607 et de 1531 pour faire croire à l'identité des trois astres. Il y avait toutefois cette différence qu'il s'était écoulé plus de soixante-seize ans entre les deux premières apparitions, et un peu moins de soixante-quinze entre la seconde et la troisième. Mais Halley expliquait cette irrégularité par l'action des planètes rencontrées pendant ce long circuit. Il avait même ajouté que l'action de Jupiter devant vraisemblablement augmenter le temps de la révolution nouvelle, ses successeurs verraient sans doute l'astre errant vers la fin de 1758 ou le commencement de 1759. Une telle prédiction n'était pas sans précédent. Jacques Bernoulli en avait hasardé une plus précise encore, en annonçant le retour de la comète de 1680 pour le 17 juin 1705. Mais l'astre ne parut pas, et tous les astronomes de l'Europe restèrent en observation pendant la nuit entière et en furent pour leur peine.

Clairaut, acceptant l'hypothèse de Halley, voulut convertir en une appréciation exacte et précise les vagues indications de l'astronome anglais. L'exécution d'un tel projet devait être immédiate, et après l'événement accompli, ses résultats eussent semblé sans valeur. Abandonnant tout autre travail, il commença d'immenses calculs, dont le plus grand mérite est cependant l'art avec lequel il sut les abréger; car une heureuse avarice en pareille matière est, comme l'a dit Fontenelle, la meilleure marque de la richesse, et il faut bien connaître le pays pour suivre les petits sentiers qui épargnent tant de peine au voyageur.

Tout était terminé le 14 novembre 1758, et Clairaut annonçait à l'Académie que la comète, retardée de 100 jours par l'action de Saturne, et de 118 par celle de Jupiter, passerait au périhélie vers le 13 avril 1759.

«On sent, ajoutait-il, avec quel ménagement je présente une telle annonce, puisque tant de petites quantités, négligées nécessairement par les méthodes d'approximation pourraient bien en altérer le terme d'un mois.» Cette prédiction fut ponctuellement accomplie. La comète se montrant au temps préfix, passa au périhélie le 13 mars 1759. L'admiration fut universelle, mais elle ne fit pas taire l'envie, et l'applaudissement ne fut pas tout entier pour Clairaut. Ceux qui, n'ayant pas cru à l'exactitude de la prédiction, s'apprêtaient à rire de sa déconvenue, furent les plus ardents à rapporter à Halley tout l'honneur du succès. Qui osera prétendre après cela, dit spirituellement Clairaut, que l'apparition d'une comète soit sans influence sur l'esprit humain? *Le Mercure* du mois d'avril, en annonçant la grande nouvelle, parle, sans nommer Clairaut, de la prédiction heureusement accomplie de *Halley*. Dans une lettre adressée au journal encyclopédique de juillet, l'académicien Lemonnier qui, sur les glaces de la Tornéa, avait partagé les travaux de Clairaut, pousse encore plus loin le mauvais vouloir et l'injustice. Halley, suivant Lemonnier, a tout fait et doit seul être loué; ceux qui citent, dit-il, un mémoire lu à la rentrée publique de l'Académie en novembre 1758, n'ont jamais cité qu'un discours sans analyse, lequel n'a pas même été relu et examiné, selon l'usage, dans les séances particulières de l'Académie, et il ajoute, avec une intention blessante à la fois pour Clairaut et pour d'Alembert: «On ne doute pas que les méthodes d'approximation n'aient fait dans ces derniers temps un progrès considérable, ou du moins que dans un temps où M. Euler publie successivement tant de méthodes analytiques dont il est l'inventeur, on ne puisse produire aujourd'hui des calculs d'approximation plus satisfaisants que n'ont fait quelques astronomes anglais contemporains de Newton.» L'injustice et l'esprit de dénigrement se montrent avec tant d'évidence, que le public même ne dut pas s'y méprendre. Clairaut fut cependant profondément blessé et bien des ennuis se mêlèrent pour lui à la joie du triomphe. Une objection plus fondée fut adressée aux admirateurs trop exaltés de Clairaut. Les calculs sont tellement exacts, avait-on dit, que sur une période de soixante-seize ans, l'erreur est d'un mois à peine, c'est-à-dire $1/900$ environ du tout. On répondait, et non sans raison, que l'inconnue à calculer n'était pas la durée de la révolution, et que la différence des deux périodes consécutives était seule en question. Cette appréciation, sans être injuste, tend à diminuer le mérite de Clairaut, et d'Alembert, qui lui prêta, en la développant, toute l'autorité de son nom, aurait mieux fait de laisser ce soin à d'autres.

Clairaut répondit à ses adversaires, à d'Alembert surtout, avec beaucoup de sincérité, de modération, de douceur même, et, pour tout dire enfin, avec la droiture d'un géomètre. Il tient à établir d'abord qu'il n'est pas l'agresseur: «Les fautes de procédé, dit-il, m'ont toujours en effet paru plus importantes que celles que l'on peut commettre dans les calculs.»

Clairaut mourut, le 17 mai 1765, à l'âge de cinquante-deux ans, après une courte maladie. Son père, qui lui survécut, avait perdu avant lui dix-neuf autres enfants; il lui restait une fille, à laquelle le roi accorda immédiatement une pension, en mémoire des services rendus à la science par son illustre frère.

Jean Lerond d'Alembert, né à Paris le 16 novembre 1717, fut exposé immédiatement après sa naissance sur les marches de l'église Saint-Jean-

Lerond, située près de Notre-Dame. Le commissaire de police du quartier, touché de sa chétive apparence, n'osa pas l'envoyer aux enfants trouvés, et le confia à une pauvre et honnête vitrière par laquelle il fut bientôt adopté complétement. Sans se faire connaître, le père de d'Alembert lui assura une pension de 1,200 livres qui, en apportant un peu d'aisance dans la maison de sa mère d'adoption, permit de développer par l'éducation les rares facultés du pauvre enfant abandonné. Placé à l'âge de quatre ans dans une petite pension, il y resta jusqu'à douze; mais son maître, dès sa dixième année, déclarait n'avoir plus rien à lui apprendre et proposait de le faire entrer au collége dans la classe de seconde. La santé encore languissante du jeune écolier ne permit pas de suivre ce conseil, et ce fut deux ans après seulement qu'on le plaça au collége Mazarin, où sous la règle du plus austère jansénisme, il termina brillamment ses études.

La philosophie qu'on lui enseigna fut celle de Descartes: les idées innées, la prémotion physique et les tourbillons choquèrent son esprit rigoureux et précis sans y apporter aucune lumière. Les seules leçons fructueuses qu'il reçut, dit-il, pendant ses deux années de philosophie, furent celles de M. Caron, professeur de mathématiques qui, sans être profond géomètre, enseignait avec clarté et précision. Il ne fit que lui ouvrir la voie, d'Alembert la suivit seul. Cédant à son inclination naturelle, il allait, tout en faisant ses études de droit, s'instruire sommairement dans les bibliothèques des théories mathématiques les plus difficiles, dont il s'exerçait ensuite à retrouver les détails dans sa tête. Celui qui peut suivre une telle méthode est bien près de devenir inventeur: d'Alembert s'élançait en effet avec tant d'ardeur vers les régions encore inconnues que, devançant quelquefois ses livres, il croyait découvrir des vérités et des méthodes nouvelles, qu'il rencontrait ensuite, avec un dépit mêlé de plaisir, dans quelque auteur plus avancé.

Les amis de d'Alembert le détournaient des travaux mathématiques, qu'ils regardaient, non sans quelque raison, comme un mauvais moyen d'arriver à la fortune. Il se décida, suivant leurs sages conseils, à étudier la médecine, et bien résolu de s'y livrer tout entier, eut le courage de porter chez un ami tous ses livres de science, dont la séduction pourrait mettre obstacle à ses projets; mais son esprit heureusement était moins soumis que sa volonté: la géométrie le poursuivait au milieu de ses nouvelles études. Lorsqu'un problème venait à troubler son repos, d'Alembert, impatient de toute contrainte même volontaire, allait chercher un des volumes qui, peu à peu, et presque sans qu'il s'en fût aperçu, revinrent chez lui l'un après l'autre. Reconnaissant alors que la lutte était inutile et la maladie sans remède, il en prit joyeusement son parti; les travaux commencés timidement et comme à regret furent continués sans scrupule et avec ardeur. Rassemblant bientôt ses forces, inutilement dispersées jusque-là, d'Alembert composa deux mémoires de mathématiques qui, à l'âge de vingt-trois ans, lui ouvrirent les portes de l'Académie des sciences; il ne fut plus dès lors question de médecine.

Trois ans après son entrée à l'Académie, d'Alembert publiait le célèbre *Traité de Mécanique* dont le principe, entièrement nouveau, devait renouveler et changer la science du mouvement.

La Théorie de la précession des équinoxes, publiée en 1749, marque un nouveau progrès dans le talent de d'Alembert. Le phénomène de la précession des équinoxes, signalé par Hipparque, 130 ans avant notre ère, consiste dans le déplacement continu des points équinoxiaux où le plan de l'équateur rencontre celui de l'écliptique. L'un de ces plans au moins change donc avec le temps; la comparaison de chacun d'eux avec les étoiles montre avec évidence, dans le déplacement de l'équateur et par suite de l'axe terrestre, la cause du phénomène. La terre, Copernic a osé l'affirmer, ne tourne donc pas toujours autour du même axe; mais quelle peut être la cause de cette rotation si régulière et si lente, et la signification des vingt-six mille ans nécessaires pour en accomplir la perfection?

Cette recherche avait occupé et découragé l'imagination si hardie de Képler, et l'honneur d'en révéler le secret était réservé à Newton. La terre n'étant ni homogène ni parfaitement sphérique, les forces d'attraction de la lune et du soleil qui déterminent et troublent son mouvement elliptique ne passant pas rigoureusement par son centre, il en résulte qu'en la déplaçant dans l'espace, elles tendent en même temps à lui imprimer un mouvement de rotation qui, se combinant avec celui qu'elle possède déjà, altère incessamment la direction de l'axe autour duquel elle tourne. Pour calculer avec précision les lois d'un tel phénomène, il fallait créer la théorie du mouvement d'un corps solide sollicité par des forces connues; cette théorie manquait à Newton, et les considérations par lesquelles il tente d'y suppléer sont sans rigueur comme sans exactitude. D'Alembert vit dans ce nouveau problème une belle application de son principe de dynamique, et après avoir fait connaître la méthode exacte relative au cas général, en déduisit habilement non-seulement les lois de la précession, mais celles de la nutation, récemment révélées par les observations de Bradley.

En 1747, d'Alembert avait présenté à l'Académie des sciences de Paris un mémoire sur le problème des trois corps dont l'apparition marque pour la mécanique céleste le commencement d'une période nouvelle de découvertes et de progrès. La théorie de la gravitation, qui depuis la publication du livre des *Principes* n'avait subi aucun perfectionnement sérieux, était reprise pour la première fois après cinquante ans, à l'aide de méthodes nouvelles et plus puissantes. Par une coïncidence singulière, Clairaut, dans la même séance, présentait un mémoire sur le même sujet, dont Euler, alors à

Berlin, s'occupait activement, sans en avoir toutefois rien communiqué au public.

En réalité, l'illustre auteur du livre des *Principes* n'avait fait, suivant d'Alembert, qu'ébaucher les premiers traits de la matière. Quelque lumière qu'il ait portée dans l'ordre de l'univers, il n'a pu manquer, ajoute-t-il, de sentir qu'il laisserait beaucoup à faire à ceux qui le suivraient, et c'est le sort des pensées des grands hommes d'être fécondes non-seulement dans leurs mains, mais dans celles des autres. L'analyse mathématique a heureusement acquis depuis Newton,—c'est toujours d'Alembert qui parle,—différents degrés d'accroissement; elle est devenue d'un usage plus étendu et plus commode, et nous met en état de perfectionner l'ouvrage commencé par ce grand philosophe. Il suffit à sa gloire que plus d'un demi-siècle se soit écoulé sans qu'on ait presque rien ajouté à sa théorie de la lune, et il y a peut-être plus loin du point d'où il est parti à celui où il est parvenu, que du point où il est resté à celui auquel nous pouvons maintenant atteindre.

D'Alembert, âgé de trente-deux ans et membre des Académies de Paris et de Berlin, ne s'était fait connaître que comme géomètre; il trouvait sous le toit de celle qui lui servait de mère toute la tranquillité nécessaire à ses profondes recherches. Le monde, je veux dire les sociétés brillantes dans lesquelles d'Alembert devait être bientôt recherché et admiré, était alors pour lui sans attrait; il ne le connaissait ni ne le désirait. Quelques amis dévoués, dont plusieurs devinrent illustres, formaient sa société habituelle, et le profond géomètre était cité comme le plus gai, le plus plaisant et le plus aimable de tous. L'un d'eux, Diderot, exerça sur d'Alembert une grande influence, et leurs noms, attachés à une œuvre célèbre et grandiose, sont pour bien des gens devenus inséparables. Le discours préliminaire de l'*Encyclopédie*, écrit en entier par d'Alembert, contient, dit-il, la quintessence des connaissances mathématiques, philosophiques et littéraires, acquises par vingt années d'études. Il fut reçu avec applaudissement et considéré comme une œuvre de premier ordre. L'admiration de Voltaire et de Montesquieu, les louanges sans restriction du roi Frédéric, celles enfin de Condorcet, ne permettent pas de traiter légèrement cette célèbre préface, aujourd'hui bien oubliée. La classification des connaissances humaines par laquelle il débute est cependant incomplète et arbitraire, et la manière plus ingénieuse que naturelle dont il croit les faire naître les unes des autres semble singulièrement choisie comme introduction à un dictionnaire, où l'ordre alphabétique seul règle la succession des articles.

D'Alembert, peu de temps après, fut nommé membre de l'Académie française. Vers la même époque, la réputation croissante du philosophe géomètre décida celle qui l'avait abandonné lors de sa naissance à réclamer les droits dont elle était devenue fière. Mme de Tencin lui fit savoir qu'elle était sa mère; mais d'Alembert, la repoussant à son tour, n'en voulut jamais reconnaître d'autre que la pauvre vitrière, dont il resta jusqu'au dernier jour le fils affectueux et dévoué.

Malgré ses occupations littéraires, d'Alembert ne cessa jamais d'accorder une grande place dans ses travaux à la haute géométrie. Également attiré par la recherche des vérités utiles et par le plaisir de vaincre les difficultés de la science, il publia, de 1761 à 1782, huit volumes d'opuscules mathématiques, contenant de nombreux mémoires relatifs aux sujets les plus élevés et les plus difficiles de la mécanique céleste, de l'analyse pure et de la physique. La division des forces de d'Alembert ne semble pas les avoir affaiblies, et ces écrits suffiraient pour placer l'auteur au nombre des grands géomètres. Il serait malaisé d'en faire ici le dénombrement. Parmi les questions traitées par d'Alembert, nous en citerons une seulement sur laquelle il est revenu à plusieurs reprises, après en avoir fait le sujet de l'une de ces lectures écoutées avec tant d'empressement par les gens du monde.

Malgré les travaux de Pascal, d'Huyghens et de Jacques Bernoulli, d'Alembert refuse d'accepter leurs principes sur la théorie des chances, et de voir dans le calcul des probabilités une branche légitime des mathématiques. Le problème qui fut le point de départ de ses doutes et l'occasion de ses critiques est resté célèbre dans l'histoire de la science sous le nom de «problème de Saint-Pétersbourg.» On suppose qu'un joueur, Pierre, jette une pièce en l'air autant de fois qu'il faut pour amener face. Le jeu s'arrête alors, et il paye à son adversaire, Paul, un franc s'il a suffi de jeter la pièce une fois, deux francs s'il a fallu la jeter deux fois, quatre francs s'il y a eu trois coups, puis huit francs, et ainsi de suite en doublant la somme chaque fois que l'arrivée de face est retardée d'un coup. On demande combien Paul doit payer équitablement en échange d'un tel engagement?

Le calcul fait par Daniel Bernoulli, qui avait proposé le problème, et conforme aux principes admis par tous les géomètres, à l'exception du seul d'Alembert, exige que l'enjeu de Paul soit infini. Quelque somme qu'il paye à Pierre avant de commencer le jeu, l'avantage sera de son côté; tel est dans ce cas le sens du mot infini. Ce résultat, quoique très-véritable, semble étrange et difficile à concilier avec les indications du bon sens, d'après lesquelles aucun homme raisonnable ne voudrait risquer à un tel jeu une somme un peu forte, 1,000 francs par exemple.

L'esprit de d'Alembert, embarrassé dans ce paradoxe, ne craignit pas de condamner les principes, indubitables pourtant, qui y conduisent, en proposant, pour en nier la rigueur et en contester l'évidence, les raisonnements les moins fondés et les plus singulières objections. Il refuse, par exemple, aux géomètres le droit d'assimiler dans leurs déductions cent épreuves faites successivement avec la même pièce à cent autres faites simultanément avec cent pièces différentes. «Les chances, dit-il, ne sont pas les mêmes dans les deux cas,» et la raison qu'il en donne est fondée sur un singulier sophisme: «Il est très-possible, dit-il, et même facile de produire le même événement en un seul coup autant de fois qu'on le voudra, et il est au contraire très-difficile de le produire en plusieurs coups successifs, et peut-être impossible, si le nombre des coups est très-grand.»—«Si j'ai, ajoute d'Alembert, deux cents pièces dans la main, et que je les jette en l'air à la fois, il est certain que l'un des coups croix ou pile se trouvera au moins cent fois dans les pièces jetées, au lieu que si l'on jetait une pièce successivement en l'air cent fois, on jouerait peut-être toute l'éternité avant de produire croix ou pile cent fois de suite.» Est-il nécessaire de faire remarquer que les deux cas assimilés sont entièrement distincts, et que jeter deux cents pièces en l'air pour choisir celles qui tournent la même face, c'est absolument comme si l'on jetait en l'air une pièce deux cents fois de suite, en choisissant après, pour les compter seules, les épreuves qui ont fourni le résultat désiré? Dans cette discussion, qui d'ailleurs n'occupe qu'une bien faible place parmi ses opuscules, d'Alembert se trompe complétement et sur tous les points. Son esprit, toujours prêt à s'arrêter, en déclarant impénétrable tout ce qui lui semble obscur, était plus qu'un autre exposé au péril de condamner légèrement les raisonnements si glissants et si fins du calcul des chances.

Quant au paradoxe du problème de Saint-Pétersbourg, il disparaît entièrement lorsqu'on interprète exactement le sens du résultat fourni par le calcul: une convention équitable n'est pas une convention indifférente pour les parties; cette distinction éclaircit tout. Un jeu peut être à la fois très-juste et très-déraisonnable pour les joueurs. Supposons, pour mettre cette vérité dans tout son jour, que l'on propose à mille personnes possédant chacune un million de former en commun un capital d'un milliard, qui sera abandonné à l'une d'elles désignée par le sort, toutes les autres restant ruinées. Le jeu sera équitable, et pourtant aucun homme sensé n'y voudra prendre part. En termes plus simples et plus évidents encore, le jeu, lors même qu'il n'est pas inique, devient imprudent et insensé pour le joueur dont la mise est trop considérable. Le problème de Saint-Pétersbourg offre, sous l'apparence d'un jeu très-modéré, dans lequel on doit vraisemblablement payer quelques francs seulement, des conventions qui peuvent, dans des cas qui n'ont rien d'impossible, forcer l'un des joueurs à payer une somme immense, et la répugnance instinctive qu'un homme de bon sens éprouve à admettre les conditions fournies par le calcul n'est autre chose au fond que la crainte très-fondée d'exposer à un jeu de hasard, même équitable, une somme de grande importance avec la presque certitude de la perdre.

Honnête homme et homme de bien, d'Alembert fut aimé et estimé de tous ceux qui l'ont connu. Ses contemporains ont exalté à l'envi sa bonté et sa générosité, toujours prête, sans ostentation de vertu. Admiré et vanté, jeune encore, par les juges les plus illustres, il n'excita l'envie de personne. Il s'exerça dans les genres les plus divers, et, sans avoir produit dans tous d'immortels chefs-d'œuvre, il fut placé par l'opinion au premier rang des savants, des littérateurs et des philosophes. Sans fortune, sans dignités, malgré le malheur de sa naissance et l'humble simplicité de sa vie, il fut grand entre ses contemporains par l'étendue de son influence. L'élévation de son caractère égala celle de son esprit. Dans son commerce familier et intime avec les plus grands personnages de son siècle, il sut conserver sans froideur toute la dignité de ses manières et obtenir sans l'exiger autant de déférence au moins qu'il en accordait; mais quoique sensible à la gloire et aux satisfactions de l'amour-propre, il ne cessa jamais, au milieu de ses succès, si nombreux et si constants, de chercher en vain le bonheur, qu'il n'entrevit qu'un instant; celui d'une affection profonde, dévouée, exclusive, et pour tout dire enfin, égale à celle dont il se sentait capable.

Les journalistes contemporains ont souvent affecté de placer Fontaine à côté et au-dessus de d'Alembert et de Clairaut. Il n'est pas responsable d'un tel rapprochement. Il était réellement inventif et habile, et quoiqu'il n'ait pas laissé de traces profondes dans la science, son passage y mérite au moins un souvenir. Les rares relations de Fontaine avec ses confrères montrent un caractère difficile et bizarre. Sa prétention d'étudier les vanités des hommes pour les blesser dans l'occasion aurait dû lui imposer pour lui-même une modestie qui lui manque trop souvent. «Lorsque j'entrai à l'Académie, dit-il dans un de ses mémoires, l'ouvrage que M. Jean Bernoulli avait envoyé en 1730, qui est un chef-d'œuvre, venait de paraître; cet ouvrage avait tourné l'esprit de tous les géomètres de ce côté-là, on ne parlait que du problème des tautochrones, j'en donnai la solution que voici, et on n'en parla plus.» Ce tour presque sublime et ces paroles plus grandes que le sujet pourraient faire sourire ceux mêmes qui ignorent l'histoire véritable du problème. La vérité est qu'on en a souvent parlé depuis sans mentionner la solution, exacte d'ailleurs, de Fontaine.

L'empressement de l'Académie à s'adjoindre Maupertuis semble révéler de puissantes protections.

On lit au procès-verbal du 7 décembre 1723: «M. de Maupertuis est entré et a présenté deux mémoires de lui sur des matières d'histoire naturelle.» Agé alors de vingt-trois ans, il s'adressait pour la première fois à l'Académie.

Huit jours après, M. de Maurepas fait savoir à l'Académie que M. de Camus s'étant montré inexact, sa place est déclarée vacante, et l'Académie, sans élever la moindre objection, y nomme Maupertuis. Le 27 décembre suivant, on lit au procès-verbal: «Le roi a autorisé M. de Beaufort, adjoint-géomètre, à prendre le titre d'adjoint-mécanicien, actuellement vacant, et M. de Maupertuis est nommé à la place d'adjoint-géomètre qui lui convient mieux.»

Ses seuls titres étaient alors deux mémoires inédits d'histoire naturelle dont le titre même nous est inconnu.

Maupertuis, académicien à vingt-quatre ans, sans avoir fait ses preuves en aucun genre, sembla d'abord prendre parti pour la géométrie, et ses premiers mémoires, sans rien apprendre aux géomètres habiles de l'époque, montrent la connaissance exacte des méthodes et des raisonnements mathématiques. Dès les premières années cependant, on voit apparaître le philosophe téméraire et superficiel prêt à trancher toutes les questions sans s'être préparé à en approfondir aucune. Interrompant ses études de géométrie pour des recherches que sa manière de raisonner lui rendait plus faciles, Maupertuis, sans donner ombre de preuves, propose une *théorie générale des instruments de musique*: les tables, qui dans chaque cas accompagnent le corps sonore sont, suivant lui, composées de fibres qui, semblables à des cordes isolées, peuvent vibrer inégalement et s'unir chacune à la note qui lui convient pour en accroître la résonnance.

C'est cette théorie dont le père Castel avait osé se moquer dans quelques lignes parfaitement justes, qui furent cependant trouvées insupportables. L'Académie, choquée, il est vrai, par les critiques adressées à tous les mémoires de l'année, préluda avec moins de retentissement et de rigueur mais autant d'injustice, aux inqualifiables sévérités exercées plus tard à Berlin contre un autre contradicteur de Maupertuis.

On raconte qu'un jour, mollement étendu dans un fauteuil, Maupertuis disait: «Je voudrais bien avoir à résoudre un beau problème qui ne serait pas difficile.» Cette parole le peint tout entier. Esprit agité sans consistance, remuant sans être actif, incapable de contention et d'effort, il a conservé pendant toute sa vie la science incomplète et superficielle qui lui valut ses premiers succès. Répandant son esprit en paroles et en conjectures, il se piqua de littérature et de philosophie; malgré leurs vastes prétentions, ses écrits, aussi pauvres par le fond que médiocres par le style, n'appartiennent plus dès lors à l'histoire de la science, et le bienveillant et timide Grandjean de Fouchy, en les mentionnant dans l'éloge de Maupertuis, décline avec raison sa compétence. Prompt à saisir la faveur des grands et à la ménager, Maupertuis fit de sa réputation scientifique l'instrument de sa fortune. Au milieu de l'applaudissement et de la faveur dont le succès de l'expédition du Nord l'avait entouré, Frédéric crut faire merveille en lui donnant, avec des avantages extraordinaires, la direction de l'Académie de Berlin. Il y brilla d'un éclat passager jusqu'au jour où l'impitoyable justice de Voltaire vint changer en un ridicule immortel le vain bruit qui avait entouré son nom.

Au nombre des géomètres de l'Académie, il serait injuste de ne pas citer Deparcieux qui, sans avoir pénétré les profondeurs de la science, a su joindre à un esprit juste une persistance infatigable dans l'étude des applications utiles.

C'est de lui que Voltaire a dit dans *l'Homme aux quarante écus*: «Mon géomètre était un citoyen philosophe...—Je lui dis: Monsieur, vous avez tâché d'éclairer les badauds de Paris sur le plus grand intérêt des hommes, la durée de la vie humaine. Le ministère a connu par vous seul ce qu'il doit donner aux rentiers viagers, selon leurs différents âges; vous avez proposé de donner aux maisons de la ville l'eau qui leur manque...»

Deparcieux, en effet, a publié des tables qui pendant longtemps furent les seules sur les probabilités de la vie humaine en France, et un projet très-minutieusement étudié pour amener à Paris les eaux de la rivière de l'Ivette.

Le début du livre de Deparcieux ne semble promettre que des calculs et des chiffres exacts, et les premières lignes sont écrites pour écarter quiconque n'est pas géomètre.

Soit B, dit-il sans autre exorde, l'intérêt que rapporte un certain fonds A; P, l'argent qu'on prête annuellement. . . . . Ce début donnerait d'ailleurs une idée très-inexacte de la forme de l'ouvrage et de son esprit; certains passages pourraient au contraire mériter le reproche de s'éloigner un peu trop du sujet.

Deparcieux, par exemple, en blâmant moins éloquemment que Rousseau, mais vingt ans avant lui, l'habitude de confier les enfants à des nourrices étrangères, ne semble pas éloigné d'y voir la cause principale de toutes les enfances maladives en y rattachant, par une conséquence arbitraire, toutes les maladies et les incommodités à venir. «Telle personne, dit-il, qui, confiée dans son enfance à une nourrice étrangère, a vécu soixante-dix ou quatre-vingts ans, aurait vécu quatre-vingt-dix ou cent ans si elle avait teté tout le lait que la nature lui a destiné: aussi voit-on bien plus de gens âgés dans les provinces éloignées qu'aux environs de Paris.» Poursuivant sa thèse jusqu'aux conséquences les plus extrêmes, Deparcieux va jusqu'à désirer qu'une exacte police contraigne les mères à remplir «le premier et le plus cher de tous les devoirs.»

Le successeur le plus illustre de Clairaut et de d'Alembert dans l'Académie fut sans contredit Laplace. Marquant, dès ses débuts, la grandeur de ses vues et la hardiesse de son esprit, il rencontra pourtant fort peu d'encouragement et la place d'adjoint dans la section de géométrie, si aisément accordée autrefois à Maupertuis pour deux mémoires d'histoire naturelle, lui fut, nous l'avons dit, bien longtemps refusée. L'œuvre de Laplace comme géomètre est immense: il a touché aux questions les plus difficiles et saisi fortement, pour les soumettre à l'analyse, les phénomènes et les questions en apparence les plus rebelles. Le caractère de son talent n'est pas la perfection, et c'est par là qu'il est inférieur à Lagrange, mais il déploie souvent pour atteindre son but une puissance sans égale. Quand un problème est posé, il lui faut la solution, dût-il, comme le disait Poinsot, qui eût médité pendant vingt ans plutôt que d'accepter une telle extrémité, l'arracher avec ses ongles, ou même avec ses dents.

Lagrange, membre de l'Académie de Turin, fut appelé à Berlin pour y remplacer Euler. D'Alembert, qui l'avait désigné à Frédéric, ne cessait de le servir près de lui en égalant ses louanges à la vérité. «Je prends la liberté, écrivait-il, de demander à Votre Majesté ses bontés particulières pour cet homme véritablement rare et aussi estimable par ses sentiments que par son génie supérieur...

«Je ne crains pas d'affirmer que sa réputation déjà grande ira toujours croissant et que les sciences, Sire, vous auront une éternelle obligation de l'état aussi honorable qu'avantageux que vous voulez bien lui donner...

«Il nous effacera tous, ou du moins empêchera, qu'on nous regrette.»

Le génie droit et élevé de Lagrange, sans avoir produit ses plus beaux fruits, s'était révélé clairement, on le voit, à la généreuse perspicacité de d'Alembert. Quoique l'Académie des sciences de Paris ne l'ait appelé dans son sein qu'à la veille de la révolution, en 1786, elle a eu la bonne fortune de le faire Français pour toujours et de le léguer à l'Institut, où pendant plus de quinze ans il a siégé avec Laplace. Plus modeste, mais non moins profond que son illustre émule, il s'est élevé aussi haut d'un vol plus facile et plus ferme, et ses œuvres mathématiques, dont un siècle de progrès n'eût pas affaibli l'éclat, sont, aujourd'hui encore, offertes aux jeunes géomètres par un excellent juge, comme le guide le plus sûr en même temps que le modèle le plus accompli qu'ils puissent choisir à leur début dans la science et conserver avec grand profit, à quelque hauteur qu'ils s'y élèvent.

L'Académie comptait en même temps que Laplace, et avant de s'adjoindre Lagrange, deux géomètres fort illustres aussi, mais d'ordre moins élevé pourtant: Monge et Legendre.

Quoique fils d'un pauvre marchand ambulant, Monge fut élevé avec grand soin par les oratoriens de la ville de Beaune. Après de brillantes études, il fut chargé, à l'âge de vingt ans, d'un cours de physique et inspira à ses maîtres le désir de le garder avec eux. Mais, peu disposé à la carrière ecclésiastique, il entra à l'école du génie de Mézières, en sachant bien pourtant que son humble origine le condamnait pour toujours aux grades inférieurs à celui de lieutenant. C'est en étudiant les fortifications et la coupe des pierres qu'il conçut le premier l'idée des méthodes régulières et générales, aujourd'hui classiques, où tout l'art du trait est compris; mais, pour être rendues plus faciles et plus simples, ces pratiques, jusque-là secrètes, enseignées aux officiers du génie, n'en devaient être que plus soigneusement cachées, et c'est par des mémoires sur le calcul intégral que Monge se fit d'abord connaître de l'Académie, où il fut accueilli avec grande faveur.

C'est en 1783 seulement, à l'âge de trente-quatre ans, que Monge, appelé à Paris comme professeur d'une école fondée par Turgot, put devenir académicien. Les Mémoires de l'Académie contiennent de lui des travaux non moins importants que variés et son nom, placé entre ceux d'Euler et de Gauss, dans l'Histoire de la théorie générale des surfaces ne saurait être omis dans la liste des géomètres illustres, quelque courte qu'on veuille la faire. La théorie aujourd'hui classique et élémentaire en quelque sorte des lignes de courbure lui est due tout entière, et Lagrange, en regrettant de n'en pas être l'auteur, lui a décerné un éloge qui dispense de rien ajouter.

Legendre enfin, nommé membre adjoint de la section de géométrie en 1785, fut le dernier géomètre de grande réputation introduit dans l'ancienne Académie des sciences. Laborieux et sagace, il a eu le bonheur d'attacher son nom à la grande théorie des fonctions elliptiques. Créée par Euler et par Lagrange, perfectionnée depuis par les géomètres les plus illustres, c'est encore aujourd'hui le nom de Legendre dont son élude éveille tout d'abord le souvenir.

Les débuts de Legendre avaient attiré l'attention. Agé de dix-sept ans et élève encore du collége Mazarin, le seul où l'on enseignât les hautes mathématiques, il eut la hardiesse de dédier à l'Académie des sciences les thèses imprimées qu'il devait soutenir pour obtenir le grade de docteur. Les académiciens, acceptant l'hommage du jeune candidat, consentirent à diriger les épreuves dont l'ensemble mérita les louanges de d'Alembert. Sans proposer aucune méthode nouvelle, Legendre, dans ses thèses, trace le résumé rapide de ses études mathématiques dont elles montrent l'étendue et la force. La présence inaccoutumée de l'Académie ne contribua pas moins que la jeunesse du candidat à l'intérêt de ce brillant exercice d'écolier. Les gazettes en parlèrent et le professeur d'éloquence du collége, le sieur Cosson, célébra l'événement dans une longue et faible pièce de vers français. Legendre lui-même, comme pour se montrer capable de parler une autre langue que l'algèbre, adressa aux académiciens quelques phrases respectueuses et modestes, prononcées avec grâce et sans aucun trouble.

Excité et encouragé par ce premier succès, Legendre continua pendant trois ans ses études et ses recherches sans en publier les résultats. Son premier mémoire à l'Académie date de 1773. Nous nous rappelons tous, disent les commissaires, la thèse brillante que ce jeune géomètre a dédiée à l'Académie et les espérances qu'elle a conçues de ses talents. On verra avec plaisir que ces espérances se sont réalisées et qu'après avoir exposé avec autant d'ordre que de précision les découvertes des autres géomètres, M. Legendre est fait pour enrichir la géométrie de ses propres découvertes.

Lagrange, Laplace, Legendre et Monge, ont été connus de nos contemporains, et il m'a été donné plus d'une fois de les entendre juger par ceux dont ils avaient encouragé la jeunesse. M. Poinsot, dans quelques lignes finement travaillées, s'était plu à marquer les traits principaux de leur caractère et de leur talent, et, malgré l'injustice très-apparente envers l'un des plus illustres, il avait assez bien réussi pour que dès la première lecture on n'hésitât pas un instant sur le véritable nom des géomètres A, B, C, D.

A. Va d'un air simple à la vérité qu'il aime: la vérité lui sourit et quitte volontiers sa retraite pour se laisser produire au grand jour par un homme aussi modeste.

B. Ne l'a jamais vue que par surprise. Elle se cache à cet homme vain qui n'en parle que d'une manière obscure. Mais vous le voyez qui cherche à tourner cette obscurité en profondeur et son embarras en un air noble de contrainte et de peine comme un homme qui craint d'en trop dire et de divulguer un commerce secret qu'il n'a jamais eu avec elle.

C. Il faut bien, se dit-il, qu'elle soit en quelque lieu. Or il va laborieusement dans tous ceux où elle n'est point, et comme il n'en reste plus qu'un seul qu'il n'a pas visité, il dit qu'elle y est, qu'il en est bien sûr, et il s'essuie le front.

D. D'un tempérament chaud, la désire avec ardeur, la voit, la poursuit en satyre, l'atteint et la viole.

LES ASTRONOMES.

L'astronomie, comme les mathématiques, a compté presque constamment dans l'Académie d'utiles et illustres représentants, et les noms des Cassini, de Maraldi, de Lacaille, de Lemonnier, de Delisle, de Legentil, de Pingré, de Lalande et de Messier sont restés célèbres dans l'histoire de la science. Lalande, dont la justice était rigoureuse et sévère, a pu écrire en 1766: «La collection des mémoires de l'Académie des sciences renferme le plus riche trésor que nous ayons en fait d'astronomie; la découverte des satellites de Saturne, l'étude consciencieuse et prolongée de la grandeur et de la figure de la terre, l'application du pendule aux horloges, celle des lunettes aux quarts de cercles et des micromètres aux lunettes, des discussions continuelles et savantes sur la théorie du soleil et de la lune, leurs inégalités, les réfractions, l'obliquité de l'écliptique, la théorie des satellites de Jupiter, tout cela se trouve longuement développé et traité à bien des reprises dans cette collection dont l'analyse formerait, si on le voulait, un traité complet d'astronomie.»

Nous avons dit quelle a été, dès la création de l'Académie, l'ardeur et le succès de ses premiers membres dans la poursuite des travaux astronomiques. L'observatoire royal, construit pour l'Académie, était considéré comme une de ses dépendances, et la Connaissance des temps, constamment rédigée par ses membres, le fut depuis 1702 sous la direction même et au nom de la compagnie tout entière.

M. le président, dit le procès-verbal du 7 janvier 1702, a nommé cette année, pour travailler à la Connaissance des temps, le père Gouye, MM. Sauveur, Homberg et Lieutaud. Ce fut en réalité Lieutaud qui fit tous les calculs et qui en resta chargé jusqu'en 1729. Godin, Maraldi, Lalande et Jeaurat lui succédèrent successivement.

Lefèvre, à qui le privilége de la Connaissance des temps fut brutalement retiré au profit de l'Académie, était un calculateur habile, choisi par Picard et formé à son école. Simple tisserand à Lisieux, il avait appris seul assez d'astronomie pour calculer les éclipses et les annoncer exactement. Picard en fut informé, et lui fit obtenir avec une petite pension le droit de publier chaque année la connaissance des mouvements célestes. Lefèvre vint à Paris et renonça au métier de tisserand, jusqu'au jour où l'inconvenance de ses attaques contre de La Hire lui fit perdre à la fois son privilége et le titre d'académicien.

La ville de Paris, pendant le XVIIIe siècle, compta presque constamment huit à dix observatoires sérieusement organisés pour l'étude du ciel, et occupés par des observateurs exercés, appartenant presque tous à l'Académie. L'observatoire royal, que l'on nommait aussi observatoire de l'Académie des sciences, logeait habituellement trois ou quatre astronomes. Bernoulli, qui le visita en 1767, n'y vit que Cassini de Thury, Maraldi; leurs collaborateurs, Legentil et Chappe, étaient partis alors pour observer, l'un dans l'Inde, l'autre en Sibérie, le passage de Vénus sur le soleil. Le titre d'astronome du roi mettait Lemonnier, à la même époque, en possession d'excellents instruments transportés presque tous à sa terre, située en Bretagne. Il conservait cependant et utilisait parfois chez lui, rue Saint-Honoré, les instruments de l'expédition faite en Laponie avec Maupertuis et Clairaut. Lalande observait au Luxembourg; mais le mauvais état des bâtiments le força de se retirer au collége Mazarin, dans l'observatoire construit pour La Caille, et où l'abbé Marie, alors professeur du collége, lui offrit la plus large hospitalité.

L'École militaire possédait aussi un élégant observatoire, occupé en 1767 par l'académicien Jeaurat; celui de la marine, à l'hôtel de Cluny, était confié à Messier, et la confrérie de Sainte-Geneviève fournissait à son bibliothécaire, Pingré, tous les moyens d'étudier le ciel. Il était installé dans les bâtiments actuels du lycée Napoléon. A Colombes enfin, le riche marquis de Courtanvaux, académicien honoraire, avait installé un observatoire élégant et richement pourvu. Traitant les sciences comme un amusement, Courtanvaux les prenait et les quittait tour à tour, en variant constamment ses travaux, toujours intelligents et souvent utiles. Mais personne n'observait à Colombes, et le charmant observatoire, en témoignant du goût d'un grand seigneur pour la science, ne lui rendit jamais de véritables services.

Jacques Cassini et Cassini de Thury, directeurs héréditaires en quelque sorte de l'observatoire, portèrent avec honneur un nom illustre. L'achèvement, de la carte de France fut l'œuvre capitale de leur vie, mais leurs noms, honorablement cités pour d'autres travaux, doivent être associés à ceux de leurs cousins Dominique et Jacques Maraldi qui, attirés par eux à l'Observatoire, appartinrent tous deux aussi à l'Académie des sciences, où ils présentèrent, à défaut de théories profondes et nouvelles, un nombre immense d'observations exactes.

Lemonnier, appelé très-jeune encore à l'Académie, justifia par une vie laborieuse et utile cette marque de confiance qui, très-fréquente alors, fut presque toujours heureusement et dignement placée. Compagnon de Maupertuis et de Clairaut dans leur voyage en Laponie, il fut l'observateur le plus actif et le plus exercé sans doute de l'expédition.

«Obligé, dit Bailly, de choisir un état, La Caille choisit, ou plutôt on choisit pour lui l'état ecclésiastique, comme offrant plus de ressources.» L'intention épigrammatique de cette phrase est une concession aux idées du temps et de la société dont Bailly désirait les applaudissements, car l'abbé La Caille fut pendant toute sa vie un modèle de désintéressement, de probité et d'austère abnégation. Son père, autrefois dans l'aisance, ne lui avait légué que des dettes. La Caille les accepta, et grâce à des privations qui durèrent toute sa vie, n'eut besoin pour les acquitter que des modestes appointements de professeur de collége, honorable et faible salaire d'un travail assidu que la célébrité croissante de son nom ne lui fit jamais dédaigner. Cassini, sachant apprécier les premiers essais scientifiques de La Caille, le prit chez lui à l'Observatoire, pour en faire l'émule et le modèle de ses fils. La Caille devint bien vite un astronome consommé. Il fut chargé avec Maraldi neveu, de lever géométriquement le contour des côtes de France, puis avec Cassini de Thury, de déterminer la suite des points situés sur la méridienne de l'Observatoire de Paris. Le succès de ce double travail lui valut une chaire de mathématiques au collége Mazarin et la disposition d'un observatoire créé pour lui dans le collége même; l'Académie des sciences enfin, en le choisissant de préférence au jeune d'Alembert, combla ses espérances et sa modeste ambition. La Caille était alors âgé de vingt-huit ans; il ne vécut depuis que pour la science du ciel, dont ses travaux ont abordé et perfectionné successivement toutes les parties.

Bailly, fils d'un gardien des tableaux du roi, naquit au Louvre, à la porte, pour ainsi dire, de l'Académie. Instinctivement soumis à la règle et au devoir, il montra toujours un grand éloignement pour la vie légère et dissipée dont son entourage lui donnait plus d'un exemple. Son père, homme de plaisir plus que d'étude, était peu capable de le diriger et peu désireux d'en faire un savant. Bailly aborda seul les éléments des sciences et s'y avança assez loin pour mériter l'attention de La Caille, qu'un hasard heureux lui fit rencontrer. Non content de lui marquer sa voie, La Caille, à partir de ce jour, voulut le diriger et le suivre, et le rendant témoin de tous ses travaux, lui fit quelquefois l'honneur de l'y associer. Les premiers mémoires de Bailly, sans franchir l'application des méthodes connues, dont ils montrent seulement la pleine intelligence, lui ouvrirent, à vingt-sept ans, les portes de l'Académie.

Bailly sut prendre rang parmi ses confrères les plus illustres. L'œuvre capitale de cette période de sa vie est la théorie des satellites de Jupiter dans laquelle la géométrie la plus haute s'éclaire et s'appuie d'observations délicates ingénieusement discutées et interprétées. Mais les travaux de science pure devaient l'occuper de moins en moins. Très-désireux de s'élever et de jouer un rôle, Bailly, avec plus de science acquise que La Condamine et plus de talent que Maupertuis, mais avec moins d'éclat que Buffon, ambitionna comme eux la réputation d'écrivain. Encouragé d'abord par d'Alembert, il aspira longtemps, avant qu'elle fût vacante, à la place de secrétaire de l'Académie des sciences, et comme Condorcet, qui devait l'emporter sur lui, il voulut se créer des titres en composant plusieurs éloges, dans la plupart desquels la science n'a aucune part. Ceux de Charles V, de Molière et de Corneille lui valurent des accessits à l'Académie française et à celle de Rouen; il fut plus heureux à Berlin où son éloge de Leibnitz emporta le prix.

Un ouvrage de plus grande valeur, en donnant à Bailly l'occasion d'exercer et de déployer son style, le ramena vers ses premières études. L'*Histoire de l'Astronomie* forme en tout cinq volumes d'une science exacte et sérieuse, et d'une lecture agréable et facile. L'auteur trop souvent, à l'exemple et à l'imitation de son ami Buffon, cherche à relever la sécheresse des faits par quelques pages, *écrites de génie* où se montre une imagination un peu trop hardie. Après un succès brillant, mais peu durable, les idées de Bailly sur la science avancée d'un peuple ancien qui, disait spirituellement d'Alembert, nous aurait tout appris excepté son nom, ont été peu à peu abandonnées de tous. «Les tables indiennes, écrivait plus tard Laplace, supposent une astronomie assez avancée, mais tout porte à croire qu'elles ne sont pas d'une haute antiquité. Ici, je m'éloigne avec peine de l'opinion d'un illustre et malheureux ami dont la mort, éternel sujet de regrets, est une preuve affreuse de l'inconstance de la faveur populaire. Après avoir honoré sa vie par des travaux utiles aux sciences et à l'humanité, par ses vertus et par un noble caractère, il périt victime de la plus sanguinaire des tyrannies, opposant le calme et la dignité du juste aux outrages d'un peuple dont il avait été l'idole.»

Ces lignes de l'auteur de la *Mécanique céleste* sont pour la mémoire de Bailly le plus précieux des hommages. Nous n'avons pas à les expliquer en racontant l'éclat éphémère de son rôle honorable et trop court au début de la révolution, les ennuis, les tristesses qui l'ont suivi, ni à redire enfin après tant d'autres l'histoire de son assassinat juridique et la dignité calme de ses derniers moments au milieu des injures stoïquement supportées.

La famille de Lalande le destinait au barreau. Après de bonnes études faites à Grenoble, son père l'envoya demander à l'Université de Paris de plus fortes leçons sur la science du droit, mais le Collége royal l'attira tout d'abord; les leçons de Delisle et de Lemonnier lui révélèrent sa vocation; il fut reçu avocat, mais devint astronome. Favorisés en même temps par deux maîtres qui semblaient pour lui oublier leurs inimitiés, les débuts de Lalande furent brillants et faciles. Agé de vingt ans à peine, il fut chargé, grâce aux vives recommandations de Lemonnier, d'aller faire à Berlin, sur le méridien du cap de Bonne-Espérance, les observations que La Caille devait combiner aux siennes pour en déduire la parallaxe de la lune.

La cour de Frédéric était ouverte à tous les académiciens et leur jeune missionnaire fut traité comme eux. Dans un bal d'apparat, Lalande, qui ne savait pas danser, invita sans façon une princesse royale et brouilla toutes les figures. Malgré les vifs reproches de Maupertuis, il ne comprit jamais toute la gravité d'une faute où se révèle, au début de sa carrière, un des traits caractéristiques de son esprit; dans le danseur maladroit qui, à l'âge de vingt ans, bravait si tranquillement l'étiquette, on reconnaît assez bien, en effet, le vieil astronome qui devait, cinquante ans plus tard, faire annoncer dans la gazette l'heure à laquelle il montrerait sur le Pont-Neuf l'anneau de Saturne et les satellites de Jupiter.

L'activité de Lalande ne souffrait aucun repos et la prodigieuse diversité de ses travaux a étonné ses contemporains. Ses observations et ses calculs astronomiques, la rédaction de la Connaissance des temps, de nombreux articles du Journal des savants, un traité complet d'astronomie où se trouve résumé, dit-il, tout ce qui a été fait en astronomie depuis 2,500 ans, une bibliographie astronomique, véritable trésor d'érudition où Lalande, qui a lu tous les ouvrages anciens et modernes relatifs à la science du ciel, rapporte, très-librement quelquefois, l'impression qu'il en a gardée. Cent cinquante mémoires originaux publiés enfin dans le recueil de l'Académie des sciences, pourraient être le fruit complet d'une ardeur continuée pendant le cours d'une longue vie, mais Lalande avait besoin d'écrire comme quelques-uns ont besoin de parler; on le voit dans tous ses ouvrages interrompre fréquemment son discours pour converser en quelque sorte avec le lecteur, et Lemonnier s'est montré piquant, sans être injuste, en nommant son traité d'astronomie *la Grande Gazette.*

Lalande, dont la curiosité s'étendait à tout, a composé, je dirais presque improvisé, un traité sur les canaux, un voyage en Italie où il n'est nullement question d'astronomie, la description de sept arts différents, un discours sur la douceur, un autre sur l'esprit de justice, gloire et sûreté des empires, un troisième enfin sur les avantages de la royauté. Il a composé de nombreux éloges, entre autres celui du maréchal de Saxe. «C'est à peine, dit Delambre, si l'on pourrait citer un personnage célèbre dont Lalande n'ait pas écrit l'éloge.» Mais s'il aimait à louer les morts, il disait toute la vérité aux vivants. On l'a repris, non sans raison, d'avoir rempli la bibliographie astronomique de décisions trop rudes et trop formelles, telle que celle-ci adressée à un livre contemporain: «C'est une suite d'absurdités.» A l'occasion d'expériences singulières mais douteuses, il écrit en note: «Ces expériences étaient supposées, nous avons su que c'était par le père Berthier oratorien, le Jésuite avait plus d'esprit.»

A propos de l'*Histoire de l'Astronomie* de Weidler, il dit: «C'est la seule histoire complète de l'astronomie qu'on ait eue jusqu'à présent; elle est remplie d'érudition et de recherches. Delisle seul aurait eu dans ses manuscrits de quoi la perfectionner pour les détails et les recherches d'érudition. Bailly en a donné une plus étendue, en cinq volumes, mais celle de Weidler est précieuse par le grand nombre de faits, et celle de Bailly contient beaucoup de phrases, d'hypothèses et de dissertations. Je lui représentai dès le commencement qu'il pourrait employer son temps plus utilement pour l'astronomie.»

L'ardeur de Lalande et la sincérité de ses impressions éclatent dans ses écrits, souvent fort négligés, par des expressions vives et naturelles.

«Dès 1768, dit-il dans le préambule de l'un de ses ouvrages, le citoyen Jeaurat ayant obtenu du duc de Choiseul, ministre de la guerre, la construction d'un observatoire à l'École militaire, je l'engageai à y faire un gros mur propre à recevoir un grand quart de cercle mural qui manquait à l'établissement et qui était nécessaire pour l'entreprise que je méditais. Nous n'avions pas alors l'instrument, mais je disais ce que la loi des servitudes dit de la pierre d'attente, *perpetuo clamans*; et je ne me suis pas trompé. Après avoir fait des efforts inutiles auprès des ministres les plus célèbres et les plus savants, Malesherbes et Turgot, pour obtenir un mural, je l'obtins en 1774 de Begeret, receveur général des finances. On voit dans l'Évangile que le publicain fit honte au pharisien.»

Ces lignes n'ont pas besoin d'être signées, et tout lecteur familier avec les écrits des astronomes y reconnaîtra le cachet très-marqué de Lalande.

Sous des formes brusques et âpres parfois, Lalande cachait d'excellentes et solides qualités. Mécontent souvent de lui-même et sincère envers lui comme envers les autres, il avouait de bonne foi ses défauts et son impuissance à les vaincre. En parlant d'une femme réellement distinguée, Mme Lepaute, qui l'aida souvent, ainsi que Clairaut, dans ses calculs astronomiques, il dit avec émotion: «Elle supporta mes défauts et contribua à les diminuer.»

Si cédant à son premier mouvement et poussant à bout ses avantages, il accueillit plus d'une fois trop irrespectueusement les injustes critiques de son maître et premier protecteur Lemonnier, c'est qu'irrévérencieux par nature, et discutant avec rudesse, il pouvait s'emporter jusqu'à la colère sans imaginer mettre en péril une amitié chez lui sincère et inébranlable, et lorsqu'un jour l'irascible vieillard lui défendit de reparaître chez lui pendant une demi-révolution des nœuds de la lune, c'est-à-dire neuf ans, il lui répondit comme Antisthènes à Diogène: «Vous ne trouverez pas de bâton assez fort pour m'éloigner de vous.» Incrédule enfin et irréligieux avec passion, il n'hésita pas pendant la Terreur à cacher dans son observatoire plusieurs prêtres dont la vie était menacée. «Si l'on vient faire des recherches, leur dit-il, nous vous ferons passer pour astronomes.» Et comme ils hésitaient: «Ce ne sera pas un mensonge, reprit-il; vous vous occupez du ciel autrement, mais tout autant que moi.»

Pingré, religieux génovéfain et entré de bonne heure dans la congrégation des Pères qui l'avaient élevé, fut pendant sa jeunesse étranger à la science; la théologie l'occupait tout entier. Accusé de jansénisme et relégué comme professeur de grammaire au collége de Rouen, il apprit que l'Académie des sciences et belles-lettres de la ville ne comptait pas un seul astronome, et voyant une position honorable et utile à prendre, il aborda courageusement, à l'âge de trente-huit ans, les premières études scientifiques.

L'observation très-exacte d'une éclipse lui valut le titre de correspondant de l'Académie des sciences de Paris. Nommé peu de temps après bibliothécaire de Sainte-Geneviève, il obtint en même temps le titre d'associé libre de l'Académie, le seul que d'après les règlements pût alors obtenir un religieux régulier. Observateur exact et calculateur infatigable, Pingré accepta, pour servir la science, les missions les plus pénibles, et son nom est souvent cité dans l'histoire des expéditions de l'Académie.

Dans cette rapide énumération des académiciens astronomes, il serait injuste d'omettre le nom de Messier. Messier ne fut jamais fort savant dans la connaissance des théories astronomiques. Élève de Delisle, qui l'avait pris chez lui et en quelque sorte adopté, il faisait près de lui non-seulement avec zèle, mais avec passion, les observations pour lesquelles il n'était pas besoin d'une grande étude. Ses yeux de lynx, épiant chaque nuit la voûte céleste, n'y laissaient rien passer inaperçu. Il observa dix-sept comètes sur lesquelles treize découvertes par lui, furent cependant toujours calculées par d'autres. L'utilité et l'exactitude de ces travaux faciles et subalternes méritèrent à leur auteur une célébrité européenne, et l'Académie, après l'avoir longtemps écarté comme constamment étranger aux théories et aux méthodes mathématiques, fut entraînée enfin par l'opinion des astronomes à lui conférer le titre d'adjoint.

La révolution trouva Messier à son observatoire de l'hôtel de Cluny et ne l'y dérangea pas. Privé de ses modestes appointements, il supporta stoïquement la misère. Delambre l'a vu plus d'une fois venir chercher de l'huile chez Lalande pour ses observations de la nuit. Au plus fort de la Terreur il découvrit une comète. Les astronomes dispersés ne pouvaient lui en calculer l'orbite; il songea au président de Saron qui, condamné déjà par le tribunal révolutionnaire, reçut les observations de Messier et employa les dernières heures de sa vie à en déduire les éléments de l'orbite.

Passionné pour les calculs numériques, Bochard de Saron, depuis longtemps, se chargeait avec joie des plus difficiles et rendait de véritables services aux astronomes. Riche et généreux, il n'épargnait aucune dépense pour se procurer les meilleurs instruments et les meilleurs chronomètres. C'est lui qui fit imprimer à ses frais, en 1784, le premier ouvrage de Laplace, fragment important déjà de la *Mécanique céleste*, dont il avait deviné la haute portée.

De Saron, pendant la Terreur, vécut dans une grande retraite, en ne cherchant qu'à se faire oublier. Mais il avait signé une protestation contre la dissolution du parlement; ce fut le crime qui le conduisit à l'échafaud.

Dionis du Séjour, magistrat comme Saron, montra comme lui, et avec de plus hautes aspirations scientifiques, un dévouement sincère et constant aux études astronomiques. Membre très-actif et très-influent du Parlement, il sut, sans négliger aucun devoir, jouer en même temps dans la science un rôle sérieux et important. Abordant dans toute leur complication les problèmes les plus difficiles de l'astronomie physique, il s'avançait dans les voies inexplorées avec une patience sans égale, et si ses méthodes n'ont pu devenir classiques et définitives, elles restent néanmoins comme d'ingénieux exercices, témoignages incontestables du savoir le plus assuré. Dionis du Séjour, tout en se faisant un nom considérable dans la science, avait la bonté, dit quelque part Voltaire, d'être en même temps conseiller au Parlement, où l'on citait son savoir et sa droiture; il étonnait ses confrères par le nombre et la netteté des rapports qu'il pouvait faire sans fatigue. Libéral et sensé, il porta à l'Assemblée nationale l'autorité de ses talents et d'une réputation très-méritée de pureté et de justice. On l'avait beaucoup loué sous la monarchie d'avoir su, malgré le texte formel de la loi, sauver la vie d'un malheureux prêtre coupable de sacrilége. Ce pauvre homme, fort grossier de langage, ayant eu de la peine à faire entrer l'hostie dans l'ostensoir, l'avait poussée avec impatience en s'écriant: «Entre donc...» et ajoutant un mot que Lalande, qui pourtant se gêne peu, n'a pas osé imprimer, il fut entendu, dénoncé, et condamné à mort. Heureusement il y avait appel, et du Séjour était de Tournelle. Le jugement fut cassé et l'accusé, renvoyé devant l'autorité ecclésiastique, en fut quitte pour une année de retraite.

LES MÉCANICIENS ET LES PHYSICIENS.

D'Alembert et Clairaut seront illustres à jamais dans l'histoire de la mécanique; mais, préoccupés seulement des principes et des grandes lois de la science, ils ont négligé et ignoré peut-être les secrets plus nombreux et non moins délicats des applications pratiques et du détail des mécanismes. D'autres académiciens, inventeurs d'un autre genre et différemment ingénieux, représentèrent constamment cette branche de la science à laquelle, dès les premières années de l'Académie, s'appliquèrent Perraut et de Lahire.

Amontons, nommé élève à l'âge de quarante ans, et demeuré tel jusqu'à sa mort, devait contribuer, par l'éclat de ses découvertes, à faire abolir ce titre qui, en 1716, par une décision du Régent, fut remplacé par celui d'adjoint. Amontons fut en effet, pendant sa courte carrière, un des académiciens les plus actifs, et il sut se placer par l'importance des travaux accomplis, comme par la grandeur de ceux qu'il méditait, au nombre des plus considérables. Très-curieux de toutes les combinaisons mécaniques, et affligé d'une surdité presque complète qui, en le séquestrant du commerce des hommes, le laissait tout entier à ses pensées, il avait commencé bien jeune encore par chercher le mouvement perpétuel; il apprit, en y travaillant, les principes qui en démontrent l'impossibilité, et ne tarda pas à étudier sérieusement toutes les sciences spéculatives et expérimentales. Ses premières relations avec l'Académie datent de l'année 1684; âgé alors de vingt-quatre ans, il lui présenta un nouvel hygromètre qui fut approuvé. Il proposa plus tard un thermomètre et une clepsydre d'une construction compliquée et dont le principe n'avait rien de nouveau. Ses travaux les plus importants sont postérieurs à sa nomination comme élève.

Amontons avait eu, après Huyghens et Papin, l'idée d'emprunter à l'action du feu la force motrice des machines. «On aurait, disait-il, l'avantage de pouvoir cesser et interrompre le travail quand on veut, sans demeurer chargé du soin et de la nourriture des chevaux et de n'en pas supporter la perte et le dépérissement.» Huyghens proposait d'employer la force de la poudre, et Papin faisait agir la vapeur d'eau. Amontons eut recours à la force élastique de l'air échauffé, dont les lois alors très-nouvelles furent, en partie au moins, énoncées par lui sous une forme élégante et exacte. Il constata d'abord que la chaleur de l'eau bouillante peut accroître la tension de l'air jusqu'à un certain degré, qui ne peut ensuite être dépassé; il en conclut que la température de l'ébullition est constante. C'était un fait considérable, dont l'étude devait avoir les plus importantes conséquences, mais qui, mal interprété d'abord, causa de grands embarras aux physiciens.

Amontons a observé, comme il est vrai, que l'accroissement de pression d'un volume donné d'air chauffé à la température de l'eau bouillante est proportionnel à la pression primitive, dont elle est environ le tiers. Cette loi est exacte, étendue à toutes les températures, et combinée avec celle de Mariotte, elle équivaudrait à la loi de la dilatation des gaz sous pression constante, démontrée de nos jours par les expériences plus exactes de Gay-Lussac et par celles de MM. Rudberg et Regnault.

Amontons utilise, dans sa machine, l'effort de l'air échauffé, pour élever de l'eau dont le poids fait ensuite tourner la roue. Pour examiner le travail que l'on peut ainsi produire, il commence par déterminer celui dont un cheval est capable, et qui est, suivant lui, une force de soixante livres développée avec une vitesse d'une lieue à l'heure. C'est d'après cette définition qu'il assigne à sa machine une force de dix chevaux, sans songer qu'une autre appréciation, celle du combustible consommé, serait indispensable pour en faire juger la valeur.

Amontons s'est occupé aussi de la théorie du frottement; il a trouvé que cette résistance est proportionnelle à la pression et indépendante de l'étendue des surfaces en contact. Il le prouvait par une expérience aussi simple qu'ingénieuse: que l'on place sur un même plan incliné différents corps de poids inégaux reposant sur des surfaces de même nature, mais d'étendue différente, si l'inclinaison du plan est faible, ils resteront tous immobiles; mais, que l'on vienne à l'accroître en abaissant le plan autour d'une charnière horizontale, comme on fait au couvercle d'un pupitre que l'on ferme, les corps grands ou petits, chargés ou non de poids étrangers, se mettront tout à coup et tous ensemble à glisser, surmontant en même temps la résistance du frottement, égale pour chacun d'eux, à cet instant, à la composante de la pesanteur qui les pousse et qui, proportionnelle à la pression, ne dépend en rien de l'étendue des surfaces. Cette loi si simple était contraire aux idées reçues par tous les mécaniciens. De Lahire l'accepta, et pour en donner une preuve plus nette encore, sinon plus certaine, il opéra, comme Coulomb devait le faire plus tard, sur de petits chariots inégalement chargés et entraînés le long d'un plan horizontal par l'intermédiaire d'une poulie et à l'aide d'un poids qui, lors du départ, se trouvait toujours exactement proportionnel à la pression. Malgré ces deux démonstrations, dont l'accord n'aurait dû lui laisser aucun doute, l'Académie ne fut pas convaincue, et Amontons ne réussit pas à satisfaire ses contradicteurs. Si l'on opère, lui disait-on, sur un grand nombre de feuilles de papier superposées horizontalement, et dont la dernière supporte un léger poids qui la presse sur les autres, on pourra, sans grand effort, retirer une des feuilles sans toucher aux autres en surmontant le frottement des feuilles voisines; mais, si l'on prend à la fois un grand nombre de feuilles non consécutives, on éprouvera, en voulant les retirer toutes ensemble, une résistance beaucoup plus grande; la pression, disait-on, est cependant toujours la même, et la surface totale sur laquelle elle s'exerce a seule changé. Quoique l'objection repose sur une assertion inexacte et que la pression totale, égale à la somme des pressions supportées par chaque feuille, croisse évidemment avec leur nombre, Amontons ne répondit pas très-nettement, et l'Académie, habituellement moins timide, laissa son excellent travail dans les procès-verbaux manuscrits, où il se trouve encore, sans lui accorder place dans les mémoires imprimés.

«Malgré toutes les preuves et les remarques de M. Amontons qui avaient, dit Fontenelle, dans le volume de 1703, mis son système dans un assez beau jour, nous sommes obligés d'avouer ici au public que l'Académie n'est pas pleinement persuadée; elle convenait bien que la pression était à considérer dans les frottements et souvent seule à considérer, mais elle n'en pouvait absolument exclure, comme M. Amontons, la considération des surfaces.» On voulut, ajoute Fontenelle, finement à son ordinaire, «pousser cette matière jusqu'à la métaphysique et aller chercher dans les premières notions ce qu'il en fallait penser.» La métaphysique, en pareille matière, est faite pour tout embrouiller et pour prouver tout ce qu'on veut. Ses conclusions, favorables à Amontons, ne persuadèrent pas, bien entendu, ceux que l'expérience n'avait pu convaincre.

Amontons enfin et c'est un titre considérable, a eu la première idée du télégraphe aérien; son invention, sur laquelle il n'a rien écrit, est racontée ainsi par Fontenelle:

«Peut-être ne prendra-t-on que pour un jeu d'esprit, mais du moins très-ingénieux, un moyen qu'il inventa de faire savoir tout ce qu'on voudrait à une très-grande distance, par exemple de Paris à Rome, en très-peu de temps, comme en trois ou quatre heures, et même sans que la nouvelle fût sue dans tout l'espace d'entre-deux.

«Cette proposition, si paradoxale et si chimérique en apparence, fut exécutée dans une petite étendue de pays, une fois en présence de Monseigneur et une autre en présence de Madame; le secret consistait à disposer dans plusieurs postes consécutifs des gens qui, par des lunettes de longue vue, ayant aperçu certains signaux du poste précédent, les transmissent au suivant, et toujours ainsi de suite; et ces différents signaux étaient autant de lettres d'un alphabet dont on n'avait le chiffre qu'à Paris et à Rome. La plus grande portée des lunettes faisait la distance des postes dont le nombre devait être le moindre qu'il fût possible; et comme le second poste faisait des signaux au troisième à mesure qu'il les voyait faire au premier, la nouvelle se trouvait portée de Paris à Rome, presque en aussi peu de temps qu'il en fallait pour faire les signaux à Paris.»

Le père Sébastien Truchet fut l'un des honoraires nommé en 1699. Son humble naissance et sa qualité de frère d'un ordre mendiant ne semblaient pas l'appeler à figurer dans cette classe réservée aux grands seigneurs, mais son génie pour la mécanique le rendait nécessaire à l'Académie. On lui avait donné, en le faisant membre honoraire, la seule place qu'il pût occuper, car le règlement, on ne sait trop dans quel but, interdisait l'entrée des sections aux religieux réguliers. C'est surtout dans la construction de machines curieuses, et en quelque sorte d'amusements mécaniques, que le génie créateur du père Sébastien fit paraître ses plus belles inventions. Son habileté dans l'horlogerie l'avait fait connaître de Colbert. Charles II d'Angleterre ayant envoyé à Louis XIV les deux premières montres à répétition que l'on eût vues en France, les ouvriers anglais, pour cacher le secret de leur construction, les avaient fermées sans laisser le moyen de les ouvrir; elles eurent besoin de réparation, et l'horloger du roi, craignant de les gâter, refusa de s'en charger, en indiquant un jeune homme de sa connaissance fort habile dans la mécanique, et qui serait peut-être plus hardi. C'était le père Sébastien, à qui les montres furent confiées; il les ouvrit en effet et les répara sans savoir à qui elles appartenaient. Colbert voulut le lui apprendre lui-même; il le fit mander un matin, et après lui avoir conseillé d'étudier l'hydraulique, dont les applications devenaient nécessaires à la magnificence du roi, il lui accorda une pension de 600 livres; la première année, suivant la coutume du temps, lui fut payée le même jour. Le père Sébastien, persuadé que la mécanique tient à toutes les sciences, ou pour parler mieux, que toutes les sciences sont unies, s'occupa de géométrie, d'anatomie et de chimie, et devint un digne membre de l'Académie des sciences, mais il n'écrivit rien sur ses inventions; content de les exécuter et toujours prêt à donner ses conseils chaque fois qu'on les lui demandait, il ne cessa jamais de s'appliquer aux combinaisons ingénieuses qui avaient pour lui tant de charmes, et fut même admis plusieurs fois à l'honneur de faire admirer au roi les amusantes merveilles de son génie inventif.

Le génie de Vaucanson ressemblait fort à celui du père Sébastien. Passionné pour les amusements mécaniques, il y appliqua avec un art accompli et une adresse jusque-là inconnue toutes les ressources de la science la plus exacte. Fécond dès son jeune âge en inventions de toute sorte, tout était pour lui occasion de construire des appareils mécaniques ou d'en perfectionner. Son ardeur, à peine réprimée un instant par la volonté paternelle, résista à la menace d'une lettre de cachet, et dès l'âge de vingt ans, rompant ouvertement toutes les entraves, il présentait à l'Académie son automate joueur de flûte.

La popularité rapidement acquise par les merveilleuses inutilités où s'était révélé son génie fut loin d'être accrue par de plus utiles et plus sérieux travaux. Vaucanson a perfectionné et étendu l'usage des machines à fabriquer la soie. Les ouvriers de Lyon, inquiets des conséquences de son invention, le poursuivirent un jour à coups de pierres. Sa vengeance fut ingénieuse et digne de lui. Consulté sur le maintien de certains priviléges justifiés, disait-on, par l'intelligence et l'habileté nécessaires aux ouvriers en soie, il montra pour réponse une machine avec laquelle un âne, quand on l'y attelait, avait l'industrie nécessaire pour fabriquer une étoffe aux plus riches dessins.

Passionné jusqu'à son dernier jour pour l'étude des machines, Vaucanson avait formé chez lui et à ses frais un véritable musée de mécanique qui, légué à l'État, a été l'origine et le premier fonds de la riche collection des arts et métiers.

Pitot-Delauney avait compris les vrais principes de la théorie des machines et savait les opposer avec décision aux inventeurs chimériques qui sollicitaient sans cesse l'approbation de l'Académie. Sans avoir pénétré les théories les plus difficiles de l'analyse, il avait acquis par ses lectures une instruction mathématique très-solide, sinon très-étendue, et ses recherches longtemps classiques sur les lois du mouvement des eaux et sur la résistance des fluides ont été considérées comme fondamentales. Pitot s'était instruit seul; absolument rebelle dans son enfance aux études littéraires, il avait réussi, malgré les soins de ses parents, à ne rien apprendre jusqu'à l'âge de vingt ans. Un livre de géométrie rencontré par hasard, et dont les figures piquèrent sa curiosité, lui révéla sa vocation. Il étudia les sciences avec ardeur, devint astronome et mécanicien, sut mériter l'estime et la protection de Réaumur, qui l'employa dans son laboratoire de chimie et dont l'influence lui fit obtenir à l'Académie une place d'adjoint pour la mécanique. De nombreux travaux insérés chaque année dans les recueils de l'Académie justifient pleinement ce choix, sans donner à la science un notable accroissement. Mais Pitot était un homme de pratique et d'action, et quand à l'âge de quarante-cinq ans, sur la lecture de l'un de ses mémoires, les états de Languedoc l'appelèrent à réaliser les projets qu'il y énonçait, Pitot se trouva tout à coup un ingénieur de premier ordre, dont les œuvres citées encore aujourd'hui sont montrées comme des modèles.

Perronnet a pris peu de part aux travaux de l'Académie des sciences. C'est ailleurs surtout que son nom est resté illustre et vénéré. Il fut le fondateur de l'école des ponts et chaussées, et le lien véritable entre les membres d'un corps dont l'esprit qu'il a inspiré lui a survécu sans s'affaiblir. Il apporta néanmoins à l'Académie, avec l'autorité de son nom, une force réelle dans l'étude des questions relatives aux travaux publics. Sous le titre de directeur du bureau des géographes et dessinateurs des plans, des grandes routes et chemins du royaume, Perronnet avait pris peu à peu la direction de tout le personnel subalterne des ponts et chaussées, en répandant dans tout le royaume, par des examens et des concours imposés à tous, l'esprit et les études de son école de Paris.

Les étudiants de province pouvaient alors, plus aisément qu'aujourd'hui, lutter sans désavantage contre les concurrents de Paris. On ne recevait pas à l'école des ponts et chaussées de leçons proprement dites; les élèves les plus habiles instruisaient les autres, et pour les y aider, Perronnet leur allouait la très-petite somme nécessaire pour payer un répétiteur choisi par eux, dont ils redisaient les leçons à leurs camarades.

Un membre honoraire de l'Académie, Trudaine, était alors le chef officiel du corps des ponts et chaussées. Les conférences qu'il institua chez lui devinrent peu à peu un conseil régulier. Perronnet, toujours occupé de son école, y trouva la meilleure occasion d'en vivifier l'enseignement, en chargeant les élèves de lire et de vérifier les projets des ingénieurs de province, et jugeant par leurs observations la rectitude et la portée de leur esprit, il rémunérait, suivant leur importance, les remarques utiles et judicieuses. Lorsque l'influence acquise dans ce conseil l'éleva au plus haut grade de son corps, celui de premier ingénieur, il voulut conserver jusqu'à la fin de sa carrière la direction de l'école qu'il avait fondée.

Il est peu de membres dans l'ancienne Académie, au nom desquels s'attache une célébrité mieux méritée que celle de Coulomb. Esprit clair et vigoureux, habile à suivre sans aucun détour la trace simple et droite de la vérité, tous ses travaux, excellents et définitifs, sont remarquables à la fois par l'importance du but, la solide simplicité des moyens employés et la netteté des résultats à jamais acquis à la science.

Employé d'abord aux travaux de la Martinique, puis à ceux du port de Rochefort, comme officier du génie, Coulomb resta longtemps éloigné de l'Académie. A l'âge de trente ans, il n'avait pas trouvé une seule fois la tranquillité nécessaire à de grands travaux scientifiques, mais il avait beaucoup vu et bien vu. Son génie, mûri par la réflexion, pouvait, en abordant les questions les plus difficiles, les suivre loin et les traiter de haut. Le savoir de Coulomb, qui n'apparaît que quand il le faut, se trouve à la hauteur de chaque épreuve et dans l'application du calcul mathématique à l'art de l'ingénieur, ses démonstrations, pour être simples et élémentaires, n'en paraissent que plus pénétrantes et plus fortes.

Un mémoire sur le vol des oiseaux, inséré dans le *Recueil des Savants étrangers*, présente des résultats curieux et importants, dont la démonstration fort élémentaire ne permet pas d'objections sérieuses. «L'objet de l'auteur, disent les commissaires Monge et Bossut, est de prouver que non-seulement les forces des hommes sont insuffisantes pour imiter le vol des oiseaux et soutenir ce travail pendant un certain temps, mais même qu'il est impossible qu'un homme puisse s'élever dans l'air par la réaction de ce fluide contre des ailes.

«Ce mémoire, disent en terminant les commissaires, contient des recherches très-ingénieuses, les résultats qu'on y trouve sont très-curieux en eux-mêmes et peuvent être utiles en ce qu'ils sont particulièrement propres à détourner d'entreprises non-seulement vaines mais même périlleuses; nous croyons qu'il mérite l'approbation de l'Académie et d'être imprimé dans le recueil des mémoires des savants étrangers.»

L'auteur est conduit à conclure que «ce ne serait qu'avec des ailes de trente ou quarante mille pieds carrés que l'on pourrait imiter le vol des oiseaux et qu'on peut le regarder comme physiquement impossible.»

Les travaux qui suivirent sont de plus haute portée, et la balance de torsion, commencement et modèle des appareils de précision en physique, fut l'instrument, presque parfait dès sa naissance, de la découverte des lois physiques les plus importantes.

Les lois de la torsion des fils et leur application à la mesure des plus petites forces est l'une des grandes découvertes de Coulomb. Il ne tarda pas à en déduire la loi jusque-là cachée des attractions électriques et magnétiques, et par des procédés admirablement précis, le mode de distribution de l'électricité à la surface des corps, dont trente ans plus tard les travaux de Poisson devaient confirmer l'exactitude en en doublant l'importance.

Borda, d'abord officier du génie comme Coulomb, mérita par plusieurs bons travaux une place d'associé dans la section de mécanique. Autorisé, malgré les règlements et l'opposition très-vive du corps, à entrer dans la marine à l'âge de trente-quatre ans, il y fut chargé de commandements importants, et sut associer sans relâche les travaux scientifiques aux devoirs de sa profession. Borda était le représentant naturel de l'Académie dans les expéditions destinées à l'épreuve des montres marines. Il fit dans ce but, avec M. de Verdun et Pingré, un voyage dans lequel, élargissant leurs programmes, les savants collaborateurs étendirent leurs recherches à l'étude de tous les instruments scientifiques utiles à la navigation.

Borda avait comme Coulomb un esprit sagace et géométrique, qui, préoccupé surtout des applications, se servait comme lui des théories les plus hautes pour y pénétrer plus sûrement et plus loin. Très-habile dans l'usage et la construction des instruments, il a inventé le cercle répétiteur qui, par un artifice aussi simple qu'ingénieux, peut, même avec des limbes imparfaitement gradués, porter la mesure des angles à la dernière précision.

Huyghens chez qui, par une merveilleuse exception, tous les talents semblaient réunis et dont le nom reste uni à une loi fondamentale et classique, représentait dignement dans l'ancienne Académie l'étude expérimentale de la physique.

La réputation déjà considérable de Mariotte le fit appeler à l'Académie fort peu de temps après sa fondation; il savait s'incliner devant le génie d'Huyghens, sans jamais soumettre son jugement et sacrifier son originalité. Capable de juger par lui-même et d'en appeler à l'expérience, s'il ne choisit pas toujours le meilleur parti, il se décide dans les questions les plus difficiles, par des raisons toujours ingénieuses, souvent concluantes et nouvelles. Le traité de Mariotte sur la nature de l'air est un chef-d'œuvre: véritablement inventeur, il sait être très-nouveau, sans cesser d'être simple, dans ces questions que trois hommes illustres, Toricelli, Pascal et Boyle, semblaient avoir récemment épuisées. Dans un écrit sur la percussion des corps, Mariotte propose aussi des vues ingénieuses et exactes sur les actions successives de plusieurs billes en contact choquées par une ou plusieurs boules de même dimension, et plus d'un professeur aujourd'hui encore pourrait étudier avec profit l'excellente analyse qu'il en a donnée. Des erreurs fort graves se trouvent, là comme ailleurs, mêlées, il est vrai, à la vérité, et l'on nous pardonnera de prouver, par une citation, l'ignorance de Mariotte en mathématiques.

Les lois de la chute des corps, si bien démontrées par Galilée, ne lui paraissent ni exactes ni possibles; et après en avoir proposé d'autres, suivant lesquelles un corps abandonné à lui-même prend instantanément une vitesse finie, Mariotte ajoute: «Galilée a fait quelques raisonnements assez vraisemblables pour prouver qu'au premier moment qu'un poids commence à tomber sa vitesse est plus petite qu'aucune qu'on puisse déterminer; mais ses raisonnements sont fondés sur les divisions à l'infini tant des vitesses que des espaces passés et des temps des chutes, qui sont des raisonnements très-suspects, comme celui que les anciens faisaient pour prouver qu'Achille ne pourrait jamais attraper une tortue, auquel raisonnement il est difficile de répondre et d'en donner la solution; mais on en démontre la fausseté par l'expérience et par d'autres raisons plus faciles à concevoir. Ainsi l'on objectera à Galilée que les raisonnements ci-dessus, qui sont faciles à concevoir et qui sont beaucoup plus clairs que les siens, qu'il a fondés sur les divisions à l'infini, qui sont inconcevables, et sur certaines règles de l'accélération de la vitesse des corps, qui sont douteuses, car on ne peut savoir si le corps tombant ne passe pas par un petit espace sans accélérer son premier mouvement à cause qu'il faut du temps pour produire la plupart des effets naturels, comme il paraît quand on fait passer du papier au travers d'une grande flamme avec une grande vitesse sans qu'il s'allume, et par conséquent on doit préférer les raisonnements ci-dessus à ceux de Galilée.»

Mariotte ignorait, on le voit assez, l'essentiel de la géométrie, et le style précis et serré de la langue algébrique lui semble obscur et incompréhensible. Mais dans tous ses écrits, on peut le dire, le sens le plus droit et le plus fin remplace, avec succès souvent, parfois avec génie, cet instrument puissant qui lui manque, et dont toutes les règles de la logique sur lesquelles Mariotte a écrit un traité, ne sont, pour qui le possède, qu'un commentaire intuitif et sans vertu.

Malgré les beaux travaux de Sauveur sur l'acoustique et plusieurs expériences d'Amontons sur le frottement et sur la chaleur, les savants, dans les premières années du XVIIIe siècle, semblaient renoncer à l'espoir de pénétrer plus avant dans les secrets du monde physique.

Le célèbre Montesquieu disait, en 1717, à la séance de rentrée de l'Académie de Bordeaux:

«Les découvertes sont devenues bien rares et il semble qu'il y ait une sorte d'épuisement dans les observations et dans les observateurs.... La nature, après s'être cachée pendant tant d'années, se montra tout à coup dans le siècle passé, moment bien favorable pour les savants d'alors, qui virent ce que personne avant eux n'avait vu. On fit dans ce siècle tant de découvertes qu'on peut le regarder non-seulement comme le plus florissant, mais encore comme le premier âge de la philosophie qui, dans les siècles précédents, n'était pas même dans son enfance. C'est alors qu'on mit au jour des systèmes, qu'on développa des principes, qu'on découvrit ces méthodes si fécondes et si générales. Nous ne travaillons plus que d'après ces grands philosophes; il semble que les découvertes d'à présent ne soient qu'un hommage que nous leur rendons et un humble aveu que nous tenons tout d'eux. Nous sommes presque réduits à pleurer, comme Alexandre, de ce que nos pères aient tout fait et n'ont rien laissé à notre gloire.»

Ils avaient beaucoup laissé au contraire. L'assoupissement dont se plaint Montesquieu devait être suivi du plus brillant réveil, et l'arbre immortel qu'il croyait desséché n'avait pas encore donné ses plus beaux fruits.

Géomètre et astronome en même temps que physicien, chef véritable d'une expédition célèbre dans laquelle, sans s'écarter jamais du but, il s'est montré observateur attentif et sagace de tous les phénomènes de la nature, Bouguer doit être compté parmi les membres illustres de l'Académie des sciences.

Le père de Bouguer, professeur de mathématiques et de navigation au Croisic, le destinait à la même carrière et lui enseigna la géométrie dès sa première enfance. Le jeune Bouguer, professeur à l'âge de seize ans, continua au Croisic, puis au Havre, de profondes études sur toutes les parties de la science. Les prix fondés par M. de Meslay excitèrent son ardeur et l'Académie couronna successivement trois de ses mémoires, sur la mâture des vaisseaux, sur les observations en mer et sur l'aiguille aimantée. Dans un ouvrage considérable de Bouguer, publié à la même époque, sur la gradation de la lumière, la science mathématique la plus profonde et la plus sage dirige et interprète les expériences les plus délicates. Bouguer, dans cet ouvrage, a créé une des branches de la physique: la photométrie. Bouguer a proposé un micromètre fondé sur un principe extrêmement nouveau et que son emploi commode pour déterminer le diamètre apparent du soleil a fait nommer héliomètre. Le livre de Bouguer sur la figure de la terre est resté cependant son œuvre capitale. Élargissant la tâche que l'Académie lui avait confiée, Bouguer montre, sur les sujets les plus divers, la solidité de son savoir et l'industrie de son esprit. Cet excellent ouvrage, excita d'injustes réclamations qui, repoussées avec aigreur, engendrèrent d'interminables querelles dont Lacondamine et Bouguer fatiguèrent pendant plus de dix ans l'Académie et le public. Bouguer avait raison au fond; mais les attaques enjouées et les fines railleries de son irréconciliable adversaire attiraient assez l'attention et trouvaient assez de créance pour attrister sérieusement les dernières années de l'illustre et excellent physicien.

Curieux comme Bouguer des vérités de la physique et aussi exact qu'ingénieux à observer, Dufay fut un académicien plein de zèle et véritablement digne de ce nom. Voué d'abord à la carrière des armes, il y renonça jeune encore en emportant, avec l'estime de tous, de puissantes et chaudes protections. Les premiers travaux de Dufay exécutés pendant les loisirs de sa vie militaire ne se ressentent pas d'un tel partage, et quand, au sortir du camp, l'Académie lui ouvrit immédiatement ses portes, il tenait rang déjà parmi les hommes considérables de la science. Curieux de toutes les sciences à la fois, il a laissé, dans presque toutes, la trace d'un esprit droit et éclairé. Dufay a donné d'excellents mémoires sur les sujets les plus divers.

L'électricité lui doit l'hypothèse des deux fluides électriques. Il a étudié la double réfraction avec plus de soin et de précision que ses devanciers. Son mémoire sur la phosphorescence, précédé d'une introduction historique aussi savante que judicieuse, a acquis récemment une importance inattendue. M. E. Becquerel, en étendant excellemment et au delà de toute limite prévue les faits singuliers qu'il rapporte, y a montré une loi générale de la nature dont l'histoire devra mentionner à jamais le nom de Dufay.

Si des expériences très-exactes n'ont pas révélé à Dufay l'explication véritable de la rosée, c'est que, mal posé par ses devanciers, le problème aurait exigé la connaissance anticipée de la théorie des vapeurs. Quelle est l'origine de la rosée? Est-ce le ciel qui la verse ou le sol qui la produit? Ces deux hypothèses sont les seules possibles et c'est entre elles qu'il faut choisir. Tel est le dilemme inexact qui, pendant plus d'un siècle, a égaré les physiciens, et dont Dufay lui-même n'a pas su se dégager.

Après avoir prouvé que la rosée ne tombe pas du ciel, Dufay se montra trop prompt à en conclure qu'elle s'élève par conséquent de la terre. La conséquence n'est pas rigoureuse, autant vaudrait dire que, dans les jours d'hiver, le givre qui se dépose à l'intérieur de nos appartements, sur les vitres des fenêtres, s'élève nécessairement du plancher de la chambre parce qu'il ne descend pas du plafond. La rosée naît dans l'air, à toute hauteur et partout où un corps suffisamment refroidi fait condenser la vapeur qui s'y trouve disséminée.

Dufay obtint en 1732, avec le titre de surintendant du Jardin des Plantes, toutes les prérogatives de ses prédécesseurs. Son administration bienveillante sans partialité et attentive aux intérêts de la science, releva bientôt l'établissement fort amoindri entre les mains négligentes, et despotiques pourtant, du successeur de Fagon. Chirac, premier médecin du roi, avait reçu la direction du Jardin comme une dépendance de sa charge. Inférieur à Fagon par la science, il l'était surtout en dévouement et en zèle. Jaloux de tous ses droits et impérieusement attentif aux détails, il voulait trancher les questions par lui-même, jusque-là qu'aucune plante ou graine ne pouvait être donnée ou reçue que par lui; devenu ainsi le principe et le centre de toutes les affaires du Jardin, il se laissa absorber par une clientèle toujours croissante et son incurie laissait tout périr, lorsque fort heureusement Dufay lui succéda. L'étude de l'histoire naturelle devenait pour l'habile physicien une sorte de devoir, mais curieux de contenter son esprit, non de diriger celui des autres, il laissait à chacun toute sa liberté.

On lui doit plusieurs observations sur la salamandre et sur la sensitive. Un préjugé fort ancien attribue à la salamandre la faculté de vivre dans le feu. Maupertuis, pour en faire justice, avait jugé utile de jeter plusieurs salamandres au milieu d'un brasier ardent, il les vit s'y consumer et se réduire en cendres. La démonstration était suffisante; Dufay cependant crut la mettre dans un plus grand jour en prouvant, ce sont ses propres paroles, que non-seulement les salamandres ne vivent pas dans le feu, mais que tout au contraire elles vivent dans l'eau glacée par le froid où elles ont gelé. La salamandre emprisonnée dans un bloc de glace peut y demeurer plusieurs jours et survivre au dégel.

Les deux frères de Jussieu devinrent les amis de Dufay et il suivit leurs sages conseils sans avoir l'idée cependant de proposer Bernard pour son successeur. Le titre d'intendant, dans les idées du temps, ne pouvait convenir à un homme aussi modeste et si peu disposé à fréquenter les grands. Atteint subitement par la petite vérole et dans la prévision d'une mort prochaine, Dufay recommanda au roi le jeune Buffon, qui n'avait alors aucun titre à un tel choix. On sait assez qu'il en acquit depuis et que la science n'eut pas à regretter la dernière inspiration de Dufay.

L'abbé Nollet, disciple de Dufay comme physicien, a beaucoup contribué, sans être un inventeur, à répandre le goût des études et des expériences scientifiques. Démonstrateur très-adroit en même temps que professeur habile, l'abbé Nollet, pendant plus de trente ans, a enseigné la physique avec un succès toujours croissant.

C'est malheureusement par une discussion dans laquelle il défendait la mauvaise cause, que son nom est surtout resté célèbre. L'influence que lui donnait une réputation fort grande alors, fut employée à combattre l'emploi des paratonnerres, lorsqu'ils furent proposés par Franklin. Voici dans quels termes il en rend compte dans un ouvrage qui, lors de son apparition, en 1752, ne laissa pas de faire quelque bruit et qui a eu depuis plusieurs éditions:

«Un Anglais, nommé Benjamin Franklin, habitant la Pensylvanie, s'étant occupé depuis quelques années à répéter avec ses amis des expériences d'électricité, s'est formé sur cette matière des idées assez singulières, la plupart ingénieuses et séduisantes au premier abord; il a cherché à les appuyer sur des expériences et du tout ensemble il a fait plusieurs écrits qu'il a fait passer à Londres en dissertations. Après avoir remarqué que la matière qui part d'un corps électrisé enfile plus aisément et de plus loin la pointe d'une aiguille qu'un pareil corps qui serait arrondi par le bout, et reconnaissant d'ailleurs une certaine analogie entre le tonnerre et l'électricité, il ose assurer que des verges de fer pointues dressées en l'air sous un nuage orageux tireraient à elles la matière de la foudre et la feraient passer sans éclat et sans danger jusque dans le corps immense de la terre où elle resterait comme absorbée.» La nature électrique de la foudre fut constatée pour la première fois en France par Dalibard et Buffon, qui obtinrent d'un nuage orageux des effets extraordinaires et prodigieux, mais Franklin était leur guide, c'est à lui qu'ils rapportaient tout l'honneur de la découverte, et ils invitaient les curieux et les savants à assister aux *expériences de Philadelphie.*

«Ce singulier phénomène, dit Nollet, ne fut pas plutôt observé et vérifié, que l'admiration monta jusqu'à l'enthousiasme. La plupart de ceux qui l'apprirent, en se dissimulant l'énorme distance qu'il y a entre le fait et les conséquences qu'on en voulait tirer, crurent de bonne foi, sur les paroles de ceux qui le leur disaient, que les fluides du ciel seraient désormais en la puissance des hommes et que pour se garantir du tonnerre il suffirait de dresser des pointes sur le sommet des édifices. Quelques personnes assuraient d'un ton sincère qu'un voyageur en rase campagne pourrait s'en défendre en mettant l'épée à la main contre la nuée. Les gens d'église, qui n'en portent pas, commençaient à se plaindre de ne pas avoir cet avantage, mais on leur a montré dans le livre de M. Franklin, qui était comme l'évangile du jour, qu'on pouvait suppléer au pouvoir des pointes en laissant bien mouiller ses habits, ce qui est extrêmement facile en temps d'orage.»

L'opposition très-loyale d'ailleurs de Nollet ne pouvait étouffer la grande découverte de Franklin. L'Académie des sciences, quelque temps partagée, se rangea bientôt du côté de la vérité et nomma Franklin un de ses huit associés étrangers. Pendant son séjour à Paris, l'illustre représentant du nouveau monde assista plus d'une fois à ses séances et prit même part à ses travaux. Un rapport de lui sur l'établissement d'un paratonnerre pour la flèche de Strasbourg se trouve encore dans les procès-verbaux.

LES CHIMISTES.

La chimie, par une destinée singulière, a passé presque tout à coup des ténèbres au grand jour, et son avénement subit au rang des sciences exactes fut peut-être le plus grand événement scientifique du XVIIIe siècle. Les membres de l'Académie des sciences l'avaient cultivée sans interruption, mais longtemps sans éclat. Nous avons dit ce qu'était une analyse chimique à la fin du XVIIe siècle et quelles opérations stériles, souvent ridicules, on rencontre sous ce nom dans les premiers registres de l'Académie; à côté cependant de ces tentatives obstinées dans une mauvaise voie se placent des observations importantes et des preuves réelles de perspicacité.

Homberg, après la réorganisation de 1699, fut, parmi les pensionnaires, le représentant le plus éminent de la chimie. Né à Batavia, où son père, gentilhomme saxon ruiné par la guerre de Trente ans, était allé tenter de relever sa fortune, il fut amené jeune encore en Europe et étudia avec grand succès dans les universités de Hollande et d'Allemagne. Jurisconsulte, astronome, mécanicien, botaniste et médecin en même temps que chimiste, Homberg excellait également dans toutes les études, et celle de l'hébreu avait même excité sa curiosité. Ses parents, charmés par tant de science et fier de sa précoce célébrité, le pressèrent d'en tirer profit, et de prendre parti pour une position lucrative; mais, loin de suivre leurs conseils, Homberg ne songeait qu'à voyager pour s'instruire davantage. Il visita Otto de Guericke, à Magdebourg; vit les universités de Padoue, de Bologne et de Rome; s'arrêta en France; en Angleterre, où il travailla dans le laboratoire de Boyle; en Hollande, où il étudia l'anatomie avec Graff. La diversité de ses projets égalait celle de ses études; après plusieurs années de voyage, il prit à Wittemberg le titre de docteur en médecine; mais, loin d'exercer sa profession nouvelle, il partit bientôt pour visiter les mines métalliques de la Bohême et de la Hongrie; il voulut étudier ensuite celles de Suède, et se rendit à Stockholm. Ces voyages n'étaient pas stériles, et les travaux de Homberg, datés des contrées les plus diverses, remplissaient les journaux scientifiques de l'Europe. Colbert, toujours désireux d'accroître l'éclat de l'Académie des sciences, lui fit des offres avantageuses; il les accepta malgré sa famille et devint bientôt le membre le plus actif de l'Académie.

Sa réputation d'habile chimiste, peut-être aussi celle d'alchimiste, qu'il ne repoussait pas absolument, le mirent en relations avec le duc d'Orléans, qui, lui aussi, comme le dit Saint-Simon, «aimait à souffler, non pour chercher à faire de l'or, dont il se moqua toujours, mais pour s'amuser des curieuses opérations de la chimie;» il se fit un laboratoire le mieux fourni et le plus beau que la chimie eût jamais vu, et y attira Homberg, auquel il donna le titre fort lucratif et fort envié de son médecin, que celui-ci, préférant l'Académie à ses intérêts, n'accepta pourtant qu'à la condition d'être dispensé du règlement qui, à cause de la résidence à Versailles, devait l'exclure de la compagnie. Entretenant avec lui le commerce le plus intime, il se plaisait à suivre ses opérations et à y prendre part; tout cela très-publiquement, et il en raisonnait très-volontiers avec qui pouvait y prendre intérêt. Homberg, de plus, nous dit Saint-Simon, était un homme de grande réputation, et n'en avait pas moins en probité et en vertu qu'en capacité pour son métier; la calomnie se fit pourtant une arme terrible de ces relations; après la mort rapide et mystérieuse du Dauphin d'abord, puis de la duchesse et du duc de Bourgogne, on parla de poison et non sans vraisemblance. Les soupçons s'élevèrent jusqu'au duc d'Orléans, qui publiquement et grossièrement outragé par la populace, supplia le roi de le faire entrer à la Bastille et d'y enfermer Homberg avec lui, en attendant que tout fût éclairci; le roi permit seulement, après beaucoup d'instances, qu'Homberg fût reçu à la Bastille, s'il allait s'y présenter lui-même; mais l'ordre ne fut pas donné, et Homberg, que Voltaire appelle à cette occasion, et un peu au hasard sans doute, vertueux philosophe et d'une candeur extrême, ne fut pas admis à se justifier.

L'histoire ne mentionne aujourd'hui ces atroces soupçons que pour les écarter avec dédain; mais ils planèrent tristement sur Homberg pendant les quelques années qu'il vécut encore.

Les Mémoires de l'Académie contiennent un grand nombre de travaux de Homberg, presque tous sur des points de détail. Il était expérimentateur ingénieux et habile, et la chimie lui doit un grand nombre de faits nouveaux et bien observés, dont la théorie devait lui échapper complétement, comme à ses contemporains et à ses successeurs immédiats.

Le duc d'Orléans possédait un miroir convexe d'une grande puissance, c'est-à-dire une lentille, avec laquelle Homberg fit de nombreuses expériences.

L'or métallique, à la chaleur de ce miroir, ne tardait pas à se fondre et à se volatiliser, il croyait même le transformer en partie en un verre violet, fourni, sans doute, par la matière du vase dans lequel il opérait et contenant peut-être une petite quantité de silicate d'or. La chaleur du soleil lui semble de nature autre que celle de nos foyers. C'est, suivant lui, une matière simple, dont les parties sont infiniment plus petites que celles du feu ordinaire, et qui peut s'introduire dans les interstices où celui-ci ne peut pas entrer, et avec lequel il a une autre différence, c'est que l'air, étant plus pesant que la flamme, pousse celle-ci, selon les lois de l'équilibre des liqueurs, sans quoi la flamme n'aurait aucun mouvement, au lieu que le rayon du soleil est poussé par le soleil sans que l'air contribue en aucune manière à son action.

Les Mémoires de l'Académie contiennent de singulières idées de Homberg sur la nature de la chaleur. «On a demandé, dit-il, pourquoi le fond d'un bassin où l'eau bout n'est point chaud du côté du feu, au lieu qu'il serait chaud s'il n'y avait point d'eau: cela tient à ce que la matière de la lumière qui fait la chaleur a deux mouvements, l'un de tous côtés sphérique, qui lui est naturel, l'autre de bas en haut causé par la pesanteur de l'air; que, par le premier mouvement, elle pénètre et enfle les corps en tous sens, que, par le second, elle hérisse leur surface en un sens seulement, que, quand l'eau est dans un bassin sur le feu, elle réprime et arrête en partie le mouvement sphérique de la matière subtile et l'éteint jusqu'à un certain point, mais qu'elle n'empêche pas la direction de bas en haut et le hérissement de la surface, et que, par conséquent, la surface entourée demeure froide et par conséquent peu chaude.»

Ce passage, qui semble une parodie de la physique de Descartes, est un curieux spécimen des idées théoriques des hommes les plus éminents de l'époque.

Un autre mémoire de Homberg donnera une idée assez exacte des méthodes employées alors par les chimistes et de la nature des problèmes qu'ils cherchaient à résoudre.

«Il y a environ trente ans, dit-il, qu'une personne de considération me demanda avec beaucoup d'instances d'essayer si, de la matière fécale, je ne pourrais pas tirer une huile distillée, sans mauvaise odeur, qui fût claire et sans couleur comme de l'eau de fontaine, parce qu'elle en avait vu, comme elle le croyait, un effet surprenant, qui était de fixer le mercure commun en argent fin. On croit aisément ce que l'on voudrait qui fût vrai; aussi me laissai-je persuader sans beaucoup de peine d'entreprendre cette recherche et de travailler à un ouvrage qui devait nous enrichir tous deux. Pour ne pas travailler sur une matière ramassée au hasard et dont je ne connusse pas les ingrédients, j'ai loué, dit-il, quatre hommes robustes et en bonne santé; je les ai enfermés avec moi pendant trois mois en une maison qui avait un grand jardin pour les promener, et, pour être assuré qu'ils ne prissent autre nourriture que celle que je leur donnerais, j'étais convenu avec eux qu'ils ne mangeraient autre chose que du meilleur pain de Gonesse que je leur fournirais frais tous les jours, et qu'ils boiraient tant qu'ils voudraient du meilleur vin de Champagne.»

Homberg commença par dessécher la matière, qui se réduisit au dixième de son poids; mais, en la distillant dans une cornue de verre, à divers degrés de feu, il n'en tirait que de l'huile rouge ou noire, toujours puante, qui ne répondait nullement au désir de son associé.

Il cherche alors à séparer par la solution tout ce que la substance étudiée contient de matières grossières et terreuses; il la délaye à cet effet dans de l'eau chaude, puis, après avoir décanté et filtré en évaporant jusqu'à siccité, il obtient des cristaux bien déterminés, qui ressemblent à du salpêtre et fusent au feu en donnant une flamme rouge.

En distillant ce sel par degrés, il obtient une liqueur âcre et acide, suivie d'un peu d'huile rousse et fétide; celle qu'il fallait trouver était blanche et sans odeur; il abandonne encore cette marche pour recommencer à opérer sur la matière simplement desséchée au bain-marie, en y ajoutant ce qu'il nomme différents intermèdes, c'est-à-dire en la mêlant tantôt avec de la chaux vive ou éteinte, tantôt avec de l'alun, du colcothar, de la poudre de brique, etc., mais, au lieu d'huile blanche, qui était le but de son travail, il n'obtient cette fois encore que des huiles diversement colorées et conservant la même féteur.

Homberg alors change encore une fois de méthode et tente la voie de la fermentation, qui est, dit-il, une voie douce, où la violence du feu n'a pas de part. Il sépare d'abord le flegme superflu de la matière par le bain-marie, pour pouvoir garder commodément la matière desséchée et se débarrasser des quatre hommes que, depuis trois mois, il entretenait consciencieusement pour la fournir; pour faire fermenter la matière, il la mit en poudre en versant dessus six fois autant de flegme qu'il en avait été séparé par la distillation, puis le tout fut chauffé en vase clos au bain-marie, pendant six semaines, à une douce chaleur; en distillant ensuite, la partie aqueuse avait perdu presque toute son odeur. Homberg put en donner à quelques personnes dont le teint était gâté, et qui, en s'en débarbouillant une fois par jour, ont adouci, dit-il, et blanchi considérablement leur peau.

Le résidu donna enfin par la distillation une huile incolore presque sans odeur, et le peu qu'elle en avait était légèrement aromatique.

Lémery, qui, pendant plus de trente ans, partagea avec Homberg l'honneur de représenter la chimie dans l'Académie des sciences, était élève d'un apothicaire de Rouen, puis d'un chimiste nommé Glazer, démonstrateur au Jardin du Roi, et fort avare cependant des idées obscures qu'il avait sur la science. Lémery le quitta bientôt pour se placer, pendant près de trois ans, chez un apothicaire de Montpellier nommé Verchaut, dont les leçons l'auraient encore laissé fort ignorant, s'il n'avait trouvé moyen de s'instruire lui-même en s'aidant des livres et du laboratoire de son maître. Il ne tarda pas à ouvrir des cours qui attirèrent chez maître Verchaut tous les curieux de Montpellier, parmi lesquels se trouvaient, au grand honneur du jeune élève, des professeurs même de la faculté. Bien différent de ses premiers maîtres, Lémery ne se plaisait pas moins à révéler les secrets de la science qu'à en étaler les merveilles; il avait le don et la passion de l'enseignement, et ses cours, qui ne cessèrent qu'avec sa vie, ont servi, autant au moins que ses livres, à répandre dans toute l'Europe le goût et la pratique des opérations chimiques. Il devint apothicaire à Paris et professa chez lui dans la rue

Galande. Son laboratoire, dit Fontenelle, était moins une chambre qu'une cave et presque un antre magique éclairé de la seule lueur des fourneaux; l'affluence y était si grande, qu'à peine y avait-il de place pour les opérations; les dames mêmes, entraînées par la mode, ne craignaient pas de s'y montrer. Ses leçons, comme celles de Duverney sur l'anatomie, devinrent bientôt célèbres dans toute l'Europe; les jeunes étrangers venaient à Paris par centaines dans le seul but d'entendre ces deux maîtres, dont ils rapportaient au loin la réputation d'éloquence et de parfaite clarté.

Le traité de chimie de Lémery, qui de 1675 à 1713, a eu dix éditions, et qui fut traduit dans toutes les langues de l'Europe, ne nous aide pas, il faut l'avouer, à comprendre cette clarté si vantée des contemporains; il faudrait, sans doute, pour s'en rendre compte, le comparer aux écrits mystérieux et énigmatiques des chercheurs du grand œuvre.

Le premier principe que l'on peut admettre pour la composition des mixtes est, dit-il immédiatement après avoir posé ses définitions, un esprit universel qui, étant répandu partout, produit diverses choses, suivant les diverses matrices, ou pores de la terre, dans lesquelles il se trouve embarrassé; mais, comme ce principe est un peu métaphysique et qu'il ne tombe pas sous le sens, il est bon, ajoute-t-il, d'en établir de sensibles, et je rapporterai ceux dont on se sert communément.

Les chimistes, en faisant l'analyse des mixtes, ont trouvé, dit-il, cinq sortes de substances, l'eau, l'esprit, l'huile et le sel, et la terre; de ces cinq, il y en a trois actifs, l'esprit, l'huile et le sel, et deux passifs, l'eau et la terre. Ils les ont appelés actifs, parce qu'étant dans un grand mouvement ils font toute l'action du mixte: ils ont nommé les autres passifs parce qu'étant en repos ils ne servent qu'à arrêter la vivacité des actifs. Toutes ces distinctions fausses ou insignifiantes, sont l'œuvre de ses prédécesseurs, et Lémery n'en est pas responsable; mais c'est lui-même qui parle, et avec beaucoup de sens, lorsqu'il ajoute: Le nom de principe, en chimie, ne doit pas être pris dans une signification tout à fait exacte, car les substances à qui l'on a donné ce nom ne sont principes qu'à notre égard et qu'en tant que nous ne pouvons point aller plus avant dans la division des corps; mais on comprend bien que ces principes sont encore divisibles en une infinité de parties qui pourraient, à plus juste titre, être appelées principes.

Le traité de chimie est la représentation exacte de la science positive à cette époque: toutes les opérations y sont clairement expliquées et décrites pour la pratique; les idées théoriques y tiennent peu de place, et, quoiqu'il définisse la chimie la science de l'analyse, la préparation des divers composés le remplit presque tout entier. Il se vendit, dit Fontenelle, comme un ouvrage de galanterie ou de satire; on le traduisit en latin, en allemand, en anglais et en espagnol; et les traducteurs, presque tous élèves de l'auteur, se plaisaient à vanter dans leurs préfaces l'habileté et la gloire de leur maître. L'autorité du grand Lémery, en matière de chimie, dit le traducteur espagnol, est plutôt unique que considérable.

Les persécutions religieuses vinrent troubler la vie de Lémery. Au milieu de sa plus grande prospérité, il reçut, comme protestant, ordre de quitter sa charge d'apothicaire. Croyant être plus tranquille en devenant médecin, il prit à Caen le bonnet de docteur, mais la révocation de l'édit de Nantes lui enleva bientôt aussi le droit d'exercer la médecine. C'est alors, dit Fontenelle, que, voyant sa fortune plutôt renversée que dérangée, l'esprit constamment occupé des chagrins du présent et des craintes de l'avenir, il vint enfin à craindre un plus grand mal, celui de souffrir pour une mauvaise cause en pure perte; il s'appliqua davantage aux preuves de la religion catholique et se réunit à l'Église avec toute sa famille. Les jours de prospérité revinrent pour lui; on ne pouvait plus lui rendre le titre d'apothicaire, mais, grâce à son mérite et un peu aussi à celui de sa conversion, on lui permit de préparer et de vendre des drogues: ses confrères réclamèrent inutilement, et il retrouva ses écoliers, ses malades et le grand débit de ses préparations.

Estienne-François Geoffroy, entré fort jeune à l'Académie comme élève, devait y fournir une longue et très-honorable carrière. Son père, riche apothicaire, n'épargna rien pour lui donner la plus excellente éducation; il eut les plus grands maîtres en tous genres. Des savants illustres, Cassini, le père Sébastien, Duverney et Homberg, tenaient chez lui des conférences réglées, où les jeunes gens des plus grandes familles briguaient la faveur d'assister, et qui furent, dit-on, l'origine de l'établissement des expériences de physique dans les colléges. L'éducation du jeune Geoffroy fut complétée par de nombreux voyages entrepris en compagnie de plusieurs grands personnages qui, avant même qu'il eût pris le grade de docteur, l'emmenaient avec eux pour soigner leur santé et le traitaient plus en ami qu'en médecin. La clientèle de Geoffroy, qui devint bientôt des plus brillantes, ne lui fit jamais négliger la science. Il avait pris au sérieux la thèse qu'il soutint devant la Faculté pour obtenir son premier grade: «Un médecin, disait-il, est en même temps un mécanicien chimiste.» En cultivant la science pure, il croyait fermement contribuer au progrès de son art. Un de ses travaux, qui attira vivement l'attention, mérite une place importante dans l'histoire des théories chimiques. En disposant dans une table fort courte les diverses substances que la chimie considère, Geoffroy croyait pouvoir indiquer l'ordre de leurs préférences les unes pour les autres et, dans chaque cas, déduire à l'avance d'une règle sans exception les décompositions et compositions qui doivent se produire. Lorsque deux substances sont unies, il admet qu'une troisième qui survient, et qui a plus d'affinité pour l'une, met l'autre en liberté et lui fait lâcher prise. Si, par exemple, l'huile de vitriol décompose le salpêtre, c'est qu'elle chasse l'acide nitrique dont l'affinité pour la potasse est moindre que la sienne.

Malgré bien des difficultés et des incertitudes qui suivirent, ce travail est considérable; on y voit paraître pour la première fois une théorie plausible des phénomènes chimiques.

«Les affinités de Geoffroy, dit cependant Fontenelle, firent de la peine à quelques-uns, qui craignirent que ce ne fussent des attractions déguisées, d'autant plus dangereuses que d'habiles gens ont déjà su leur donner des formes séduisantes.» La table de Geoffroy, généralement admise, a servi pendant longtemps de base à l'enseignement de la chimie. Les progrès de la science semblent donner raison toutefois, dans ce cas au moins, aux adversaires de l'attraction, et les théories de Berthollet devaient montrer, près d'un siècle plus tard, que, dans ces luttes engagées entre les corps, la victoire n'est pas due à une plus grande affinité, mais aux conditions extérieures de la lutte. Les corps éliminés sont ceux qui, par leur nature, doivent disparaître aussitôt qu'ils sont formés, et les éléments qui les composent sont vaincus, parce que, resserrés en quelque sorte sur un terrain trop étroit, il n'en peuvent perdre la moindre parcelle sans être rejetés du champ de bataille.

Après Homberg, Leymery et Geoffroy, Rouelle, Macquer, Sage et Beaumé répandirent par leur enseignement comme par leurs écrits la connaissance des vérités de pratique que leurs théories confuses et embarrassées ne sauraient ni prévoir ni expliquer. Rouelle, dont Jean-Jacques Rousseau suivit les leçons au Jardin du roi, joignait à une infatigable ardeur, un sincère et naïf enthousiasme pour le résultat de ses travaux. «On lui doit, a écrit Lavoisier, la plus grande découverte qui ait été faite en chimie depuis Stahl, celle des proportions diverses dans lesquelles un même acide et une même base peuvent s'unir pour former des sels.» La correspondance de Grimm donne de Rouelle un portrait voisin parfois de la caricature, mais tracé de main de maître:

«C'est lui qui introduisit la chimie de Stahl, et fit connaître ici cette science dont on ne se doutait point, et qu'une foule de grands hommes ont portée en Allemagne à un haut degré de perfection. Rouelle ne les savait pas tous lire; mais son instinct était ordinairement aussi fort que leur science. Il doit donc être regardé comme le fondateur de la chimie en France; et cependant son nom passera parce qu'il n'a jamais rien écrit, et que ceux qui ont écrit de notre temps des ouvrages estimables sur cette science, et qui sont tous sortis de son école, n'ont jamais rendu à leur maître l'hommage qu'ils lui devaient; ils ont trouvé plus court de prendre, sur le compte de leur propre sagacité, les principes et les découvertes qu'ils tenaient de leur maître; aussi Rouelle était-il brouillé avec tous ceux de ses disciples qui ont écrit sur la chimie. Il se vengeait de leur ingratitude par les injures dont il les accablait dans les cours publics et particuliers, et l'on savait d'avance qu'à telle leçon il y aurait le portrait de Malouin, à telle autre le portrait de Macquer, habillés de toutes pièces. C'étaient suivant lui, des ignorantins, des plagiaires. Ce dernier terme avait pris dans son esprit une signification si odieuse qu'il l'appliquait aux plus grands criminels; et pour exprimer, par exemple, l'horreur que lui faisait Damiens, il disait que c'était un plagiaire. L'indignation des plagiats qu'il avait soufferts dégénéra enfin en manie; il se voyait toujours pillé; et lorsqu'on traduisait les ouvrages de Pott ou de Lehman, ou de quelque autre grand chimiste d'Allemagne et qu'il y trouvait des idées analogues aux siennes, il prétendait avoir été volé par ces gens-là.»

«Rouelle était d'une pétulance extrême; ses idées étaient embrouillées et sans netteté, et il fallait un bon esprit pour le suivre et pour mettre dans ses leçons de l'ordre et de la précision. Il ne savait pas écrire; il parlait avec la plus grande véhémence, mais sans correction ni clarté, et il avait coutume de dire qu'il n'était pas de l'académie du beau langage. Avec tous ces défauts, ses vues étaient toujours profondes et d'un homme de génie; mais il cherchait à les dérober à la connaissance de ses auditeurs autant que son naturel pétulant pouvait le comporter. Ordinairement il expliquait ses idées fort au long; et quand il avait tout dit, il ajoutait: «Mais ceci est un de mes arcanes que je ne dis à personne.» Souvent un de ses élèves se levait et lui disait à l'oreille ce qu'il venait de dire tout haut: alors Rouelle croyait que l'élève avait découvert son arcane par sa propre sagacité, et le priait de ne pas divulguer ce qu'il venait de dire à deux cents personnes. Il avait une si grande habitude de s'aliéner la tête que les objets extérieurs n'existaient pas pour lui. Il se démenait comme un énergumène en parlant sur sa chaise, se renversait, se cognait, donnait des coups de pied à son voisin, lui déchirait ses manchettes, sans en rien savoir. Un jour, se trouvant dans un cercle où il y avait plusieurs dames, et parlant avec sa vivacité ordinaire, il défait ses jarretières, tire son bas sur son soulier, se gratte la jambe pendant quelque temps de ses deux mains, remet ensuite son bas et sa jarretière, et continue sa conversation sans avoir le moindre soupçon de ce qu'il venait de faire. Dans ses cours, il avait ordinairement pour aides son frère et son neveu pour faire les expériences sous les yeux de ses auditeurs: ces aides ne s'y trouvaient pas toujours; Rouelle criait: «Neveu, éternel neveu!» et l'éternel neveu ne venant point, il s'en allait lui-même dans les arrière-pièces de son laboratoire chercher les vases dont il avait besoin. Pendant cette opération, il continuait toujours sa leçon comme s'il était en présence de ses auditeurs, et à son retour il avait ordinairement achevé la démonstration commencée et rentrait en disant: «Oui, messieurs;» alors on le priait de recommencer. Un jour, étant abandonné de son frère et de son neveu, il dit à ses auditeurs: «Vous voyez bien, messieurs, ce chaudron sur le brasier? eh bien, si je cessais de remuer un seul instant, il s'ensuivrait une explosion qui nous ferait tous sauter en l'air.» En disant ces paroles, il ne manqua pas d'oublier de remuer, et sa prédiction fut accomplie: l'explosion se fit avec un fracas épouvantable, cassa toutes les vitres du laboratoire et en un instant deux cents auditeurs furent éparpillés dans le jardin; heureusement personne ne fut blessé, parce que le plus grand effort de l'explosion avait porté par l'ouverture de la cheminée. M. le démonstrateur en fut quitte pour cette cheminée et une perruque...

«Rouelle était honnête homme; mais avec un caractère si brut, il ne pouvait connaître ni observer les égards établis dans la société, et comme il était aisé de le prévenir contre quelqu'un, et impossible de le faire revenir d'une prévention, il déchirait souvent dans ses cours à tort et à travers: ainsi il ne faut pas s'étonner qu'il se soit fait beaucoup d'ennemis. Il ne pouvait pas estimer la physique, ni les systèmes de M. de Buffon; il était peu touché de son *beau parlage*, et quelques leçons de ses cours étaient régulièrement employées à injurier cet illustre académicien. Il avait pris en grippe le docteur Bordeu, médecin de beaucoup d'esprit. «*Oui, messieurs*, disait-il tous les ans à un certain endroit de son cours, *c'est un de nos gens, un plagiaire, un frater, qui a tué mon frère que voilà.*» Il voulait dire que Bordeu avait mal traité son frère dans une maladie.

Rouelle était démonstrateur aux leçons publiques au Jardin du Roi. Le docteur Bourdelin était professeur et finissait ordinairement ses leçons par ces mots: *Comme M. le démonstrateur va vous le prouver par ses expériences.* Rouelle, prenant alors la parole, au lieu de faire les expériences annoncées disait: *Messieurs, tout ce que M. le professeur vient de vous dire est absurde, comme je vais vous le prouver.*»

Macquer, l'un des meilleurs élèves de Rouelle, siégea avec lui à l'Académie et y resta longtemps après la mort de son maître. Son *Dictionnaire de chimie* contient, avec des faits nouveaux et bien observés, un tableau très-clair et très-complet de la science à son époque. La théorie tant vantée de Stahl y est très-nettement exposée.

Le phlogistique est la pure substance du feu, c'est la matière subtile et pénétrante qui, sous forme de flamme, s'échappe d'un corps en combustion. Il est commun à tous les corps combustibles, le charbon entre autres le renferme en proportion considérable. Pour régénérer un corps brûlé qui a perdu son phlogistique, il faut le lui rendre, et pour cela souvent il suffit de le chauffer dans un creuset plein de charbon.

Cette interprétation telle quelle du phénomène de la combustion préparait la voie. Satisfaits de son apparence plausible, les chimistes, sans discuter ni approfondir, crurent avoir touché le but; et tous, pendant un demi-siècle, suivant sans s'en écarter le chemin battu, acceptèrent la théorie de Stahl comme exacte et indubitable. Pénétrant plus avant dans l'examen de ces matières, en apparence si cachées, et désireux de voir, non de deviner, l'esprit délicat et puissant de Lavoisier vint leur montrer pour la première fois la faiblesse de leurs preuves et les contradictions de leur doctrine. Les applaudissements si souvent recueillis en enseignant la théorie de Stahl étaient pour Macquer une attache qu'il ne pouvait rompre. «M. Lavoisier, écrit-il dans une lettre datée de 1772, m'effrayait depuis longtemps d'une grande découverte qu'il réservait *in petto*, et qui n'allait à rien moins qu'à renverser toute la théorie du phlogistique. Où en aurions-nous été avec notre vieille chimie, s'il avait fallu rebâtir un édifice tout différent? Pour moi, je vous avoue que j'aurais quitté la partie. Heureusement M. Lavoisier vient de mettre sa découverte au grand jour, dans un mémoire lu à la dernière assemblée publique de l'Académie, et je vous assure que depuis ce temps j'ai un grand poids de moins sur l'estomac.»

La volonté de Macquer, cette lettre le marque assez, était aussi opposée aux idées nouvelles que son esprit mal préparé à les accueillir; mais il avait le sens trop droit pour n'être pas enfin désabusé. Vaincu sans vouloir se rendre, il prit le plus mauvais de tous les partis. Gardien volontaire d'un édifice branlant, il tenta sans le quitter d'en changer la structure, et continuant à parler comme Stahl, accepta sans le dire plus d'une idée de Lavoisier. C'était, pour l'illustre novateur le présage assuré d'une victoire complète.

C'est de l'étude des gaz que sortit surtout la lumière, et les chimistes français, qui en comprirent trop tard l'importance, ont laissé à Boyle, à Hales et à Black l'honneur d'être les précurseurs de Lavoisier, comme à Priestley, à Cavendish et à Scheele celui d'être sur certains points ses émules.

Les chimistes aujourd'hui comptent des centaines de gaz parfaitement définis, et aussi différents les uns des autres que le fer l'est du cuivre, le marbre du cristal de roche et l'eau de l'alcool ou du mercure. Ces gaz ne produisent pas seulement certains effets extraordinaires et exceptionnels, mais il n'est pas de réaction chimique, pour ainsi dire, dans laquelle ils ne jouent un rôle actif, soit en se dégageant d'une combinaison qui contenait leurs éléments, soit en s'incorporant à une substance nouvelle. Tant qu'on ne vit en eux qu'une vaine et insignifiante fumée, la science, impuissante à rien approfondir, était condamnée aux contradictions. L'étude des divers gaz et la découverte des moyens de les recueillir devait donc être le signal d'un grand progrès. L'histoire de la chimie aurait ici à citer avec honneur les noms de van Helmont, de Hales, de Boerhave et de Cavendish; mais quoique postérieurs, les travaux de Priestley méritent un rang à part. Inventeur de l'appareil employé encore aujourd'hui pour recueillir les gaz, il a découvert et étudié un grand nombre d'entre eux en constatant leurs propriétés trop diverses et trop tranchées pour que la confusion restât possible.

Les travaux de Priestley ont exercé sur les recherches de Lavoisier une influence loyalement reconnue; mais en reproduisant les phénomènes si remarquables et si nouveaux découverts par le chimiste anglais, Lavoisier, qui les étudie la balance à la main, passe de bien loin son rival par l'interprétation qu'il en donne. Il comprend le premier que les réactions sont des échanges dans lesquels rien ne peut se gagner ou se perdre, et que le poids des produits solides, liquides ou gazeux d'une opération chimique est égal, grain pour grain, à celui des agents qui leur donnent naissance.

Lavoisier, dès son premier travail sur la nature de l'eau, rencontre et invoque ce principe sous une forme aussi nette que saisissante.

Van Helmont rapporte qu'ayant mis dans un vase d'argile deux cents livres de terre séchée au four, et l'ayant ensuite humectée avec de l'eau de pluie, il y avait planté un tronc de saule du poids de cent livres; au bout de cinq ans ce même arbre pesait cent soixante-neuf livres, et l'on ne s'était servi pour l'arroser que d'eau de pluie ou d'eau distillée; on avait même poussé la précaution jusqu'à couvrir le pot d'une lame d'étain percée de plusieurs trous, pour empêcher la poussière de s'y déposer. La terre, au bout des cinq ans, n'avait perdu que deux onces de son poids; c'est donc l'eau, ajoutait-il, qui a seule fourni à l'accroissement du saule et qui s'est convertie en bois, en écorce, en racines, peut-être même en cendres.

L'expérience, répétée et variée de bien des façons depuis un siècle, avait toujours donné le même résultat, dont la conclusion semblait fort évidente. Lavoisier en juge autrement: «Il est, dit-il, une autre source dont les végétaux tirent sans doute la plus grande partie des principes qu'on y découvre par l'analyse. On sait, par les expériences de MM. Hales, Guettard, Duhamel et Bonnet, qu'il s'exerce non-seulement dans les plantes une transpiration considérable, mais qu'elles exercent encore par la surface de leurs feuilles une véritable succion au moyen de laquelle elles absorbent les vapeurs répandues dans l'atmosphère.

Sans entrer pour cette fois dans un plus grand détail et sans pénétrer tout le secret, Lavoisier montre déjà, en suivant la bonne voie, une méthode aussi sûre que sévère. La transformation de l'eau en terre, annoncée et montrée par plusieurs auteurs, est une illusion dont il dénonce les causes, et leur eau solidifiée n'est autre, comme il le montre très-distinctement, que le verre du vase dissous en partie par l'ébullition prolongée.

L'étude d'un phénomène fort anciennement connu et très-analogue au fond à l'expérience du vase de van Helmont, devait conduire Lavoisier à la grande découverte dont il fut l'occasion et la preuve. Presque tous les métaux, le fer, le plomb, l'étain, le mercure, augmentent de poids par leur calcination à l'air: c'était depuis longtemps un fait incontesté et dont la vérification est trop facile pour laisser place à aucune objection sérieuse. Une livre de plomb, par exemple, calcinée un temps suffisant au contact de l'air, se brûle complétement, comme nous disons aujourd'hui, et se transforme en chaux de plomb ou litharge, qui, mélangée à du charbon en poudre et chauffée de nouveau, reproduit une livre de plomb.

Quelle est la cause de l'augmentation du poids? Le métal, en brûlant, perd, suivant Stahl, du phlogistique, il devient plus lourd cependant. Il y a donc là une contradiction visible. Stahl ne s'en explique ni ne s'en préoccupe, et ses successeurs, prévenus par le même préjugé, avaient laissé tomber ce fait dans un oubli si complet que Lavoisier le crut entièrement nouveau. Pour prendre le temps d'affermir les preuves en s'assurant la priorité de la découverte, il déposa à l'Académie un écrit cacheté conçu en ces termes:

«Il y a environ huit jours que j'ai découvert que le soufre en brûlant, loin de perdre de son poids, en acquérait au contraire, c'est-à-dire que d'une livre de soufre on pouvait retirer beaucoup plus d'une livre d'acide vitriolique, abstraction faite de l'humidité de l'air. Il en est de même du phosphore. Cette augmentation de poids vient d'une quantité prodigieuse d'air qui se fixe pendant la combustion et qui se combine avec les vapeurs.

«Cette découverte, que j'ai constatée par des expériences que je regarde comme décisives, m'a fait penser que ce qui s'observait dans la combustion du soufre et du phosphore pouvait bien avoir lieu à l'égard de tous les corps, qui acquièrent du poids par la combustion et la calcination, et je me suis persuadé que l'augmentation du poids des chaux métalliques tenait à la même cause. L'expérience a complétement confirmé mes conjectures; j'ai fait la réduction de la litharge dans des vaisseaux fermés, avec l'appareil de Hales, et j'ai observé qu'il se dégageait, au moment du passage de la chaux en métal, une quantité considérable d'air et que cet air formait un volume mille fois plus grand que la quantité de litharge employée. Cette découverte me paraît une des plus intéressantes de celles qui aient été faites depuis Stahl; j'ai cru devoir m'en assurer la propriété en faisant le présent dépôt entre les mains du secrétaire de l'Académie pour demeurer secret jusqu'au moment où je publierai mes expériences.»

L'assertion de Lavoisier eut le sort commun de presque toutes les découvertes réellement capitales; on la repoussa comme contraire aux principes connus, et ses adversaires, animés à la combattre, contestèrent successivement toutes les preuves, jusqu'au jour où, convaincus sur ce point, ils découvrirent qu'elle n'était pas nouvelle. On lit dans un rapport fait six ans après à l'Académie, sur la seconde édition du *Dictionnaire de chimie* de Macquer:

«C'est surtout en lisant les articles, Affinité, Pesanteur, Causticité, Feu, Phlogistique, Combustion, Gaz et autres, qu'on est convaincu de la différence qui existe entre une théorie sage, exacte, fondée sur un grand nombre d'expériences et un système hasardé, fruit précoce d'une imagination plus échauffée que brillante et plus curieuse d'obtenir les suffrages que de les mériter.»

L'allusion est évidente; les commissaires, malheureusement pour eux, ont voulu la rendre claire.

La question de priorité ne tarda pas aussi à être soulevée; on produisit un livre de Jean Rey, imprimé en 1630 où, après avoir écarté les diverses explications proposées pour l'accroissement de poids des chaux métalliques, l'auteur ajoutait: «A cette demande donc, appuyé sur les fondements juxtaposés, je réponds et soutiens glorieusement que le surcroît de poids vient de l'air qui dans le vase a été espessi, appesanti et rendu aucunement adhésif, par la véhémente et longuement continue chaleur du fourneau, lequel air se mêle avec la chaux (à ce aidant l'agitation fréquente) et s'attache à ses plus menues parties, non autrement que l'eau appesantit le sable que vous jetez en icelle pour s'attacher et adhérer à ses moindres grains.»

Ce passage d'un livre complétement oublié déclare le secret de la combustion avec tant de force et en termes si exacts et si clairs, que Lavoisier y soupçonna d'abord l'intercalation frauduleuse d'un texte nouveau; mais le doute n'était pas possible. A défaut du livre de Jean Rey on aurait pu citer les registres de l'Académie elle-même et une expérience concluante exactement interprétée par Duclos en 1667. Lavoisier ne chercha pas à contester. Ses adversaires auraient dû convenir en même temps que, plus étendue et plus haute, sa gloire d'inventeur n'avait rien à y perdre. Il ne s'agit pas en effet ici d'un éclair brillant de la pensée, notre admiration pour Lavoisier ne s'attache que pour une faible part à l'idée très-simple qu'un génie moindre aurait pu concevoir et produire; mais Lavoisier seul pouvait apporter pour la féconder et la mettre en lumière tant d'art et de sobriété dans le choix des expériences, tant de justesse dans leur discussion, tant de prudence et de génie enfin dans les hypothèses accessoires. C'est par là qu'en se montrant inimitable, il a égalé les inventeurs les plus illustres.

Pendant plus de vingt ans, passant sans repos d'un travail à un autre, il ramena peu à peu les esprits par la variété persévérante de ses preuves et la clarté de ses explications: après avoir démontré dans l'air atmosphérique l'agent nécessaire de la combustion et prouvé qu'elle est impossible partout où il ne pénètre pas; après avoir établi qu'en s'associant au corps qu'il brûle, il y demeure condensé, dans la proportion quelquefois de mille volumes pour un, il fallait chercher, en pénétrant plus en détail, si l'air tout entier intervient dans le phénomène, ou s'il agit par une de ses parties seulement. La découverte de l'oxygène était le complément nécessaire de la théorie nouvelle: Priestley, sur ce point, a devancé le chimiste français. Avec des talents tout autres et un génie moins élevé, il a joué dans la science un rôle presque égal. Un heureux et singulier instinct semblait lui révéler incessamment les faits les plus importants et les plus nouveaux, mais ils restaient stériles entre ses mains, et la théorie qui les rassemble et les utilise pour en montrer la convenance et le véritable rapport est due tout entière à Lavoisier.

En commençant un mémoire très-court et très-simple, plein d'un grand sens et de raisonnements rigoureux et prudents, Lavoisier dit loyalement: «Je dois prévenir le public qu'une partie des expériences contenues dans ce mémoire ne m'appartient pas en propre; peut-être même, rigoureusement parlant, n'en est-il aucune dont M. Priestley ne puisse réclamer la première idée; mais comme les mêmes faits nous ont conduits à des conséquences diamétralement opposées, j'espère que si on a à me reprocher d'avoir emprunté des preuves des ouvrages de ce célèbre physicien, on ne me contestera pas au moins la propriété des conséquences.»

Tous les faits, en effet, cadrent et s'ajustent pour Lavoisier, qui les ordonne, les interprète et les prévoit. Priestley, au contraire, affectant d'opérer au hasard et à l'aventure, semble non-seulement en respecter mais en accroître la confusion; et pour n'en pas citer d'autre exemple, disons seulement que l'analyse de l'air, si nettement établie par Lavoisier, repose sur des faits qui, connus de Priestley, lui montraient dans notre atmosphère un mélange de terre et d'acide nitreux.

Parler plus amplement des travaux de Lavoisier serait entreprendre l'exposition des principes de la chimie moderne, dont aujourd'hui encore ils forment la partie la plus solide et la moins contestée.

Malgré l'abondance des preuves renouvelées avec profusion, les habitudes de la plupart des chimistes leur en dérobaient l'évidence; mais, tandis qu'ils résistaient encore, Lavoisier eut la joie de voir, dans leur admiration, les représentants les plus illustres des autres sciences interrompre leurs propres découvertes pour étendre et fortifier les siennes. Monge et Laplace, devenus ses disciples, puis ses collaborateurs, lui apportèrent avec l'autorité de leurs noms la puissance d'invention de leur génie vaste et facile et la rigueur de leurs premières études.

Monge, le premier peut-être, produisit par synthèse une quantité d'eau assez grande pour dissiper tous les doutes sincères, et Laplace, associé à Lavoisier lui-même, donna dans un admirable mémoire, avec les vrais principes de la théorie des chaleurs spécifiques, la méthode la plus assurée pour en obtenir la mesure.

Indépendamment du mérite de ses travaux, Lavoisier avait su se créer une autorité personnelle considérable: membre obligé et toujours utile des commissions les plus importantes, conseiller judicieux et fort écouté de ses confrères, nul n'eut plus de part que lui aux affaires de l'Académie. Riche, de plus, aimant à réunir les savants et à guider leurs premiers pas, Lavoisier, pendant plus d'un quart de siècle, sut se faire un des plus beaux rôles et des plus enviables que raconte l'histoire de la science.

La Révolution n'interrompit pas ses travaux, et tandis que plus ambitieux ou plus confiants, d'autres académiciens s'empressaient dans le tumulte des affaires publiques, le fondateur de la chimie moderne, délivré au contraire de l'embarras de sa ferme générale, et peu soucieux des problèmes que nul jamais ne saura résoudre, suivait tranquillement ses fortes pensées et communiquait à l'Académie la suite de ses découvertes. Également éloigné des sentiments extrêmes, contemplant la Révolution sans hostilité et la servant sans affecter de zèle, rien ne semblait le commettre à la fureur ou le désigner même à l'attention des puissants du jour. Malheureusement il était riche, il avait été fermier général, il n'en fallait pas davantage. On l'accusa d'avoir souillé le tabac du peuple en l'arrosant pour le faire fermenter. Lavoisier ne se défendit pas. Ses amis les plus chers, quoique cruellement avertis déjà, ne prirent pas au sérieux une accusation aussi absurde; ils apprirent cependant sa condamnation, et quelques minutes suffirent, suivant l'exclamation précieusement recueillie de Lagrange, pour faire tomber une de ces têtes que la nature produit à peine une fois en plusieurs siècles.

Berthollet, qui doit compter parmi les chimistes les plus illustres, avait appris de ses maîtres la théorie déjà bien ébranlée du phlogistique. Né à Annecy, il fit ses premières études à Chambéry et à Turin. Ses parents, le destinant à la carrière de médecin, l'envoyèrent chercher, près de la Faculté de Paris, l'enseignement le plus célèbre qui fût alors. Le professeur de chimie, dès ses premières leçons, lui fit oublier ses projets. On ne le vit plus aux autres cours; mais ses faibles ressources s'épuisèrent bien vite, et l'aide amicale et généreuse du célèbre Tronchin lui permit seule de prolonger son séjour en France. Introduit par lui près de la famille d'Orléans, il trouva dans le riche laboratoire construit pour Homberg par le Régent, tous les moyens d'étude et de recherches dont il profita sans retard.

Berthollet, dans ses premiers travaux, adopte sur tous les points la langue de Stahl et la théorie du phlogistique sans mentionner, même par voie d'allusion, les objections qui l'ont ébranlée.

Aussi perspicace que généreux, Lavoisier, chargé souvent de juger les travaux du jeune inventeur, l'élève et le soutient en louant sans réserve ses belles expériences; applaudissant sans faiblesse à l'esprit sagace qui le dirige, il lui signale les écueils inaperçus, et l'avertissant pour l'instruire non pour triompher de lui, il le ramène parfois à des découvertes importantes dont ses premières vues l'auraient écarté.

La doctrine du phlogistique, aux yeux de Berthollet, était alors plus que vraisemblable, et sa conversion complète ne date que de 1785. Il a donc fallu près de dix ans à Lavoisier pour déraciner tous ses doutes; mais leurs relations n'eurent jamais à souffrir d'une résistance toujours loyale et tenace sans obstination. A partir de cette époque, on voit les deux amis complétement d'accord, et la parole brillante de Fourcroy répandre dans la chaire du Jardin des Plantes la doctrine devenue commune; la trace de leur union devait être ineffaçable. Unis à Guyton de Morveau, encouragés d'abord et applaudis bientôt par les chimistes les plus illustres de l'Europe, ils osèrent proposer et faire accepter par l'ascendant de leur renommée, une réforme complète de la langue des chimistes.

Un esprit alors très-admiré, Condillac, avait exagéré singulièrement l'influence possible des signes de la pensée sur la formation et la combinaison des idées.

Ses principes, adoptés ou peu s'en faut par les penseurs les plus illustres, n'avaient pas jusque-là porté de fruits bien positifs. On crut faire merveille en dotant les chimistes de tous les avantages promis à une *langue bien faite.*

Quoique la réforme de la nomenclature ait été élaborée en dehors de l'Académie, Lavoisier, Berthollet et Fourcroy, qui s'associèrent à Guyton de Morveau pour égaler la simplicité du langage à celle de la théorie nouvelle, ne prétendaient nullement se soustraire à la règle. La section de chimie fut chargée d'examiner leur travail, et en autorisa l'impression sous le privilége de l'Académie, en essayant toutefois en faveur des idées anciennes une dernière et impuissante protestation.

«Cette théorie nouvelle, dit l'Académie, ce tableau, sont l'ouvrage de quatre hommes justement célèbres dans les sciences et qui s'en occupent depuis longtemps; ils ne l'ont formé qu'après avoir bien comparé sans doute les bases de la théorie ancienne avec les bases de la théorie nouvelle; ils fondent celle-ci sur des expériences belles et imposantes. Mais quelle théorie doit jamais donner naissance à des hommes doués de plus de génie, à un travail plus soutenu, plus opiniâtre, quelle autre réunit jamais les savants par un concert de plus belles expériences, par une masse de faits plus brillants que la doctrine du phlogistique?

«Ce n'est pas encore en un jour qu'on réforme, qu'on anéantit presque une langue déjà entendue, déjà familière même dans toute l'Europe, et qu'on lui en substitue une nouvelle d'après des étymologies ou étrangères à son génie, ou prises souvent dans une langue ancienne déjà presque ignorée des savants et dans laquelle il ne peut y avoir ni trace ni notion quelconque des choses ni des idées qu'on doit lui faire signifier.»

L'Académie, on le voit, faisait plus que des réserves.

Me permettra-t-on de dire que, sur la question spéciale du langage, je ne puis absolument la blâmer; la chimie subissait, cela est vrai, une complète et brillante transformation dont les mots nouveaux, soigneusement assortis aux idées, proclamaient le triomphe définitif et complet. Mais à cet avantage, tout entier de circonstance, on pouvait opposer plus d'un inconvénient.

Croit-on sérieusement qu'en continuant à appeler l'alcali volatil, ammoniaque au lieu d'azoture d'hydrogène, on ait compromis les progrès de la science ou la simplicité de son enseignement?

L'impuissance de cette nomenclature, qui croyait avoir tout prévu, à dénommer seulement les combinaisons du carbone et de l'hydrogène, n'a-t-elle pas retardé les progrès de la chimie organique, qui, pour y avoir forcément renoncé, a été longtemps considérée comme une science distincte et soumise à de tout autres principes?

Si l'histoire de la chimie, enfin, est si mal et si peu connue, n'en faut-il pas accuser ce changement complet des mots qui, indépendamment du progrès dans les idées, interdit même à des chimistes exercés, la lecture courante et facile des premiers maîtres de la science?

Mais l'époque était favorable aux révolutions. Celle-ci, sans retard comme sans résistance, s'établit dans toute l'Europe; elle n'a pas vu encore de réaction.

LES NATURALISTES.

L'histoire naturelle, désignée sous le nom de physique, occupait, avec la chimie, une moitié des séances de l'ancienne Académie des sciences. Lors de la réorganisation en 1699, elle y fut représentée par les sections de botanique et d'anatomie, dont les membres, toujours actifs, contribuèrent constamment et pour une grande part à la renommée et à la force de la compagnie.

Réaumur, qui devait être une des gloires de l'Académie, y entra, comme Amontons, avec le titre d'élève; il était âgé de vingt-trois ans; riche et indépendant comme Buffon, il ne demandait comme lui à la science d'autres avantages que le plaisir d'apprendre et la gloire de découvrir. Quoique plus pénétrant, plus patient dans ses observations et plus rigoureux dans ses raisonnements, il lui fut fort inférieur par le style et est resté beaucoup moins célèbre.

Réaumur se fit connaître d'abord de l'Académie par deux mémoires de géométrie qui montrent la pleine intelligence de la méthode de Descartes et des théories infinitésimales, que quelques membres de l'Académie repoussaient encore. Quoique son génie ne soit pas celui d'un géomètre, il a fortifié son esprit par la discipline des raisonnements rigoureux, en poussant ses études mathématiques assez loin pour pouvoir prononcer par lui-même, en toute circonstance, sur la possibilité et la légitimité de leur application; mais il les abandonna bien vite pour l'histoire naturelle, vers laquelle le portaient ses goûts et ses aptitudes. Curieux de tous les secrets de la nature, Réaumur se plaît à l'interroger avec un sage et excellent esprit, en étudiant les moyens par lesquels elle arrive à son but et l'usage des instruments qu'elle y emploie; les phénomènes eux-mêmes, qu'il aime à suivre et à faire naître, lui en apprennent plus que les discours et que les livres. Ses mémoires, dans la collection de l'Académie, sont au nombre des plus célèbres; marqués presque tous au même coin, ils n'exigent, pour être lus et compris, aucune étude préalable. Plus éclairé qu'érudit, Réaumur ne fait aucun étalage de sa science, qui, toujours cependant, sur toutes les questions, resta à la hauteur de son époque.

Réaumur, en effet, s'occupait de toutes les sciences en même temps; se proposant, avec une infatigable ardeur, les problèmes les plus divers, qu'il voulait et qu'il savait le plus souvent résoudre par lui-même, il n'avait pas le temps d'acquérir une érudition bien profonde; son activité dans les mémoires de l'Académie s'étend à tous les sujets, qu'il traite tous, sinon avec la même compétence, tout au moins avec la même sagacité.

L'étude des divers métiers occupait l'Académie; elle se proposait d'en publier successivement la description. Réaumur, jeune encore, toujours de loisir, curieux de tout voir et de tout connaître, était désigné tout naturellement pour prendre une part importante à ce travail.

La perspicacité inventive de Réaumur ne parut en aucun de ses ouvrages plus évidemment que dans son traité sur la fabrication de l'acier. On emploie depuis longtemps, on le sait, dans les usages de la vie, trois sortes de fer très-distinctes: le fer proprement dit, l'acier et la fonte, dont les propriétés diffèrent bien plus encore que l'aspect; la fonte est en effet fusible, dure et cassante; l'acier, difficilement fusible, dur et malléable; le fer, enfin, réfractaire au feu, dur à la lime, cédant au marteau et plus malléable encore que l'acier. Le fer, on l'ignorait alors, est un métal presque pur, l'acier contient 4 à 7 millièmes de charbon, et la fonte en contient le plus souvent de 20 à 30 millièmes; entre le fer et la fonte, on peut obtenir d'ailleurs tous les intermédiaires, qui participent, suivant leur composition, des propriétés du type le plus voisin.

L'acier se trempe, c'est-à-dire qu'après avoir été chauffé au rouge, puis plongé dans l'eau froide, il devient dur et cassant; la fonte se trempe aussi, en se transformant en fonte blanche; le fer ne se trempe jamais.

Ces caractères étaient bien connus avant Réaumur, mais on ignorait que le principe aciérant est le charbon pur. La chimie était trop peu avancée alors, et Réaumur, d'ailleurs, était trop peu chimiste pour qu'une telle découverte lui fût possible. La matière aciérante est pour lui *une espèce de soufre.*

Mais les chimistes alors, il ne faut pas l'oublier, enveloppaient dans ce mot les substances les plus diverses et l'appliquaient entre autres à tout corps réducteur.

Le livre de Réaumur, qui lors de son apparition produisit un grand effet, et fut pour lui, de la part du régent, l'occasion des plus riches récompenses, est intitulé: *L'art de convertir le fer en acier et l'art d'adoucir le fer dur.*

Pour aciérer le fer par la cémentation, on le chauffe en vase clos et pendant plusieurs semaines, au milieu des substances propres à opérer la transformation et lui fournir, suivant Réaumur, le soufre qui lui manque, et qui, nous le savons aujourd'hui, n'est autre chose que du charbon; quand l'acier a pris trop de ce soufre (traduisez charbon), il devient d'abord un métal intraitable, cassant et dur, puis de la fonte, comme le dit Réaumur en plusieurs endroits de son livre; et il enseigne à corriger cet acier intraitable en le plaçant à une haute température en contact avec de la craie; mais, ne connaissant ni la composition de la craie ni les propriétés de l'acide carbonique et de l'oxyde de carbone, et la transformation si facile et si fréquente de l'un de ces gaz dans l'autre, il ne pouvait voir les choses bien à fond, ni en donner une théorie bien précise. Ses explications valent à peu près cependant toutes celles que l'on donnait alors des réactions chimiques, et on conclut de ses idées que la fonte peut, en perdant tout ou partie de ce qu'il nomme les soufres, se changer en acier et même en fer doux, et il a trouvé le beau procédé de décarburation, qui, bien peu perfectionné depuis, nous fournit aujourd'hui la fonte malléable. Une partie de son ouvrage est consacrée à la description de cet art nouveau: il enseigne à couler la fonte destinée à l'opération; il donne la composition des meilleurs mélanges, parmi lesquels il cite l'oxyde de fer et même la limaille et les rognures de fer exclusivement employées aujourd'hui; il désigne enfin les objets qu'il convient de fabriquer ainsi et qui n'ont changé ni de nom ni de nature; quelques-uns seulement, comme les heurtoirs de porte, ne sont plus employés aujourd'hui.

La partie économique du livre de Réaumur n'est pas moins remarquable: «Il y avait, dit-il dans sa préface, deux partis à choisir pour rendre les arts, et surtout celui d'adoucir le fer fondu, utiles au royaume: ou d'accorder des priviléges à des compagnies, qui, comme celles des glaces, eussent eu seules le droit de faire de ces sortes d'ouvrages, ou de donner une liberté générale à tous les ouvriers d'y travailler. Le premier parti eût plutôt fait paraître des manufactures considérables et le public eût eu plutôt à choisir des ouvrages de ce genre. Dès que la liberté est générale, les artisans se chargeront de ce travail, mais leur peu de fortune ne leur permettant pas de faire les avances nécessaires pour fournir à une grande quantité d'ouvrages très-variés, parce que les premiers modèles coûtent cher, les ouvrages s'en multiplieront plus lentement; les compagnies qui pourraient entreprendre de plus grands établissements n'oseront peut-être pas les risquer, dans la crainte de voir bientôt leurs ouvrages copiés par tous les petits ouvriers; mais, outre qu'un amour de la liberté porte à souhaiter qu'il soit permis aux hommes de faire ce sur quoi ils ont naturellement autant de droit que les autres, c'est que, si les établissements se font de la sorte plus lentement, d'une manière moins brillante, ils se forment d'une manière plus utile au public. Comment s'assurer d'une société qui ne soit pas trop avide de gain? C'est le grand inconvénient des priviléges, qui d'ailleurs lient les mains à ceux qui n'en ont pas obtenu de pareils et qui auraient été en état d'en faire de meilleurs usages, qui auraient eu plus de talents pour perfectionner les nouvelles inventions. Ce n'est pas que les particuliers n'aient pour le profit une ardeur égale à celle des compagnies, mais la crainte que leurs voisins ne vendent plus qu'eux, l'envie d'attirer le marchand, leur fait donner à meilleur marché. J'ai eu la preuve de cette nécessité de faire multiplier le débit: j'avais permis à quelques ouvriers, qui avaient travaillé sous nos yeux dans le laboratoire de l'Académie, de faire des ouvrages de fer fondu. Malgré moi ils voulaient les tenir à un prix excessif; quand ils offraient pour 200 livres, en fer fondu, ce qui, en fer forgé, en eût coûté 1,200 ou 1,500, ils croyaient faire assez, quoiqu'ils eussent dû le donner pour 4 ou 5 pistoles. Il n'y a donc d'autre manière de vendre les choses à bon marché que de mettre les ouvriers dans la nécessité de débiter à l'envi.»

Ces excellentes paroles, que Turgot n'eût pas désavouées, sont écrites, il ne faut pas l'oublier, en 1732, et servent de préface à un ouvrage que le duc d'Orléans, alors régent du royaume et fort compétent sur les questions de science, récompensa par une pension de 12,000 livres. Quelques réflexions généreuses sur le devoir des inventeurs envers l'humanité tout entière méritent également d'être rapportées. «Il s'est trouvé des gens, dit Réaumur, qui n'ont pas approuvé que les découvertes qui font l'objet de ces mémoires aient été rendues publiques. Ils auraient voulu qu'elles eussent été conservées au royaume, que nous eussions imité les exemples du mystère, peu louables à mon sens, que nous donnent quelques-uns de nos voisins. Nous nous devons premièrement à notre patrie, mais nous nous devons aussi au reste du monde; ceux qui travaillent pour perfectionner les sciences et les arts doivent même se regarder comme les citoyens du monde entier.»

L'événement ne répondit pas, il faut l'avouer, aux espérances de Réaumur, et les progrès qu'il avait promis ne se réalisèrent que lentement. Une compagnie fut établie sous sa haute direction avec le nom de *Manufacture royale d'Orléans pour convertir le fer en acier et pour faire des ouvrages de fer et d'acier fondu*. Le prospectus inséré dans les journaux du temps contenait de magnifiques promesses. «On s'engage, disait-on, à ne livrer que des produits d'excellente qualité, et, s'il y en avait qui ne parussent pas tels à ceux qui les ont achetés, on s'engage à rendre l'argent quand on les rapportera.»

Peu d'années après, cependant, la compagnie dut se dissoudre après avoir épuisé son capital, et l'usine fut abandonnée.

C'est par ses études sur les animaux inférieurs que Réaumur a mérité un nom immortel. Observateur pénétrant et attentif de la nature, nul autre n'a eu un sentiment plus vif et plus précis des ressources simples et variées tout ensemble dont elle dispose pour l'exécution de ses desseins, et de l'admirable justesse avec laquelle elle accorde, même aux êtres inférieurs, les organes nécessaires à leurs besoins et conformes à leurs convenances comme à leurs instincts. L'anatomie ne joue, chez lui, qu'un rôle secondaire; c'est en épiant les mouvements et les actes de l'animal vivant qu'il se rend compte des forces mises à sa disposition et de l'usage qu'il en sait faire. Le rôle que l'histoire de la science lui attribue est d'avoir découvert et révélé les merveilleux secrets de la vie extérieure d'un grand nombre d'animaux choisis surtout parmi les plus humbles. Par quel mécanisme un mollusque s'avance-t-il sur le sable? Comment peut-il s'accrocher au rocher? Par quels moyens parvient-il à saisir sa proie et à la défendre contre ses ennemis? Comment l'insecte choisit-il son habitation? Quels matériaux emploie-t-il pour l'aménager? Quels sont ses artifices pour nourrir ses petits? Comment prépare-t-il les ressources nécessaires à leur développement? Telles sont les questions que traite le plus volontiers Réaumur et qu'il résout à l'aide des observations les plus intéressantes, accumulées et recueillies avec un rare bonheur et une infatigable patience. Dans un charmant mémoire sur les guêpes, dont la république, trop négligée des naturalistes pour celle des abeilles, lui ressemble pourtant un peu, dit-il, peut-être comme Sparte ressemblait à Athènes, Réaumur indique très-bien le but qu'il se propose et l'ordre des questions qu'il veut aborder: «Si je m'étais proposé, dit-il, de faire connaître les différentes espèces de guêpes dont les naturalistes font mention, de donner la description exacte de leur figure et de caractériser les espèces par les différences les plus marquées, un mémoire entier y suffirait à peine, mais je crois qu'on me saura gré de ce que j'épargnerai ici les détails secs pour ne m'arrêter pour ainsi dire qu'à leurs mœurs.» Tel est le programme de Réaumur dans ses belles et intéressantes recherches sur les insectes, dont la réunion forme six gros volumes, d'une lecture aussi agréable que facile, et auxquels il ne manquerait peut-être qu'un peu de concision pour être comptés parmi les ouvrages classiques les plus attachants.

Réaumur entra à l'Académie en 1708 et mourut en 1757, après avoir vu son influence, fort grande d'abord, s'effacer peu à peu devant celle de Buffon.

Lorsque Buffon, âgé de vingt-sept ans seulement, fut nommé par l'Académie membre adjoint de la section de botanique, rien ne faisait prévoir encore la célébrité réservée à son nom. Comme Bossuet, comme Crébillon et comme l'aimable président De Brosses, il était élève des jésuites de Dijon. Le souvenir de ses succès d'écolier n'est pas parvenu jusqu'à nous. Fils d'un magistrat fort considéré et fort riche, Buffon, dès sa jeunesse, put régler sa vie à sa guise et satisfaire librement tous ses goûts; il voyagea en France et en Italie, en compagnie d'un jeune seigneur anglais dont le précepteur, homme fort instruit, paraît avoir dirigé ses premières études sur la science de la nature. Buffon, de même que Réaumur, dont il devait bientôt devenir le rival, débuta par la géométrie, et un mémoire ingénieux sur quelques problèmes de probabilité, le montre capable de réussir dans cette voie; mais sa science encore imparfaite devait s'affaiblir et se perdre dans la pratique des travaux d'un autre ordre; et une discussion célèbre avec Clairaut, dans laquelle vingt ans plus tard il méconnaît les principes les plus élémentaires, montre que Buffon, en quittant la géométrie, n'y avait pas fait assez de progrès pour en armer à jamais son esprit.

La traduction d'un ouvrage mathématique de Newton et de la statique des végétaux de Hales, l'étude théorique et expérimentale des miroirs ardents attribués à Archimède, et des expériences faites en grand sur la manière de durcir les bois en les écorçant sur pied, ne semblaient pas indiquer bien nettement sa voie, lorsque sur la proposition de Dufay mourant il fut nommé à l'âge de trente-deux ans directeur et intendant du Jardin du Roi. Obligé par devoir de favoriser les études d'histoire naturelle et d'y présider en quelque sorte, il tourna désormais vers elles l'activité de son esprit en y appliquant avec un zèle constant tous ses soins, ses travaux, son crédit et ses forces. L'observation minutieuse des faits n'était ni dans ses goûts ni dans ses aptitudes. Son génie, acceptant les détails de toute main, avait besoin d'un plus grand vol. Buffon, pour peindre la nature entière, prétendait d'un premier coup d'œil saisir tout d'abord les principes et tracer à grands traits un tableau d'ensemble: c'est par là que commence et que finit son grand ouvrage. Dans deux de ses livres les plus admirés, la *Théorie de la terre* et les *Époques de la nature*, Buffon excité et soutenu par la grandeur de son sujet, semble débrouiller le chaos: aucune difficulté ne l'étonne, et l'on voit son éloquence, toujours majestueuse mais parfois trop ornée, devancer tour à tour la science de son temps, la dédaigner, ou y contredire.

Quoiqu'il eût succédé à Couplet comme trésorier de l'Académie, Buffon, presque toujours absent de Paris, assistait rarement aux séances. Peu soucieux des travaux de ses confrères, il communiquait rarement les siens à l'Académie et recherchait peu l'influence qu'il y exerçait cependant. L'Académie française, dans sa correspondance, l'occupe plus souvent et semble l'intéresser plus vivement que l'Académie des sciences. L'écrivain chez Buffon a en effet éclipsé le savant; dans ses écrits sur la science, qui valent surtout par l'exacte convenance et l'harmonieuse précision du style, on ne trouve qu'un bien petit nombre d'observations nouvelles ou d'expériences décisives sur des points jusque-là douteux. Et s'il est permis de rappeler une plaisanterie contre celui dont le long ouvrage n'en contient pas une seule, lorsque l'affectueuse estime de Louis XVI fit élever au Jardin des Plantes une statue à Buffon encore vivant, l'irrévérencieux passant qui, lisant sur le socle: *Naturam amplectitur omnem*, s'écria, dit-on: «Qui trop embrasse mal étreint,» ne manqua ni de justice ni d'à-propos.

Les noms de Daubenton et de Buffon sont inséparables dans l'histoire de la science. Compagnon de son enfance et collaborateur très-utile de son grand ouvrage, Daubenton, satisfait de la part qui lui était faite et dévoué sans arrière-pensée à l'œuvre commune, y apportait par des études sérieuses et originales un élément précieux de force, de solidité et de durée; un jour cependant Buffon, dans un intérêt de librairie, fit disparaître d'une édition nouvelle les chapitres écrits par son ami, dont la science plus profonde mais plus sèche que la sienne, avait moins d'attrait pour le public. Les intérêts de Daubenton étaient sacrifiés aussi bien que sa juste susceptibilité d'observateur et de savant, et cette cruelle blessure venait d'un compagnon d'enfance, d'un collaborateur admiré et aimé, et d'un protecteur généreux qui l'avait d'avance désarmé et enchaîné par les liens de la reconnaissance! Ces souvenirs dirigèrent la conduite de Daubenton et l'expliquent: attristé plus encore qu'irrité, il se plaignit avec douceur et modération; et, sans rompre des relations désormais froides et pénibles, il redoubla d'ardeur pour la formation du cabinet d'histoire naturelle, qui devint toute sa consolation. Malgré d'excellents et nombreux travaux, la création de ce beau musée reste l'œuvre saillante de Daubenton. On n'y trouvait guère avant lui que les coquilles recueillies par Tournefort. C'est Daubenton qui, pendant plus de quarante ans, y embrassant avec ardeur toutes les productions de la nature, les recueillit de toutes parts et souvent à grands frais, pour les grouper dans un ordre commode à la fois pour l'étude et séduisant pour les ignorants.

Daubenton a donné à l'Académie un grand nombre de mémoires sur des points particuliers d'histoire naturelle. On lui doit la description de plusieurs espèces réellement nouvelles, des études sur le développement des arbres qui, comme le palmier, ne croissent pas par couches extérieures et concentriques; des idées ingénieuses sur les albâtres et les stalactites, et les herborisations des pierres. Daubenton enfin, en appliquant à la paléontologie sa connaissance profonde des animaux vivants, a été le précurseur immédiat de Cuvier.

Ces travaux incessants et variés occupèrent Daubenton sans le captiver entièrement, et la juste célébrité de son nom s'attache en grande partie à une œuvre toute pratique et de grande utilité pour le pays. Ses écrits sur l'élevage des moutons et sur l'amélioration des laines le placent au nombre des bienfaiteurs de l'agriculture française.

«Mettre dans tout son jour l'utilité du parcage continuel, démontrer les suites pernicieuses de l'usage de renfermer les moutons dans les étables pendant l'hiver, essayer les divers moyens d'en améliorer la race, trouver ceux de déterminer avec précision le degré de finesse de la laine, reconnaître le véritable mécanisme de la rumination, en déduire des conclusions utiles sur le tempérament des bêtes à laine et sur la manière de les nourrir et de les traiter, disséminer les produits de sa bergerie dans toutes les provinces, distribuer ses béliers à tous les propriétaires de troupeaux, faire fabriquer des draps avec ses laines pour en démontrer aux plus prévenus la supériorité, former des bergers instruits pour propager la pratique de sa méthode, rédiger des instructions à la portée de toutes les classes d'agriculteurs, tel est, dit Cuvier, l'exposé rapide des travaux de Daubenton sur cet important sujet.»

Leur auteur, on en conviendra, n'avait pas besoin de paître lui-même ses troupeaux pour se faire délivrer sans scrupule, pendant les mauvais jours de la Terreur, un certificat de civisme sous le nom du berger Daubenton.

La direction du Jardin des Plantes, lorsqu'elle fut confiée à Buffon, était promise depuis longtemps à un naturaliste fort éminent, riche propriétaire, non moins recommandable par son caractère que par l'étendue de son esprit. Si Duhamel du Monceau n'a pas laissé comme Buffon un nom illustre, c'est que ses écrits, remarquables par le fond beaucoup plus que par la forme, ont servi surtout dans la science comme de précieux et solides matériaux utilisés par ses successeurs. Ami intime de Bernard de Jussieu et de Dufay, Duhamel, en étudiant sous leurs yeux l'histoire naturelle, sut à l'âge de vingt ans leur inspirer assez de confiance pour que l'Académie, conseillée par eux, lui confiât la mission d'étudier dans le Gâtinais les causes d'une maladie du safran qui alarmait alors les propriétaires du pays. Sa mission eut un plein succès, et la section de botanique l'appela peu après à une place d'adjoint.

Loin d'entrer à fond et par ordre dans le détail des travaux très-nombreux de Duhamel, nous ne pouvons pas même, dans cette revue rapide et superficielle, citer tous ceux qui, justement célèbres parmi les naturalistes, méritent encore aujourd'hui une sérieuse attention. Les expériences de Duhamel sur la formation des os sont très-élégantes et très-nettes. La garance, mêlée pendant quelque temps à la nourriture d'un animal, pénètre dans les os et les colore en rouge. Ce fait, observé par des savants anglais, lui donna l'idée de faire alterner la nourriture chargée de garance avec la nourriture ordinaire, pour observer, sur différents animaux bien entendu, le progrès de la coloration en rouge et le retour à l'état normal.

L'Académie, qui a compté parmi ses membres Tournefort, Magnol, Geoffroy, Vaillant, Duhamel, Antoine, Bernard et Laurent de Jussieu, et qui a inscrit le nom de Linnée sur la liste de ses associés étrangers, n'a pu manquer de prendre une grande et glorieuse part au progrès, on pourrait presque dire à la création de la science des plantes.

Magnol, qui le premier a prononcé en botanique le nom de famille, était professeur et professeur très-illustre à la Faculté de Montpellier. Le roi, sur sa grande réputation, le nomma successeur de Tournefort à l'Académie, quoiqu'il ne fût proposé qu'au troisième rang. Flatté d'un tel honneur, et renonçant à l'âge de soixante-douze ans aux habitudes de toute sa vie, il vint résider à Paris; mais le sacrifice était au-dessus de ses forces, et il n'assista que pendant un an à peine aux séances de l'Académie.

Vaillant fut un des élèves les plus illustres de Tournefort. Fagon, surintendant du roi, l'avait appelé, quoique fort jeune encore, à la direction des cultures du jardin, de préférence à Tournefort lui-même, qui s'en montra fort blessé. Le mauvais vouloir devint rapidement mutuel, et les mémoires scientifiques de Vaillant en conservent la trace; des critiques trop amères, quoique souvent fondées, y remplacent dans plus d'une page les applaudissements qui partout ailleurs saluaient les ouvrages de son maître.

Geoffroy, le frère du chimiste, fut un botaniste éminent. On lui doit une grande découverte, celle du sexe des plantes, qui, acceptée et mise dans un plus grand jour par Vaillant, lui a été souvent attribuée.

Antoine de Jussieu, élève de Magnol à Montpellier, et docteur déjà de la célèbre faculté, s'était rendu à Paris à l'âge de vingt-deux ans dans l'espoir surtout d'y suivre les leçons de Tournefort sur les plantes et de se perfectionner dans leur étude. Victime d'un accident qui devait être mortel, Tournefort ne professait plus, et peu de temps avant sa mort le jeune élève, rapidement distingué par Fagon, se trouva placé à l'âge de vingt-trois ans dans la chaire même dont la réputation l'avait attiré.

Antoine de Jussieu était un savant éminent et un excellent homme. Observateur ingénieux et sagace, il a composé d'excellents mémoires sur les diverses branches de l'histoire naturelle: frère généreux et dévoué, il a élevé et instruit le jeune Bernard, et en lui faisant partager la modeste aisance due à ses succès comme médecin, lui a permis de dévouer sa vie entière à la méditation opiniâtre d'une œuvre immortelle. L'esprit de famille et d'union est un des traits saillants du caractère des Jussieu; leur frère Joseph, compagnon de Lacondamine au Pérou, retrouva après trente-huit ans d'absence sa place au foyer fraternel, où il ne pouvait apporter qu'embarras et tristesse. Épuisé par de longues fatigues, il en avait oublié jusqu'à la triste histoire. On n'osa pas le conduire à l'Académie, qui l'avait élu pendant son absence, mais jusqu'à sa mort il trouva dans la petite maison de la rue des Bernardins les soins les plus intelligents et les plus affectueux.

Bernard survécut longtemps à Antoine: silencieux et caché par goût et par modestie, il n'était ni inconnu ni abandonné, et sa profonde douleur, en alarmant ses amis, accrut l'assiduité et l'empressement des meilleurs d'entre eux; chaque mercredi et chaque samedi, son confrère Duhamel venait le prendre dans son carrosse et le conduire au Louvre, à la séance de l'Académie; il le ramenait ensuite et partageait son modeste repas.

Sa maison reçut en 1765 un hôte nouveau et un peu dépaysé d'abord. Laurent de Jussieu, le célèbre auteur du *Genera plantarum*, devint, à l'âge de dix-sept ans, le commensal et le compagnon d'un vieillard triste et sérieux, que pendant son enfance il n'avait pas approché une seule fois. Chacun cependant y mit du sien: les soins et les leçons de Bernard inspirèrent à Laurent, avec la déférence d'un disciple, une affection réellement filiale. La vie austère de Bernard, consacrée à la science et à l'amitié, n'avait jamais ouvert son cœur à d'autres joies; mais la nature de Laurent différait de la sienne; son oncle le comprit, et pourvu qu'il se montrât exact à l'heure du souper, le jeune homme n'était jamais questionné sur les sorties qui pouvaient le précéder ou le suivre.

L'affection et la vénération de Laurent méritèrent toute l'estime de Bernard, qui le traita bientôt comme un ami avec qui on peut tout penser, tout dire et tout entendre; la science eut toujours la plus grande mais non la seule place dans leurs entretiens, qui parfois même moins graves que de coutume, les amenaient à lire ensemble quelques pages de Rabelais. Le vieil oncle confia bientôt à son neveu toute l'administration de la maison en lui disant: «Tout ce qui est à moi est à toi.» Cette parole était vraie à la lettre et s'étendait à son trésor le plus intime, à l'œuvre et à la préoccupation de toute sa vie, à sa méthode de classification des plantes, dont il le fit l'héritier, le dépositaire et le continuateur. Longtemps après la mort de son frère, Bernard ayant une dépense considérable à faire, ouvrit un vieux coffre où Antoine déposait ses économies et y prit 40,000 francs; mais le coffre servit toujours au même usage, et au moment de la mort de Bernard, il était rempli de nouveau. «Mon grand-oncle, disait Adrien de Jussieu, le digne fils de Laurent, traita ses idées scientifiques comme ses écus. Il les empila sans daigner s'en servir, ouvrit son coffre une seule fois et le légua à son héritier encore à moitié plein. Le modeste Bernard, depuis longtemps grand-maître dans la science des plantes, et connu pour tel de tous les botanistes de l'Europe, avait constamment refusé de faire des leçons publiques; il craignait d'ignorer l'art de bien dire. Ce fut l'académicien Lemonnier, frère de l'astronome, qui succéda à Antoine dans la chaire du Jardin du Roi. Forcé bientôt comme médecin des enfants de France de résider à Versailles, il dut se faire suppléer à Paris. Buffon, sur la présentation de Bernard, fit monter Laurent de Jussieu, âgé de vingt-deux ans, dans la chaire où le digne vieillard, non moins ému que lui, lui présentait silencieusement, comme à ses prédécesseurs, les plantes soigneusement choisies et que souvent la veille il lui avait appris à connaître.

Bernard n'a presque rien écrit: quatre mémoires publiés par l'Académie des sciences forment ses œuvres complètes; ils n'expliqueraient pas, malgré leur mérite réel, son immense et juste renommée. Méditant sans cesse sur les caractères des plantes pour en peser l'importance, observant toutes les analogies, estimant toutes les différences, et dans la diversité des détails contemplant l'harmonie de l'ensemble, Bernard ne cherchait pour elles ni un dénombrement ni même une nomenclature ou une ordonnance, mais un enchaînement. Lorsque Louis XV, inspiré par Lemonnier, le chargea d'établir à Trianon, dans un jardin des plantes, une école pratique de botanique, Bernard, forcé de donner une direction, dut fixer enfin son esprit toujours en suspens, et l'ordonnance générale de ses plantations, tout en trahissant quelques incertitudes, révélait clairement le principe déjà trouvé de la méthode naturelle. Le catalogue des plantes de Trianon était l'esquisse d'un grand ouvrage. Laurent de Jussieu, dépositaire et héritier des résultats de son oncle, le fut aussi de ses principes; et en publiant, quinze ans après la mort de Bernard, le célèbre *Genera plantarum*, il vint achever et accomplir pieusement le dessein de celui qu'il nomma jusqu'au bout son guide et son maître.

Haüy, étranger aux sciences jusqu'à l'âge de quarante ans, amené par un heureux instinct de son génie à réunir et à étudier des minéraux, devint le créateur d'une science nouvelle et l'une des gloires les moins contestées de l'Académie. Fils d'une pauvre famille, élevé par charité au collége de Navarre et satisfait d'un modeste emploi de régent, il enseignait le latin aux élèves de sixième, puis successivement à ceux de quatrième et de seconde. Ami intime du grammairien Lhomond, il avait pris près de lui le goût de la botanique, qui le conduisit au Jardin des Plantes, où le cours de Daubenton sur la minéralogie l'introduisit dans l'étude des cristaux. Le caractère fondamental de l'espèce, qui dans les plantes et les animaux est tiré de la reproduction, manque complétement dans les minéraux; c'est là une difficulté qui a longtemps retardé les progrès de la science. La composition chimique fournit, il est vrai, une base précise de classification, mais cette composition d'une part n'est pas toujours facile à connaître, et les minéralogistes d'ailleurs se refusent non sans raison aux conséquences d'un principe exclusif qui les obligerait, par exemple, à confondre la craie avec les cristaux transparents de spath d'Islande, ou le charbon avec le diamant. Tout en accordant à la composition chimique une importance considérable, une classification réellement naturelle doit faire nécessairement intervenir les propriétés physiques des corps.

Haüy tout d'abord s'attacha curieusement aux cristaux, qui, bien différents des fleurs auxquelles on les a comparés, présentent à peine, pour une même espèce, quelques analogies vagues et douteuses, et qu'apparemment au moins aucune loi ne régit. Un hasard heureux vint bientôt l'éclairer: dans un cristal de spath calcaire brisé devant lui par accident, Haüy remarqua des faces nouvelles, non moins nettes que celles du dehors, et formant un polyèdre identique par sa forme, comme il l'est par sa composition, aux cristaux de spath d'Islande très-différents pourtant de ceux du spath calcaire. Sans remonter aux causes réelles et sans doute éternellement inconnues qui le dominent et le nécessitent, Haüy frappé d'une lumière subite, entrevit dans ce fait la révélation d'un principe et une source nouvelle et assurée de découvertes qu'il devait, quoique féconde épuiser presque tout entière. Les cristaux si divers d'une même substance naissent de l'arrangement des mêmes molécules, dont les divers modes de groupement produisent toute la variété des formes. La petite collection d'Haüy, livrée immédiatement au marteau, confirma cette première vue. Le grenat, le spath fluor, la pyrite, le gypse, incessamment brisés et réduits en fragments imperceptibles, présentent chacun un polyèdre constant qui les distingue, et suivant Haüy les caractérise. Une voie nouvelle était ouverte, mais glissante, étroite et accessible aux seuls géomètres, Haüy, sans peut-être soupçonner toute la difficulté de l'entreprise, voulut la suivre jusqu'au bout. Agé alors de plus de quarante ans, le professeur de latin avait depuis longtemps oublié Euclide; mais il avait l'esprit géométrique. Il reprit ses vieux cahiers, demanda quelques leçons à des collègues plus habiles, et un petit nombre de théorèmes exactement étudiés et compris lui révélèrent les dernières conséquences des lois simples qu'il avait devinées, en lui donnant pour plusieurs espèces, avec la valeur précise des angles, la connaissance très-distincte de toutes les variations de la forme générale, de la disposition des facettes et de la dépendance des truncatures.

Quoique toujours timide et modeste, il apporta bien vite à l'Académie la grande découverte qui, plus fortement annoncée dans un second mémoire et portée à la dernière évidence, éleva aussitôt le nom d'Haüy au rang des plus grands et des plus illustres. Haüy, inconnu jusque-là dans la science et complétement éloigné des savants, apportait son premier mémoire le 10 janvier 1781; treize mois après, le 15 février 1782, l'Académie, dans son empressement à le posséder, le nommait presque à l'unanimité membre adjoint de la section de botanique.

Lagrange et Lavoisier, Berthollet et Laplace, comprirent que ce prêtre, hier encore ignorant et obscur, devenait tout à coup leur égal par la gloire comme il l'était par l'esprit d'invention, et le collége du cardinal Lemoine les vit plus d'une fois réunis autour du modeste régent de seconde qui, humblement confus de captiver et d'étonner de tels génies, leur démontrait dans les suites d'un seul principe toutes les richesses et toutes les harmonies de la géométrie des cristaux.

Haüy, de même que Lavoisier, eut à soutenir plus d'une controverse. On l'accusa d'avoir fait revivre une théorie ancienne et justement délaissée. Romé de Lisle, le plus célèbre alors des minéralogistes, et peut-être le seul savant français réellement considérable au XVIIIe siècle qui n'ait pas appartenu à l'Académie, appelait plaisamment la théorie nouvelle l'hérésie *des cristalloclastes.* «Mais heureusement, dit Cuvier, nous ne connaissons d'hérétiques dans la science que ceux qui ne veulent pas suivre les progrès de leur siècle; et ce sont aujourd'hui Romé de Lisle et ceux qui lui ont succédé dans leur petite jalousie qu'atteint avec justice cette qualification.»

III
LA FIN DE L'ACADÉMIE.

L'ACADÉMIE DE 1789 A 1793.

L'Académie des sciences, par l'importance croissante de ses travaux, comme par la juste célébrité de ses membres, avait acquis à la fin du XVIIIe siècle une haute et universelle influence. Sans être mêlée à la conduite des affaires, elle était consultée sur les questions les plus difficiles et les plus importantes. Non-seulement les savants et les inventeurs, mais les administrateurs de province, les assemblées d'États, le parlement, le lieutenant de police, les ministres eux-mêmes, prenaient souvent son avis et le suivaient quelquefois. Les membres, nommés par le roi, étaient désignés en réalité par les suffrages des académiciens, dirigés souvent, mais non contraints, dans l'exercice de leur liberté; les choix étaient d'ailleurs ce qu'ils sont et seront toujours, bons dans l'ensemble, appelant tôt ou tard tous ceux qu'à un siècle de distance l'historien des sciences s'étonnerait de voir écarter, et leur associant, dans une proportion un peu trop forte peut-être, des hommes obscurs aujourd'hui, gens de bien et de savoir, connus alors pour tels, il faut le supposer, mais dont les ouvrages nous semblent insignifiants, quand ils ne sont pas introuvables.

La science, dans les procès-verbaux, est mêlée aux seules affaires académiques, et, depuis le commencement du siècle, on n'y rencontrerait pas peut-être une seule allusion aux événements politiques. L'année 1789 fait à peine exception. Les pensionnaires sont exacts, aussi bien que les associés, aux réunions du mercredi et du samedi. Les membres honoraires seuls font défaut; mais c'est chez eux déjà une fort ancienne habitude: depuis plus de vingt ans, la colonne réservée à leurs signatures recevait un nom ou deux tout au plus sur chaque feuille de présence, et restait blanche quelquefois pendant des mois entiers.

Plus élevés et plus nombreux depuis plusieurs années, les travaux de science pure semblent s'augmenter et s'étendre encore. Laplace, Legendre, Borda et Coulomb représentent glorieusement l'astronomie, les mathématiques, la mécanique et la physique. Le *Genera Plantarum*, qui devait mériter et recevoir tant de louanges, vient accroître encore le grand nom des Jussieu, et Lavoisier enfin, marchant d'un pas assuré dans la voie qu'il a ouverte, fait imprimer avec le privilége de l'Académie l'immortel ouvrage qui, élevant la chimie au rang des sciences exactes, la rend, suivant l'expression de Lagrange, presque aussi facile que l'algèbre.

La date seule des procès-verbaux entraîne parfois la pensée bien loin des paisibles discussions qu'ils résument.

Le mercredi 15 juillet 1789, l'Académie tient séance comme de coutume et semble ignorer le grand événement de la veille. En présence de vingt-trois membres, un peu distraits peut-être, Darcet communique un mémoire de chimie; Tillet et Broussonet rendent compte d'une machine pour enlever la carie du blé; un auteur étranger propose un moyen de conserver l'eau douce à la mer; Charles, enfin, lit un travail sur la graduation des aréomètres. Trois jours après, le 18 juillet, Laplace étudie l'obliquité de l'écliptique.

C'est le 4 juillet 1789 que le retentissement des événements du dehors interrompit pour la première fois, et un instant seulement, les travaux de la petite salle du Louvre. On lit au procès-verbal: «Il est décidé de témoigner à M. Bailly, de la part de l'Académie, sa satisfaction de la manière dont il a rempli les fonctions de président de l'Assemblée nationale.» Reprenant immédiatement son ordre du jour, l'Académie entend ensuite une lecture de Coulomb sur le frottement des pivots, et un mémoire sur la culture de l'indigo.

Le mercredi 22 juillet, à l'heure même où Bailly, devenu maire de Paris, faisait à l'Hôtel de Ville d'inutiles et timides efforts pour soustraire Foulon et Berthier à la fureur de leurs assassins, l'Académie, réunie au Louvre, invitait tous ses membres à se rendre à sa maison de Chaillot pour lui porter de nouvelles félicitations.

Bailly, dès la séance suivante, vient remercier ses confrères de l'intérêt qu'ils ont pris à tout *ce qui lui est arrivé d'heureux*. Que ces paroles soient de Condorcet, qui les a écrites au procès-verbal, ou de Bailly, à qui il les prête, elles révèlent tout un caractère.

Les événements se précipitent; entraînée par le souffle du dehors, l'Académie, sans se roidir contre l'esprit de changement, n'en semble ni pénétrée ni éblouie. C'est le 18 novembre 1789 seulement, plus de trois mois après la nuit du 4 août, que, donnant satisfaction aux idées du jour, un membre honoraire, l'excellent et vertueux duc de La Rochefoucauld, propose d'abolir toute distinction entre les académiciens. Qui ne croirait qu'accueillie avec applaudissement, une telle motion, à une telle date, sera votée par acclamation? Loin de là: soumise à la règle qui prescrit une seconde lecture, l'Académie prend huit jours pour se résoudre. Le 25 novembre, contrairement à la coutume qui pour cela n'est pas abolie, on confère sur cette question le droit de suffrage aux membres associés. La semaine suivante, on décide que, pour examiner les anciens statuts et en proposer de nouveaux, il sera nommé des commissaires; puis, dans une autre séance, qu'ils seront au nombre de cinq, et c'est après un mois de délais et de remises successives que Condorcet, Laplace, Borda, Tillet et Bossut sont chargés de préparer un nouveau règlement qu'ils mettent six mois à rédiger et dont la discussion occupe vingt-quatre séances.

Le principe cependant était accepté, et l'Académie, sans attendre la fin de la discussion, saisit avec empressement, fit naître même, on peut le dire, l'occasion de le proclamer solennellement.

L'Assemblée nationale, dans la séance du 8 mai 1790, avait décidé que le soin de choisir et de déterminer le système des nouvelles mesures serait confié à l'Académie des sciences.

«L'Assemblée nationale, était-il dit, désirant faire jouir la France entière de l'avantage qui doit résulter de l'uniformité des poids et mesures, et voulant que le rapport des anciennes mesures avec les nouvelles soit clairement déterminé et facilement saisi, décrète que Sa Majesté sera suppliée de donner des ordres aux administrations des divers départements du royaume, afin qu'elles se procurent, qu'elles se fassent remettre par chacune des municipalités comprises dans chaque département, et qu'elles envoient à Paris, pour être remis au secrétaire de l'Académie des sciences, un modèle parfaitement exact des différents poids et mesures élémentaires qui y sont en usage.

«Décrète en outre que le roi sera également supplié d'écrire à Sa Majesté Britannique, et de la prier d'engager le parlement britannique à concourir avec l'Assemblée nationale à la fixation de l'unité des mesures et des poids. Qu'en conséquence, sous les auspices des deux nations, des commissaires de l'Académie des sciences de Paris pourront se réunir en nombre égal avec des membres choisis de la société de Londres dans le lieu qui sera jugé respectivement le plus convenable...

«Qu'après l'opération faite avec toute la solennité qui sera nécessaire, Sa Majesté sera suppliée de charger l'Académie des sciences de faire avec précision, pour chaque municipalité du royaume, le rapport de leurs anciens poids et mesures avec le nouveau modèle, et de composer ensuite pour les moins capables des livres usuels et élémentaires où seront indiquées avec clarté toutes les proportions.»

C'est à cette occasion que, reçue à la barre de l'Assemblée, l'Académie, par l'organe de Condorcet, s'empressa d'afficher son amour pour l'égalité.

«L'Académie des sciences, dit son secrétaire, désirait depuis longtemps voir régner dans son sein cette entière égalité dont vous avez fait le bien le plus précieux des citoyens, et que nous regardons comme le plus digne encouragement de nos travaux.»

Malgré l'égalité dont elle se vante, plus d'une page des procès-verbaux montre encore dans l'Académie trois classes séparées, dont chacune avec son nom conserve son rang et ses droits, et dont la subordination, maintenue par habitude, est acceptée sans lutte et sans murmure.

C'est le 17 février 1791 seulement, neuf mois après leur réception à la barre de l'Assemblée, que les académiciens, inscrits sans distinction sur la feuille de présence, commencent à la signer dans l'ordre de leur arrivée; trois colonnes distinctes sont jusque-là attribuées aux trois classes de la compagnie. Il est assez curieux d'y voir les signatures se conformer peu à peu à la mode du jour, et le marquis de Condorcet, par exemple, comme s'il triomphait lentement d'une mauvaise habitude, signer de Condorcet, pour reprendre le titre de marquis, le quitter encore, renoncer à la particule pour la rétablir de temps en temps, et ne devenir le citoyen Condorcet que sur les bancs de la Convention.

Mais, pour mêler les signatures de leurs membres, les trois classes ne sont pas confondues. La primauté reste aux honoraires. Le roi, suivant toujours la première institution, continue à choisir parmi eux le président et le vice-président. Les pensionnaires, dont ils ont été longtemps les protecteurs et les patrons librement choisis, ne semblent ni s'en émouvoir ni s'en étonner. Mais, usant à leur tour de leur ancienne prérogative, ils refusent souvent le droit de suffrage aux associés, sans qu'aucun d'eux le réclame au nom de l'égalité si hautement proclamée.

Le 6 septembre 1791, par exemple, le secrétaire écrit au procès-verbal: «J'ai annoncé que le concours du prix sur les satellites de Jupiter était fermé, et qu'il y avait une pièce (elle était de Delambre et fut couronnée). On a été aux voix pour savoir si les anciens commissaires pour le jugement de ce prix seraient continués, oui ou non. La pluralité a été d'en élire au scrutin: on a retourné aux voix pour savoir si les pensionnaires voteraient seuls ou si toute l'Académie aurait droit de suffrage;» mais les pensionnaires, se faisant juges en leur propre cause, et plus nombreux d'ailleurs que les associés, décident d'abord que l'ancien usage ne pourra être changé que par une majorité des deux tiers, qui ne fut pas obtenue, en sorte que les associés, parmi lesquels se trouvaient Haüy, Coulomb, Pingré, Vicq d'Azyr et Fourcroy, ne prennent pas part au scrutin.

Avant d'annoncer à la barre de l'Assemblée l'établissement de l'égalité dans son sein, l'Académie, reçue aux Tuileries, avait été admise à présenter ses remercîments au roi.

«Sire, avait dit Condorcet, l'Académie s'est abandonnée aux sentiments d'une respectueuse reconnaissance en voyant que Votre Majesté l'avait jugée digne de contribuer par ses travaux à quelques parties du grand ouvrage qui doit illustrer son règne; elle n'oubliera jamais que le monarque proclamé par la nation le restaurateur de la liberté française avait bien voulu ajouter depuis longtemps à la liberté académique et se montrer pour nous ce qu'il vient de se montrer aux yeux de l'Europe.»

L'Académie, il faut le dire, ne dépouillant jamais ses sentiments de déférence et de respect pour le roi, se montra toujours empressée et parfois ingénieuse à les lui témoigner.

On lit au procès-verbal du 19 décembre 1789: «M. Sage rend compte de ce qui a été fait dans le cabinet de l'Académie. M. le dauphin et Madame royale sont venus, dit-il, voir le cabinet de l'Académie; les dix petits tableaux mouvants qui s'y trouvaient ayant paru fixer leur attention, il a pris sur lui d'en offrir un à M. le dauphin et un autre à Madame.

«L'Académie a approuvé ce qu'avait fait M. Sage.»

Trois mois après, le 22 mars 1790: «M. Tillet a dit que le dauphin, en venant voir le cabinet de l'Académie, avait remarqué une petite pompe en cuivre et manifesté le désir de la posséder; la compagnie a décidé unanimement que le trésorier serait autorisé à ne rien refuser de tout ce qui pourrait flatter M. le dauphin quand il lui faisait l'honneur de visiter son cabinet.

«Le 21 avril 1790 enfin, l'Académie, dit encore le procès-verbal rédigé par Condorcet, a eu l'honneur de recevoir M. le dauphin et de l'accompagner dans son cabinet.»

La nomination des membres de l'Académie était au nombre des attributions laissées au roi, qui en fait, dans ces circonstances, ne pouvait se dispenser de confirmer purement et simplement le choix qui lui était proposé; mécontent peut-être d'un tel rôle, il voulut une fois s'y soustraire. Le 12 décembre 1790, le ministre de Saint-Priest, informé par l'Académie qu'elle présente Saussure et Maskeline pour une place d'associé étranger, répondit immédiatement: que Sa Majesté lui a ordonné de marquer à l'Académie qu'elle laisse à elle-même le soin de faire le choix et de l'annoncer à celui qu'elle préférera. Le refus du roi, loin d'être accueilli comme une occasion de tourner en habitude et en droit acquis une liberté gracieusement offerte, semble affliger au contraire et embarrasser l'Académie.

«M. Meusnier, dit le procès-verbal, a lu la motion suivante: Représenter au roi que, suivant la loi, Sa Majesté peut seule nommer aux places d'académicien entre les sujets présentés; que l'Académie ne peut exercer cette fonction.

«Qu'elle ne peut en conséquence regarder la lettre que le ministre lui a écrite par ordre du roi que comme une marque de la confiance de Sa Majesté, qui veut bien la consulter sur la nomination qu'elle a à faire.

«Que l'Académie ne peut répondre à cette confiance autrement qu'en exposant qu'elle a déjà indiqué par l'ordre de la présentation celui à qui elle donnerait la préférence; qu'elle supplie Sa Majesté de confirmer cette nomination et de vouloir bien l'annoncer au sujet élu.»

A cette motion respectueuse, Condorcet opposa la suivante:

«Décider à la pluralité des voix de la totalité des académiciens si le choix à faire entre les deux sujets présentés sera confié ou non aux seuls académiciens honoraires et pensionnaires.»

On a été aux voix pour savoir laquelle des deux motions aurait la priorité; la pluralité a été de l'accorder à celle de M. Meusnier. On pria, en conséquence, le ministre de supplier le roi de vouloir bien nommer, comme il avait toujours fait jusque-là, un des deux savants présentés, et de faire annoncer son choix à celui sur qui il sera tombé.

Le roi nomma Saussure et le fit avertir.

Sans se rajeunir par l'adjonction d'aucune gloire nouvelle, l'Académie reste grande et forte. Troublés et entraînés au dehors par le grand et triste spectacle qui effraye déjà les plus confiants, les uns, quoi qu'il arrive, y veulent jouer leur rôle; les autres, sans se dégager de la science, qui a été jusque-là leur vie tout entière, n'y appliquent plus qu'un esprit distrait. L'Académie, de moins en moins féconde, produit donc peu de travaux; mais ce peu est excellent et digne encore des noms qui, jusqu'au dernier jour, se liront sur la feuille de présence.

Les théories nettes et solides de Lavoisier, éprouvées par les expériences décisives de Fourcroy et de Guyton de Morveau, fortifiées et accrues par les recherches originales de Berthollet, goûtées, admirées et profondément comprises par Coulomb et par Monge, par Laplace et par Lagrange, sont contestées, sans en être affaiblies, par les chimistes obstinés de la vieille école, dont l'opposition impuissante vient parfois animer les séances.

En vain l'Académie réunit les adversaires dans les mêmes commissions, ils ne peuvent s'accorder dans une œuvre commune. Non contents de rejeter les démonstrations dont ils méconnaissent la force, Darcet et Beaumé ferment les yeux aux faits les plus évidents: témoin le rapport de Laplace et de Lavoisier sur la combustion de l'hydrogène et sa transformation en eau, qu'ils refusent de signer, après avoir vu pourtant toutes les expériences et assisté à leur plein succès.

De Lalande, Legentil, Lemonnier, Méchain et Delambre, sans discontinuer leurs études plus profondes, signalent régulièrement à l'Académie les phénomènes survenus dans le ciel, exactement observés et calculés.

Pingré publie les *Annales célestes*, précieux recueil annoncé et impatiemment attendu par les astronomes depuis l'année 1756.

Laplace lit de temps à autre un mémoire de mécanique céleste, fragment anticipé de l'œuvre immortelle dont sa pensée a déjà conçu le plan, et qui n'est pas de celles qu'on puisse fondre d'un seul jet.

Lagrange, assez clairvoyant pour être toujours triste, et regrettant le paisible séjour de Berlin, n'apporte à ses nouveaux confrères qu'une attention constante à leurs travaux et sa collaboration à quelques rapports. Mais Legendre, plein d'activité, allie à ses recherches sur les fonctions elliptiques les opérations géodésiques qui doivent fixer avec précision la longitude de Londres par rapport à Paris, tandis que Prony, cherchant encore sa voie, débute par quelques mémoires d'analyse et de mécanique, accueillis avec bienveillance par Lagrange et par Laplace, tous deux loin de prévoir pourtant la célébrité réservée à son nom.

Adanson, Vicq d'Azyr et Jussieu, en accordant de justes louanges à des voyageurs comme Richard et Cusson de Labillardière, signalent l'importance des collections péniblement recueillies au loin, et, réclamant parfois l'exécution de promesses oubliées, en prolongent malheureusement sans résultat la pénible illusion.

«Notre pauvre voyageur, dit Cuvier dans l'éloge de Richard, un rapport de l'Académie à la main qui constatait l'étendue et l'importance de ses travaux, frappa à toutes les portes; mais les ministres et jusqu'aux moindres commis, tout était changé; personne ne se souvenait qu'on lui avait fait des promesses; il n'importait guère à des gens qui voyaient chaque jour leur tête menacée, qu'il fût venu un peu plus de girofles de Cayenne, ou qu'on eût propagé des fuchsias ou des eugénias: des découvertes purement scientifiques les touchaient encore bien moins. Ainsi, M. Richard se trouva avoir employé son temps, altéré sa santé et sacrifié sa petite fortune, sans que personne daignât seulement lui laisser entrevoir quelque espérance d'assurer son avenir.»

C'était alors l'histoire de bien d'autres.

Citons encore, parmi les travaux de l'Académie à cette époque, un excellent rapport de Monge et de Borda sur un modèle de machine à vapeur à double effet, construit par le mécanicien Périer, dont l'esprit ingénieux, après un coup d'œil furtivement jeté à Londres sur les appareils de Watt, avait pénétré le principe et le secret de l'invention nouvelle.

Accoutumée à tenir pour fait tout ce qu'elle décrète, l'Assemblée nationale s'étonne souvent que le grand ouvrage sur le système métrique ne s'exécute pas aussi rapidement que ses décisions précipitées de chaque jour. L'Académie, cependant, y travaille avec un grand zèle, et cinq commissions, nommées dans la séance du 23 avril 1791, poursuivent simultanément leurs travaux. Cassini, Méchain et Legendre sont chargés des mesures astronomiques; Meusnier et Monge s'occupent de mesurer les bases avec une minutieuse précision; Borda et Coulomb déterminent la longueur du pendule qui bat les secondes; Lavoisier et Haüy étudient le poids de l'eau distillée; Tillet, Brisson et Vandermonde, enfin, dressent l'inextricable tableau des mesures anciennes. Pour qu'aucun obstacle ne retarde les voyages ou les expériences jugées nécessaires, l'Assemblée vote une première somme de 100,000 livres, et ordonne qu'elle soit immédiatement payée.

L'Académie des sciences avait été chargée de décerner chaque année, au nom de la France, un prix de 1,200 livres à l'auteur français ou étranger de la découverte scientifique jugée par elle la plus considérable et la plus importante.

L'Académie, qui avait elle-même exclu ses membres du concours, discuta longuement les travaux astronomiques d'Herschell et de Maskelyne, de l'anatomiste Mascagni, du botaniste Guerthner, auxquels on opposa la machine de Watt, que l'on peut regarder, disait la section de mécanique, comme étant de toutes les découvertes récentes la plus ingénieuse et la plus utile; elle arrêta ses suffrages sur le télescope récemment construit par Herschell, et, comme un an déjà était écoulé depuis le décret de l'Assemblée, on accorda immédiatement un autre prix à l'ouvrage de Mascagni intitulé: *Vasorum lymphaticorum historia*. Lavoisier, dont l'esprit généreux et actif animait alors l'Académie et en inspirait souvent les démarches, prit la parole après ce double vote. «Après avoir, dit-il, rendu hommage à M. Herschell, l'Académie en a un autre à rendre à la science elle-même, et qui consiste à faire construire un télescope d'après les principes de M. Herschell.»

Pour subvenir à la dépense, évaluée à 100,000 livres, il proposait d'employer 36,000 livres disponibles provenant des sommes destinées à des prix non décernés, en y ajoutant le produit de la vente d'une pépite d'or pesant plus de dix livres appartenant au cabinet de l'Académie, et de demander le reste à l'Assemblée nationale.

Les commissaires nommés par l'Assemblée, Lacépède, Pastoret et Romme, dévoués tous trois à la science, se montrèrent en vain favorables; regrettant même la destruction d'un objet rare et curieux comme la pépite d'or, ils promirent en vain à Lavoisier d'en éviter le sacrifice à l'Académie. Le télescope ne fut pas construit, et le seul résultat du projet fut d'appeler l'attention sur la petite fortune que l'Académie, prudemment conseillée, offrit peu de temps après à la nation.

L'Assemblée nationale était devenue la source de toutes les faveurs et le centre de toutes les affaires. Toute-puissante, hardie à décider de tout, et condamnée à une science universelle, elle allège souvent sa tâche en déférant à l'Académie quelques-unes des demandes et des offres de toute sorte dont elle est chaque jour accablée. Tout en s'appliquant de son mieux à ces études nouvelles, l'Académie ne laisse pas d'écarter, avec une simplicité sincère et une prudence quelquefois hardie, les questions qu'elle ne peut exactement résoudre; alléguant dans certains cas son incompétence, se déclarant dans d'autres trop peu renseignée, elle se retranche tant qu'elle peut dans son rôle purement scientifique.

On pourrait citer de nombreux exemples.

Un décret de l'Assemblée, en supprimant certains droits sur les cuirs, avait rendu inutile l'outillage ingénieux du mécanicien chargé de fabriquer les presses et les poinçons servant à les marquer. L'Académie, consultée sur ses droits à une indemnité et sur le chiffre équitable auquel elle doit être fixée, examine volontiers les appareils du sieur Mercklein, et, en louant leur disposition, constate l'impossibilité de les adapter à une destination nouvelle; mais, en envoyant au ministre le rapport de Tillet, Leroy, Monge et Vandermonde, l'Académie décide qu'on lui mandera les raisons pour lesquelles elle désire ne plus être consultée à l'avenir sur des indemnités à accorder à des particuliers.

Chargée d'examiner le projet d'un canal qui dédommagerait la ville de Richelieu des avantages perdus par suite de la révolution, les commissaires, Bossut, Coulomb et Meusnier, ne font pas attendre leur rapport: «Mais, disent-ils en le terminant, nous pensons que les propositions ne sauraient être appréciées que d'après une reconnaissance des nivellements et autres opérations faites sur les lieux, pour constater la possibilité d'établir la communication projetée, la dépense qu'elle exige et surtout les proportions de cette dépense avec les avantages qui en pourraient résulter pour le pays; que c'est à l'Assemblée nationale à ordonner les dépenses préliminaires, après avoir, si elle le juge à propos, renvoyé la demande dont il s'agit au directeur du département; qu'enfin, les fonctions de l'Académie se réduisant nécessairement à examiner les résultats de cette opération lorsqu'elle aurait eu lieu, elle ne peut pour le présent prononcer aucune opinion.»

Consultée dans des circonstances fort graves sur le nombre de pains de quatre livres que l'on peut retirer d'un sac de farine, elle s'en réfère, en exposant ses motifs, à un rapport antérieur de 1783, auquel elle renvoie la municipalité de Paris, parce qu'il rend absolument superflues des expériences nouvelles.

A l'occasion d'un projet de cartouche incendiaire: «Nous croyons devoir observer, sans entrer dans le détail, disent les commissaires de l'Académie, que, si cette cartouche parvenait toujours à son but, elle produirait l'effet que son auteur promet; il en résulterait une grande destruction d'hommes, parce que le feu mis pendant un combat dans les voiles d'un vaisseau, loin de s'éteindre aussi promptement que le prétend l'auteur, le mettrait dans le danger le plus imminent de brûler sans pouvoir recevoir de secours, et peut-être sans qu'on pût parvenir à sauver l'équipage, qui serait alors la proie des flammes.» Ceci mène naturellement à la discussion d'une grande question politique: «Doit-on adopter un moyen incendiaire dont le succès détruirait promptement une armée navale, mais entraînerait en même temps une grande perte d'hommes?

«L'Académie, dont le but est le perfectionnement des sciences et arts, ne veut pas sans doute s'occuper de cette question politique et morale; mais elle nous permettra de lui rappeler qu'en 1759, lorsque, pendant la guerre de sept ans, on proposa à Louis XV de profiter de la découverte qu'un joaillier de Paris venait de faire d'un feu inextinguible, même dans l'eau, ce monarque voulut que le secret fût enseveli dans le plus profond oubli. D'après ces considérations, nous concluons que l'Académie, fidèle à ses principes et à ceux de l'humanité, ne peut, sans un ordre exprès du gouvernement, faire des expériences sur la cartouche proposée.»

L'Académie, peu empressée à se produire au dehors, évite les manifestations bruyantes dont Paris s'enivre peu à peu. Elle ne veut pas se dessaisir, en s'associant à d'autres compagnies, de son rôle incontesté jusque-là d'arbitre unique et de juge sans appel des questions de son ressort qui lui sont soumises. On lit par exemple dans le procès-verbal du 10 mars 1790:

«M. Tillet a lu une délibération du district de Saint-Jacques-l'Hôpital, par laquelle il invite l'Académie à assister à une séance des exercices des enfants aveugles à l'Hôtel de Ville, dirigée par M. Haüy, pour faire un rapport de cette séance, conjointement avec Messieurs de l'Université, Messieurs de l'Académie de musique et Messieurs du corps des imprimeurs, dont copie sera remise à Messieurs du district.

«Il a été décidé que l'Académie ne nommerait pas de commissaires, mais que ceux de Messieurs les académiciens qui voudraient se rendre à l'invitation de Messieurs du district en seraient les maîtres.»

Quelques-uns des travaux demandés à l'Académie inspirent aux membres qui en sont chargés une répugnance évidente, qu'ils n'expriment toutefois qu'avec une grande circonspection.

Lorsque, par exemple, le 13 avril 1791, l'Académie est invitée à faire l'essai des métaux précieux provenant des églises jugées inutiles au culte, l'un des commissaires trouve que ce sont des opérations très-délicates, *tant par rapport aux circonstances* que pour avoir des résultats satisfaisants, et demande que l'on fortifie la commission par l'adjonction de nouveaux membres. Cette timidité ou ce scrupule ne se retrouve pas, il faut l'avouer, chez tous les académiciens. Pendant que Beaumé et Fourcroy étudient sans hésitation la composition du métal des cloches et cherchent sans répugnance le moyen d'en séparer les éléments pour les convertir en pièces de deux sous, ou de les plier à d'autres usages, Lagrange et Borda acceptent très-librement l'examen d'un mémoire de l'abbé Mongès, sur les moyens d'utiliser pour la science la prochaine destruction des clochers. «Il sera bon, dit l'abbé, approuvé en cela par les commissaires, d'examiner avec soin l'orientation de la croix de fer qui surmonte souvent l'édifice, de noter si elle est inclinée par l'action du temps et si, conformément à une croyance populaire, elle l'est toujours dans le même sens; on devra aussi étudier avec soin de quels bois sont faites les vieilles charpentes et si l'essence, comme on le croit généralement, a disparu de nos forêts.»

Les Académies, en temps de révolution surtout, sont, comme leurs membres, pleines de contradictions, et les travaux scientifiques relatifs à la suppression des églises n'empêchent pas l'Académie des sciences de se réunir le jour de la Saint-Louis à l'Académie des belles-lettres, pour entendre la messe à la chapelle du Louvre.

Le 24 août 1791, on lit au procès-verbal:

«M. Sage a lu la lettre suivante de M. Desessart:

«Le Roi donne son agrément pour que l'Académie, de concert avec celle des belles-lettres, fasse célébrer une messe dans la chapelle du Louvre, le jour de la Saint-Louis.»

«Sur la demande de M. Lavoisier, on a été aux voix si l'on demanderait à M. le curé de la paroisse un prêtre pour dire la messe le jour de la Saint-Louis, oui ou non.

«La pluralité a été pour que M. le directeur s'adressât à M. le curé.» Vingt-cinq académiciens assistèrent à la messe, et une députation alla remercier le curé de l'avoir célébrée lui-même.

Le 11 août 1792, le lendemain de l'invasion des Tuileries, était un mercredi. Vingt-deux académiciens assistent à la séance; mais, pour la première fois depuis le commencement de la Révolution, aucune communication scientifique ne se trouve à l'ordre du jour.

Après la nomination de quelques correspondants, un membre demande qu'on lise la liste des académiciens pour y effectuer des radiations. L'Académie, étonnée d'avoir à écarter une telle motion, décide que les seuls changements à faire à la liste sont ceux de quelques domiciles; le procès-verbal, discrètement rédigé, ne désigne personne; c'est huit jours après qu'une nouvelle insistance force le secrétaire à nous livrer le nom d'Antoine-François Fourcroy, futur comte de l'empire, dont la proposition trois fois reproduite est éludée enfin, non sans embarras et sans trouble, par le vote unanime de ses confrères attristés.

«M. Fourcroy, dit le procès-verbal du 25 août 1792, annonce à l'Académie que la Société de médecine a rayé plusieurs de ses membres émigrés et notoirement connus pour contre-révolutionnaires; il propose à l'Académie d'en user pareillement envers certains de ses membres connus pour leur incivisme, et qu'en conséquence lecture soit faite de la liste de l'Académie pour prononcer leur radiation.

«Plusieurs personnes observent que l'Académie n'a le droit d'exclure aucun de ses membres, qu'elle ne doit pas prendre connaissance de leurs principes et de leurs opinions politiques, le progrès des sciences étant son unique occupation; que d'ailleurs, l'Assemblée nationale se trouvant à la veille de donner une nouvelle organisation à l'Académie, elle exercera le droit qu'elle seule peut avoir de rayer de la liste de l'Académie les membres qu'elle jugera devoir en être exclus.» Mal accueilli sur ce point, Fourcroy, dans le raffinement de son zèle, invoque ingénieusement l'exécution du règlement relatif aux académiciens absents plus de deux mois sans congé.

«Lecture faite du règlement, dit le procès-verbal, il a été remarqué qu'il ne s'étendait que sur les pensionnaires et que son exécution n'appartient pas à l'Académie.

«Les différents avis ayant été longuement discutés, on a arrêté définitivement que la lecture de la liste de l'Académie et la délibération relative à la susdite motion seraient remises à la séance prochaine.»

Dans la séance suivante, un membre (c'est le géomètre Cousin) s'explique avec autant d'habileté que de modération sur la délibération qui est à l'ordre du jour. «Il rappelle qu'anciennement et de tout temps l'Académie, uniquement occupée de l'objet de sa constitution, du progrès des sciences, avait coutume pour tout le reste d'en référer au ministre, avec lequel elle entretenait une correspondance et une communication fréquentes sur tout ce qui regardait son régime particulier; il s'étonne que, dans un moment où le ministre de l'intérieur, appelé par le vœu de la nation, mérite plus que jamais la confiance de l'Académie, elle n'en use pas envers lui comme elle le faisait autrefois envers ses prédécesseurs, et il propose de charger les officiers de l'Académie de conférer avec le ministre sur l'objet proposé, tandis qu'elle se livrera à des occupations plus intéressantes.»

Cette échappatoire évidente est adoptée par l'Académie, et l'incident tourne à la confusion de celui qui l'a soulevé. Il n'est pas terminé pourtant.

Le 5 septembre 1792, lorsque les prisons, ruisselant du sang des victimes, gardaient encore l'académicien Desmarets, épargné par une sorte de miracle; lorsque le zèle de ses amis tremblants avait par un bonheur inouï délivré l'illustre et excellent Haüy, la veille seulement du massacre; lorsque signaler un suspect, c'était désigner une victime, la sinistre motion est poursuivie avec une inqualifiable opiniâtreté.

On lit au procès-verbal: «Le secrétaire est interpellé s'il avait reçu la lettre du ministre, qui avait promis d'écrire à l'Académie au sujet de la radiation qui devait être faite de ses membres émigrés. Le secrétaire ayant répondu qu'il n'avait reçu aucune lettre du ministre, l'Académie a arrêté que, le ministre n'ayant point répondu, le secrétaire ne pourrait délivrer aucune liste de l'Académie ni en faire imprimer aucune jusqu'à ce que cette réponse soit parvenue.

Malgré la terreur qui s'augmente chaque jour, l'Académie, étonnée de subsister encore et maîtrisant ses trop justes craintes, s'assemble une fois par décade avec une apparente tranquillité; elle tient, suivant la coutume, la séance publique du mois de novembre. Le 4 novembre 1792, dans le palais du Louvre, devenu Muséum national, Leroy lit un mémoire sur le frottement, Borda rend compte des travaux relatifs aux poids et mesures, Lavoisier fait une lecture sur la hauteur des montagnes qui entourent Paris, Sage parle de la nature et de la classification des marbres, et Desmarets enfin entretient l'Assemblée de l'étude et du dénombrement des terres végétales.

Quelques auteurs apportent encore de rares mémoires scientifiques, renvoyés suivant l'usage à des commissions. L'un deux, oublieux des progrès accomplis, demande même un privilége pour faire imprimer son écrit. On lui *observera*, dit le procès-verbal, que l'Académie n'a plus et ne donne plus de priviléges.

L'Académie, déjà, est en grand péril; l'irrésistible torrent, qui renverse tout ce qui s'élève, déracine tout ce qui résiste. Les plus prévoyants et les plus sages des académiciens veulent se taire et se faire oublier. Ils ne peuvent réprimer le zèle des confrères qui, empressés à rendre compte des opérations bien languissantes pourtant sur le système métrique, trouvent à la barre de la Convention l'occasion de vanter leur civisme et l'utilité de leurs travaux.

«Depuis longtemps, estimables savants, leur répond le président dans la séance du 18 novembre 1792, les philosophes plaçaient au nombre de leurs vœux celui d'affranchir les hommes de cette différence de poids et mesures qui entrave les transactions sociales et travestit la règle elle-même en un objet de commerce. Mais le gouvernement ne se prêtait point à cette idée des philosophes; jamais il n'aurait consenti à renoncer à un moyen de désunion; enfin le génie de la liberté a paru, il a demandé au génie des sciences quelle est l'unité fixe et invariable, indépendante de tout arbitraire, telle en un mot qu'elle n'ait pas besoin d'être déplacée pour être connue, et qu'il soit possible de la vérifier dans tous les temps et dans tous les lieux. Estimables savants, c'est par vous que l'univers devra ce bienfait à la France.»

Par une rencontre fortuite, mais singulière, un décret qui suspend la nomination aux places vacantes dans les Académies est adopté dans la même séance. L'Académie, condamnée désormais, reçoit encore pourtant les demandes et les missions incessantes du gouvernement. On la consulte sur les voitures couvertes destinées au transport des malades, sur les perfectionnements à apporter au régime des hôpitaux et des hospices, sur le système monétaire. Il suffira, dit le comité des assignats et monnaies en parlant du système nouveau, d'annoncer aux nations que l'Académie des sciences en a jeté les fondements pour mériter leur confiance.

L'Académie est encore consultée sur la manière d'accorder l'ère de la République avec l'ère vulgaire, sur une machine de guerre, sur une nouvelle invention de boulets, sur un taffetas huilé propre à faire des manteaux pour les troupes, sur l'idée d'établir plusieurs rangées de canons sur un même affût, sur la conservation des eaux à bord des navires de la République, sur l'administration nationale des économies du peuple, sur la conservation des biscuits et des légumes à la mer. L'Académie répond de son mieux, et reçoit avec des remercîments de fréquents témoignages de confiance et d'estime. L'excellent Lakanal, qui s'était fait dans le comité d'instruction publique le protecteur et l'ami officieux de la science et des arts, honorait sa jeunesse, suivant sa noble expression, en détournant ou adoucissant les coups qui les menaçaient. Sur sa proposition, le 17 mai 1793, l'Académie est autorisée à remplir les places vacantes dans son sein. Elle put s'en réjouir, mais non en profiter. L'ordre de se dissoudre suivit de près la permission de se compléter. Lakanal cependant veillait encore sur elle.

«Les membres de la ci-devant Académie des sciences, dit un décret rendu sur sa proposition, continueront de s'assembler dans le lieu ordinaire de leurs séances, pour s'occuper spécialement des objets qui leur ont été et pourraient leur être envoyés par la Convention nationale. En conséquence, les scellés, si aucuns ont été mis sur leurs registres, papiers et autres objets appartenant à la ci-devant Académie, seront levés, et les attributions annuelles faites aux savants qui la composaient leur seront payées comme par le passé et jusqu'à ce qu'il en ait été autrement ordonné.»

L'Académie pouvait se croire rétablie; meilleur juge que nous ne pouvons l'être, Lavoisier ne le pense pas; il écrivit à Lakanal:

«J'ai reçu avec une reconnaissance qu'il me serait difficile de vous exprimer l'expédition du décret que vous avez fait rendre et que vous avez bien voulu m'adresser: j'en ai donné communication à quelques-uns de mes anciens confrères, qui partagent mes sentiments; malheureusement les circonstances ne paraissent pas permettre de se servir de ce décret, et, quelque important qu'il soit pour le travail des poids et mesures et pour la suite des autres objets dont l'Académie avait été chargée, elle ne pourrait pas s'en servir dans ce moment sans paraître lutter contre l'opinion dominante du comité d'instruction publique et de la partie prépondérante de l'Assemblée.

«Il est étonnant de voir que les sciences, qui faisaient en France des progrès si rapides et qui pourraient contribuer d'une manière si efficace à la gloire et à la prépondérance de la République, soient sacrifiées à des opinions exagérées, sur le danger desquelles on s'éclairera plus tard. Nous sommes dans une position où il est également dangereux de faire quelque chose et de ne rien faire. Recevez, je vous prie, l'assurance de l'attachement que je vous ai voué pour longtemps.»

Serviteurs inutiles de la science, les académiciens dispersés cherchent la plupart une prudente retraite. Les uns, suspects d'incivisme, comme Borda, Lavoisier et Laplace, et jugés trop tièdes dans leur haine pour les rois, sont exclus pour ce motif de la commission des poids et mesures, tandis que d'autres, comme Berthollet, exposés peut-être à des épreuves plus périlleuses et plus rudes, conservent la confiance du Comité du salut public, sans jamais trahir, pour la ménager, la vérité, toujours loyalement dite et maintenue invariablement.

Quelques jours avant le 9 thermidor, un dépôt sableux est trouvé dans une barrique d'eau-de-vie destinée à l'armée; les fournisseurs, suspects d'empoisonnement, sont aussitôt arrêtés et l'échafaud déjà semble se dresser pour eux. Berthollet cependant examine l'eau-de-vie, et la déclare pure de tout mélange.

«Tu oses soutenir, lui dit Robespierre, que cette eau-de-vie ne contient pas de poison?» Pour toute réponse, Berthollet en avale un verre en disant: «Je n'en ai jamais tant bu!—Tu as bien du courage! s'écrie Robespierre.—J'en ai eu davantage quand j'ai signé mon rapport.» Et l'affaire n'eut pas d'autres suites.

L'Académie devait renaître sous un autre nom; la première classe de l'Institut fut composée de ses anciens membres dans lesquels, est-il besoin de le dire? il fallut combler bien des vides.

Lorsque, le 23 mai 1796, la compagnie restaurée vint pour la première fois proposer aux savants un sujet de prix, elle reproduisit purement et simplement le dernier programme de l'Académie des sciences, comme pour proclamer qu'en acceptant tout son héritage elle garderait toutes ses traditions.

FIN.
